附图 1

附图 2

附图 3

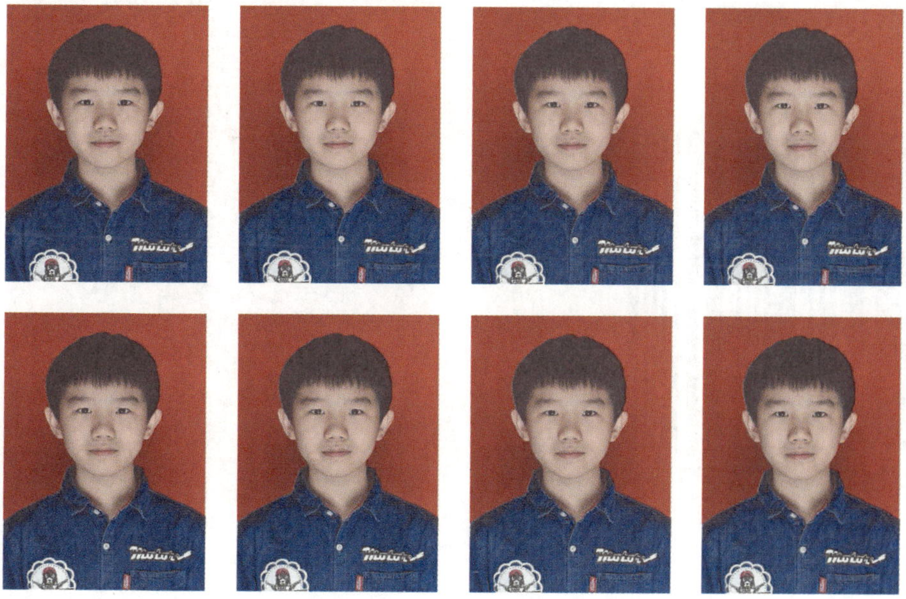

附图 4

附图5

附图6

附图7

附图8

附图 9

附图 10

附图 11

附图 12

附图 13

附图 14

附图 15

附图 16

附图 17

附图 18

附图 19

附图 20

附图 21

附图 22

附图 23

附图 24

附图 25

附图 26

附图 27

附图 28

附图 29

附图 30

附图 31

附图32

附图33

附图34

附图35

附图36

附图37

附图 38

附图 39

附图 40

附图 41

附图 42

附图 43

附图 44

附图 45

附图 46

附图 47

附图 48

附图 49

附图 50

附图 51

附图 52

附图 53

附图 54

附图 55

附图 56

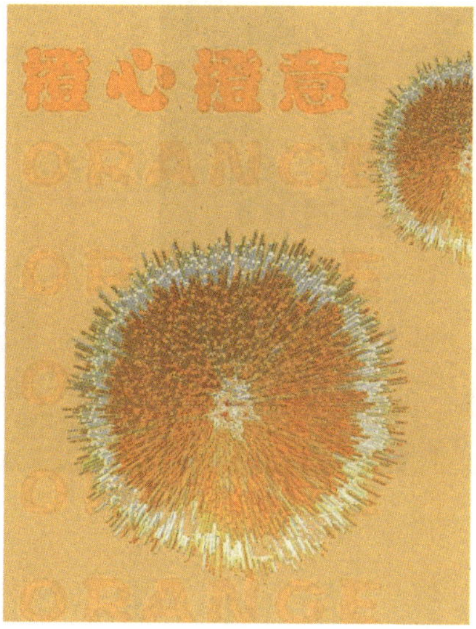

附图 57

附图 58

附图59

附图60

附图61

附图62

附图63

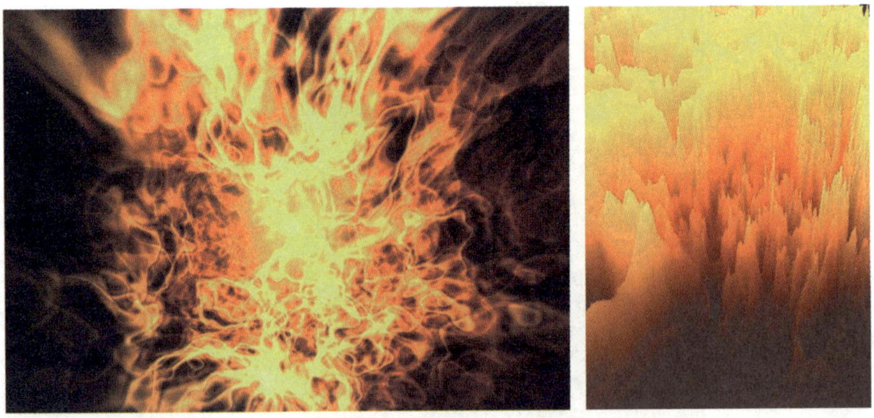

附图64

附图 65

附图 66

附图 67

附图 68

附图 69

附图 70

附图 71

中等职业教育课程改革系列教材

PHOTOSHOP 2020

Photoshop 2020
图形图像处理教程

杨玉珠　梁礼中　主编

郑州大学出版社

图书在版编目(CIP)数据

Photoshop 2020 图形图像处理教程 / 杨玉珠，梁礼中主编. — 郑州 ：郑州大学出版社，2023.9

ISBN 978-7-5645-9911-9

Ⅰ. ①P… Ⅱ. ①杨…②梁… Ⅲ. ①图像处理软件 - 高等学校 -教材 Ⅳ. ①TP391.413

中国国家版本馆 CIP 数据核字(2023)第 168551 号

Photoshop 2020 **图形图像处理教程**

PHOTOSHOP 2020 TUXING TUXIANG CHULI JIAOCHENG

策划编辑	袁翠红	封面设计	王　微
责任编辑	杨飞飞	版式设计	苏永生
责任校对	李园芳	责任监制	李瑞卿

出版发行	郑州大学出版社	地　　址	郑州市大学路 40 号(450052)
出 版 人	孙保营	网　　址	http://www.zzup.cn
经　　销	全国新华书店	发行电话	0371-66966070
印　　刷	河南龙华印务有限公司		
开　　本	787 mm×1 092 mm　1 / 16	彩　　页	8
印　　张	17.5	字　　数	441 千字
版　　次	2023 年 9 月第 1 版	印　　次	2023 年 9 月第 1 次印刷

书　　号	ISBN 978-7-5645-9911-9	定　　价	49.00 元

作者名单

主　编　杨玉珠　梁礼中

副主编　张　辉　李　琨　代　亭

编　委　（以姓氏拼音排序）

陈　丽　陈静涛　程晓会

代　亭　李　琨　梁礼中

刘晓芹　吴瑞倩　杨玉珠

张　辉　张慧霞　祝丽娟

前言

Photoshop是全球领先的数码图像编辑软件，广泛应用在各行各业，在每一个领域都发挥着不可替代的作用。在平面设计与制作中，Photoshop已经完全渗透到平面广告、包装、海报、POP、书籍装帧、印刷和制作等各个环节。使用Photoshop还可以绘制风格多样的插画和插图，以及影视原画、游戏原画的绘制，还有网页设计、电商设计、摄影后期、三维动画模型贴图，建筑及室内效果图后期制作等。

本书共分为七个项目，采用大量案例循序渐进地介绍了Photoshop 2020软件必须掌握的基本知识及操作技能，内容涵盖软件入门，工具使用，菜单介绍，图层、通道、调色等窗口的使用，每个项目均模拟一个真实的工作岗位，提出项目任务，在知识链接部分介绍完成任务所必需的相关知识后，在技能点拨环节对任务进行技能分析，通过任务实施具体介绍完成的步骤和方法，为了印刷清晰度，书中图片背景使用了黑色和白色，为便于阅读，各案例附图均配以彩插。

加强思政教育是推进素质教育的客观要求，也是落实立德树人的重要手段，本书充分挖掘课程所蕴含的家国情怀、工匠精神、劳动精神、传统文化、职业操守等思政元素，将其融入教学项目任务中，“润物细无声”地提高技能水平的同时，帮助学生树立正确的审美观、世界观、人生观和价值观。

本书均由经验丰富的一线教师深入调研学生学情学力和市场岗位需求，积极推进先进适用的教学形式和内容改革精心编写而成。

本书由杨玉珠、梁礼中担任主编，张辉、李琨、代亭担任副主编。全书具体编写分工为：项目一由刘晓芹编写，项目二由陈静涛、张辉编写，项目三由程晓会编写，项目四由张慧霞、代亭编写，项目五由杨玉珠、李琨编写，项目六由吴瑞倩、刘晓芹编写，项目七由祝丽娟、梁礼中编写。

本书建议教学课时为98课时，各项目课时分配可以参考下表。

项目	项目名称	讲授	上机实操	总计
一	Photoshop 2020 概述	4	8	12
二	数码处理	4	10	14
三	图标设计	4	10	14
四	网店美工	4	10	14
五	影楼美工	4	10	14
六	图像创意设计	6	10	16
七	综合实训	4	10	14
总计		30	68	98

本书可供中等职业学校计算机专业平面设计、影视处理、计算机应用、电子商务等专业学生使用。

尽管我们在编写本书时已竭尽全力，但由于水平有限，书中难免会出现不足之处，敬请广大读者批评指正。

编者

2023年7月

目录

项目一　Photoshop 2020 概述

项目导读

Photoshop 是设计领域中最为常用的软件，随着 2020 版本的推出，其功能变得更为强大，应用范围也变得更加广泛。在本项目的学习中，我们会一起了解它在设计领域中的应用，熟悉 Photoshop 2020 的工作环境及图像的基础知识，然后通过实例进一步了解文件的基本操作与图像的入门编辑应用。

任务一　Photoshop 常识和工作界面

Photoshop 是设计领域中使用率非常高的一款软件，随着 CC 版本的推出，特别是 CC 2020 版本的出现，其功能变得更为强大，操作也更加简便，应用范围也变得更加广泛。本任务通过介绍 Photoshop 软件的应用范围、图像的基本概念和属性，以及 Photoshop 2020 的工作环境，让初学者了解软件的应用范围和图像常识，熟悉 Photoshop 2020 的工作界面。

一、Photoshop 的应用范围及图像的基础知识

1. Photoshop 的应用范围

Photoshop 是由 Adobe 公司推出的图形图像处理软件，由于它强大的图像处理功能，一直受到广大平面设计师的青睐。

Photoshop 的应用领域包括数码照片处理、广告摄影、视觉创意、平面设计及网页制作等。下面将分别对其进行详细介绍。

(1)数码照片处理：在 Photoshop 中，可以进行各种数码照片的合成、修复和上色操作，如为数码照片更换背景、为人物更换发型、去除斑点、数码照片的偏色校正等，Photoshop 同时也是婚纱影楼设计师的得力助手。

(2)广告摄影：广告摄影作为一种对视觉要求非常严格的工作，要用最简洁的图像和文字给人以最强烈的视觉冲击，其最终作品往往要经过 Photoshop 的艺术处理才能得到满意的效果，如图 1.1.1 所示。

(3)视觉创意：视觉创意是 Photoshop 的特长，通过 Photoshop 的艺术处理可以将原本不相干的图像组合在一起，也可以发挥想象自行设计富有新意的作品，利用色彩效果等

在视觉上表现出全新的创意,如图 1.1.2 所示。

(4)平面设计:平面设计是 Photoshop 应用最为广泛的领域,无论是图书封面,还是招贴海报,这些具有丰富图像的平面印刷品基本上都需要使用 Photoshop 软件对图像进行处理,如图 1.1.3 所示。

图 1.1.1　口红广告

图 1.1.2　视觉创意

图 1.1.3　招贴海报

(5)网页制作:网络的迅速普及是促使更多的人学习和掌握 Photoshop 的一个重要原因。因为在制作网页时,Photoshop 是必不可少的网页图像处理软件,而且发挥的作用越来越大,如图 1.1.4 所示。

图 1.1.4　Banner 图设计

2. 图像的类型

在计算机中,图像是以数字方式来记录、处理和保存的,所以图像也可以说是数字化图像。图像类型可以分为两种:位图和矢量图。

位图也称为点阵图,位图使用带颜色的小点(即所谓的“像素”)描述图像,创建图像的方式如马赛克拼图一样,当用户编辑点阵图图像时,修改的是像素而不是直线和曲线。位图图像和分辨率有关。位图优点是图像很精细(精细程度取决于图像分辨率),且处理起来既简单又方便。最大的缺点就是:不能任意放大显示或印刷,否则会出现锯齿边缘和似马赛克的效果,如图 1.1.5 和图 1.1.6 所示。

图 1.1.5 原图像大小(位图)

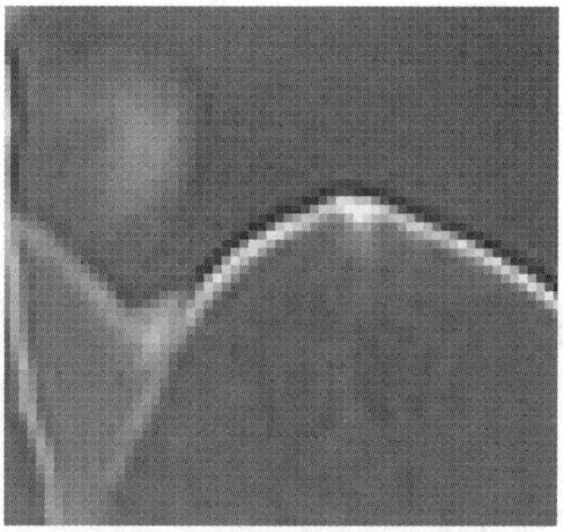

图 1.1.6 放大后(位图)

一般而言,位图都是通过扫描仪或数码相机得到的图片。由于位图是由一连串排列的像素组合而成的,而并不是独立的图形对象,所以不能单独编辑图像里的对象。如果要编辑其中部分区域的图像,就要精确地选取需要编辑的像素,然后再进行编辑。能够处理这类图像的软件有 Photoshop、PhotoImpact、Windows 的“画图”程序、Painter 和 CorelDRAW 软件内的 Corel Photo-Paint 等。

矢量图也称为向量图。所谓矢量图是使用直线和曲线(即所谓的“矢量”)来描述图像。当用户编辑矢量图形时,实际上是在修改描述图形形状的直线和曲线的属性。矢量属性还包括颜色和位置属性。用户可以移动图形、重新调整图形的大小和形状,以及改变图形颜色等,这些修改不会损伤矢量图形的外观质量。矢量图形和分辨率无关,这意味着用户可以在不同分辨率的输出设备上显示它们而不会有任何质量损失,如图 1.1.7 和图 1.1.8 所示。

图 1.1.7 原图像大小(矢量图)

图 1.1.8 放大后(矢量图)

矢量图最大的优点:可任意放大显示或印刷,其边缘都是平滑的,效果一样清晰。其最大的特色是操作简单,图形修改变换方便准确。矢量图的基本组成单元是锚点和路径。适用于制作企业徽标、招贴广告、书籍插图、工程制图等。(注:矢量图的清晰度与分辨率无关,缩放到任意大小和以任意分辨率在输出设备上输出,都不会影响其清晰度。)

3. 像素

像素(pixel)是构成数码影像的基本单元,我们若把影像放大数倍,会发现这些连续图像其实是由许多色彩相近的小方块所组成的,这些"小方块"我们就称之为像素,如图1.1.9和图1.1.10所示。

图 1.1.9 原图像大小

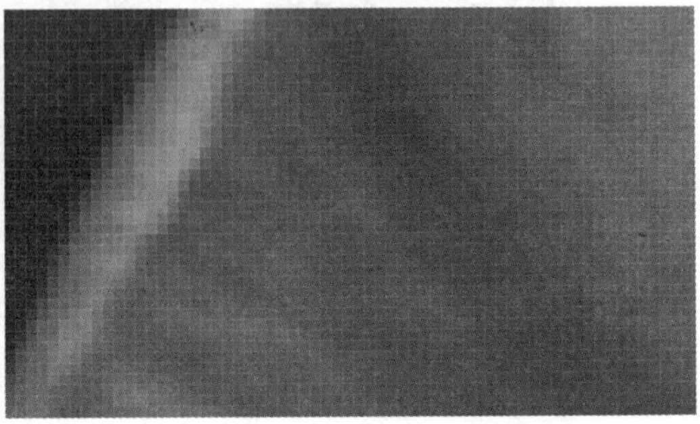

图 1.1.10 放大后"小方块"像素

4. 分辨率

分辨率是用于度量点阵图像内像素量多少的一个参数,主要分为图像分辨率和显示分辨率。图像分辨率则是单位英寸中所包含的像素点数,表示成像素每英寸(pixels per inch,PPI),其包含的数据越多,图像文件的大小就越大,就能表现更丰富的细节。但更大的文件需要耗用更多的计算机资源、更多的内存、更大的硬盘空间等。假如图像包含的数据不够充分(图像分辨率较低),就会显得相当粗糙,特别是把图像放大为一个较大尺寸观看的时候。所以在图片创建期间,我们必须根据图像最终的用途决定正确的分辨率。这里的技巧是要保证图像包含足够多的数据,能满足最终输出的需要。同时要适量,尽量少占用一些计算机的资源。如常用的屏幕分辨率为72像素/英寸,而普通印刷的分辨率为300像素/英寸。

显示分辨率(屏幕分辨率)是屏幕图像的精密度,是指显示器所能显示的像素有多少,它的单位通常以点/英寸(dots per inch,DPI)表示。由于屏幕上的点、线和面都是由像素组成的,显示器可显示的像素越多,画面就越清晰,同样的屏幕区域内能显示的信息也越多,所以分辨率是个非常重要的性能指标之一。显示分辨率一定的情况下,显示屏越小图像越清晰,反之,显示屏大小固定时,显示分辨率越高图像越清晰。

5. 图像的格式

Photoshop 格式:Photoshop 专用图像格式,能保存"图层""通道""路径"等信息,可以修改。缺点:体积大,在没有安装 Photoshop 的计算机上无法浏览。

TIFF 格式:常用的打印格式,大量用于传统的图像印刷,兼容性强,几乎所有绘图软件都认可。缺点:不是所有图层都可见。

GIF 格式:压缩率大,容易读取,支持透明背景和动画,广泛应用在网络文档中。缺点:失真,色彩单调,不支持印刷色。

JPEG 格式:存储照片的标准格式,采用有损压缩的方式存储文件,压缩率高,占用存储空间较小，可选压缩等级，常用于网络上传和图片预览。

BMP 格式：BMP 是一种 Windows 操作系统提供的图像格式，主要用于保存文图文件。该格式可以处理 24 位颜色的通道，支持 RGB、位图、灰度和索引模式，但是不支持 Alpha 通道。

PNG 格式：用于无损压缩和在网页上显示图像。PNG 格式不仅兼有 JPEG 格式和 GIF 格式所能使用的所有颜色模式，还能将图像压缩到最小，以便在网络上进行传输。

二、认识 Photoshop 2020 工作界面

Photoshop 2020 是美国 Adobe 公司的产品，是一款功能强大的图像处理和编辑的软件，它提供了图像的合成、色彩调整等功能。我们可以通过 Photoshop 强大的图像处理功能，制作出令人惊艳的精美作品。

双击桌面上的 Photoshop 2020 中文版快捷方式图标，即可打开 Photoshop 2020 工作界面。Photoshop 2020 的工作界面主要由菜单栏、工具属性栏、标题栏、工具箱、工作区、状态栏和浮动面板等部分组成，如图 1.1.11 所示。

图 1.1.11　Photoshop 2020 工作界面

（1）菜单栏。最上边一栏是菜单栏，包含【文件】【编辑】【图像】【图层】等 11 组菜单，菜单栏中包含 Photoshop 的大多数指令。

单击任意一个菜单项即可打开相应的菜单，里面包含与菜单项名称相关的各种操作指令，黑色显示表示指令处于可操作状态，灰色显示表示当前状态下不可操作，带有黑色三角标记的命令表示该菜单下含有子菜单。

（2）工具属性栏。配合工具箱各种工具的使用，工具不同时，工具属性栏的内容也会相应变化。其主要用来设置工具的属性参数，如图 1.1.12 所示。

图 1.1.12 “矩形选框工具”属性栏

执行菜单栏中的【窗口】|【选项】命令,可显示或隐藏工具的属性栏。右击属性栏上的工具按钮,选择“复位工具”或者“复位所有工具”选项,可使一个工具或所有工具恢复到默认设置。

(3)工具箱。工具箱默认显示在屏幕的左侧,共有 60 个工具,其中显示的有 22 个,如图 1.1.13 所示。将鼠标放在工具按钮上停留一段时间,就会显示该工具的名称。有的工具按钮右下角有三角形标志,表示这是一个工具组,右键点击含有小三角的工具按钮可在下拉列表中看到多个类似工具,按住 Alt 键点击工具图标,可在多个不同工具间切换。

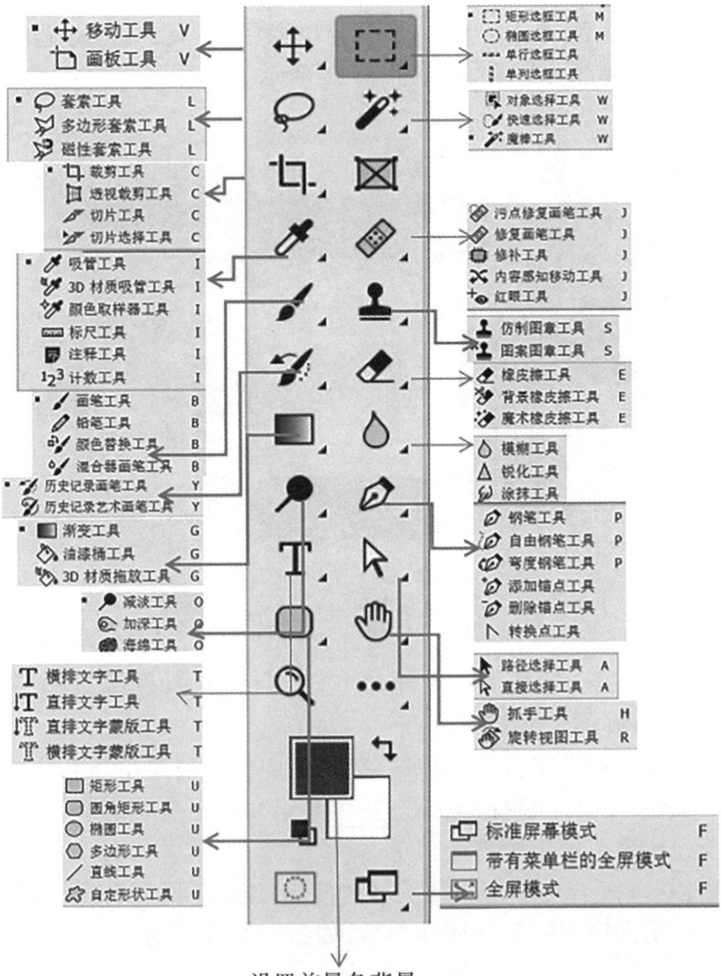

图 1.1.13 工具箱

Photoshop 中大部分工具,根据功能大体上分为移动与选择工具(6 个)、绘图与修饰工具(8 个)、路径与矢量工具(4 个)、3D 和辅助工具等几大类别。

(4)标题栏。新建或打开一个图像文档,Photoshop 会自动建立一个标题栏,标题栏中就会显示这个文件的名称、格式、窗口缩放比例及色彩模式等信息。

(5)图像文档窗口。用来显示图像、编辑和绘制图像的地方,为了方便观察,窗口可任意缩放。

(6)浮动面板。用来配合图像的编辑、对操作进行控制,以及设置属性和参数等。这些面板都在“窗口”菜单里。如果要打开某一个面板,可以在“窗口”菜单下拉列表中勾选该项面板。

浮动面板在工作区中的位置非常灵活,可以对其进行组合、排列、缩放、删除、关闭等多种操作。

控制面板可以进行伸缩,单击面板上方的伸缩栏,可将面板进行自由地伸缩或展开。

(7)状态栏。位于工作界面的最底部,用于显示当前文档大小、尺寸、缩放比例、当前工具等多种内容。单击状态栏中向右的箭头〉,可自定义设置要显示的内容。

(8)工作区。对图像进行浏览和编辑操作的主要区域,在其中可以显示图像文件、编辑或处理图像。在图像的上方是标题栏,标题栏中会显示当前文件的名称、格式、显示比例、色彩模式、所属通道和图层状态,如果该文件未被存储过,则标题栏会以“未标题”并加上连续的数字显示文件的名称。

任务二 文件的基本操作

在 Photoshop 中,要想实现对图像图形的处理,制作出精美的作品,就要学会对图像文件进行操作,本任务主要介绍文件的基本操作方法,并通过实例加强理解。

案例:郁金香相框合成

郁金香相框合成,最终合成效果见彩色附图 1。

知识链接

1. 文件的新建

当我们要建立一个新的图像文档时,执行【文件】|【新建】命令,此时会弹出“新建”对话框,如图 1.2.1 所示,对话框中各个选项说明如下:

“名称”:是指所建图像文档的名称,新建的文件名默认为“未标题 1”,再新建则以“未标题 2”设定,依此类推。自行命名时最好做到见名知意。

“高度”和“宽度”:用来设定图像尺寸大小,单位有“像素”“英寸”“厘米”“点”等。通常习惯用“像素”或“厘米”为单位。

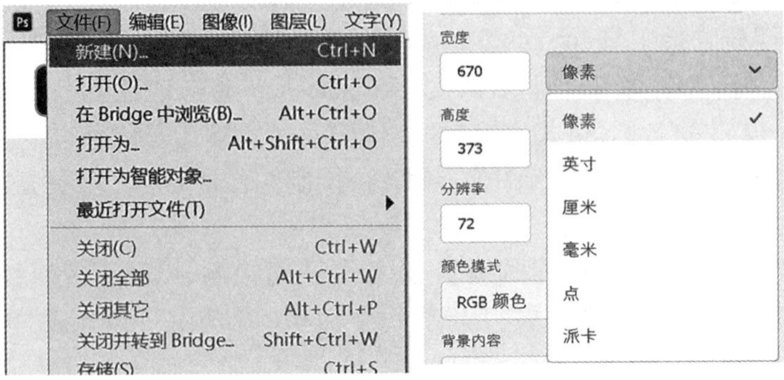

图 1.2.1 【新建】对话框

“分辨率”:分辨率的设置要视具体情况。一般情况下,需要四色印刷的文件设置 300 像素/英寸,需要打印的文件设置 150 像素/英寸,不需要输出的文件设置 72 像素/英寸。

“颜色模式”:是指新建图像的色彩模式,有“RGB”“位图”“灰度”“CMYK”等,其中“RGB”是我们在设计时使用的屏幕色,因此,通常情况下新文件设置为“RGB”模式。

“背景内容”:是指新建的图像文档的背景颜色,设有“白色”“黑色”“背景色”“透明”和“自定义”五个选项,点击“确定”按钮后即可依照设定建立一个新的图像文档。

2. 文件的打开

当我们打开已有的图像进行编辑或者需要置入素材图片时,可执行【文件】|【打开】命令,此时会弹出如图 1.2.2 所示对话框:在左窗口中找到图像所在的文件夹路径,在项目中找到我们想要的图像,点击选中使其处于蓝色状态,再点击“打开”按钮即可打开所选中的图像。

图 1.2.2 【打开】对话框

3. 图像文档的保存

当图像编辑完成后，就要保存起来。在 Photoshop 中除了一般的存储方式外，还可以将图像保存为 JPEG、TIFF 等网页常用的图像格式。执行【文件】|【存储】命令，如图 1.2.3 所示，或按 Ctrl+S 组合键即可弹出路径选择框，如图 1.2.4 所示，将文件保存起来。

当需要关闭已进行了编辑但还没有保存的文件时，系统会打开一个相应的对话框，如果单击“是”按钮，系统将存储该文件。如果是新建文件的第一次保存，系统会打开如图 1.2.5 所示的“另存为”对话框，在对话框地址栏中指定文件的存储路径，单击“保存”按钮，系统将以指定的路径对图像进行保存，保存后文件将自动关闭。如果单击“否”按钮，系统将丢弃该文件的编辑信息，直接关闭文件。如果单击“取消”按钮，系统将取消本次操作。

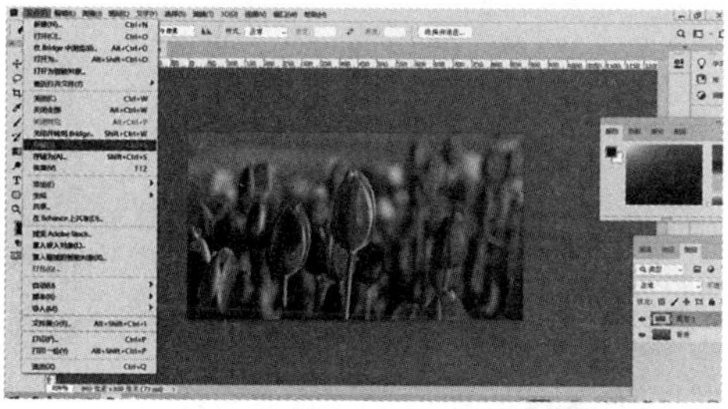

图 1.2.3　【文件】|【存储】命令

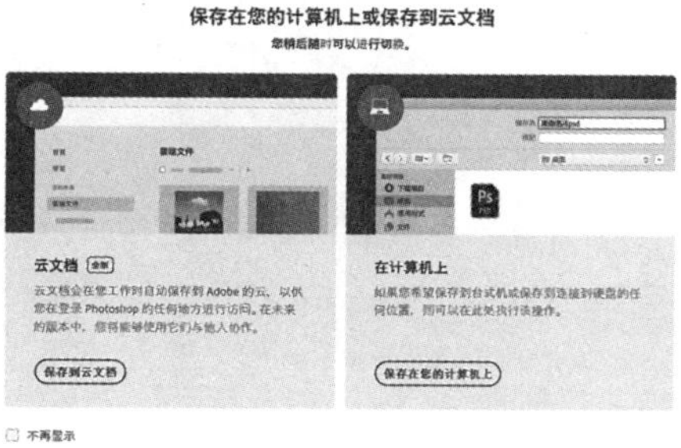

图 1.2.4　保存路径

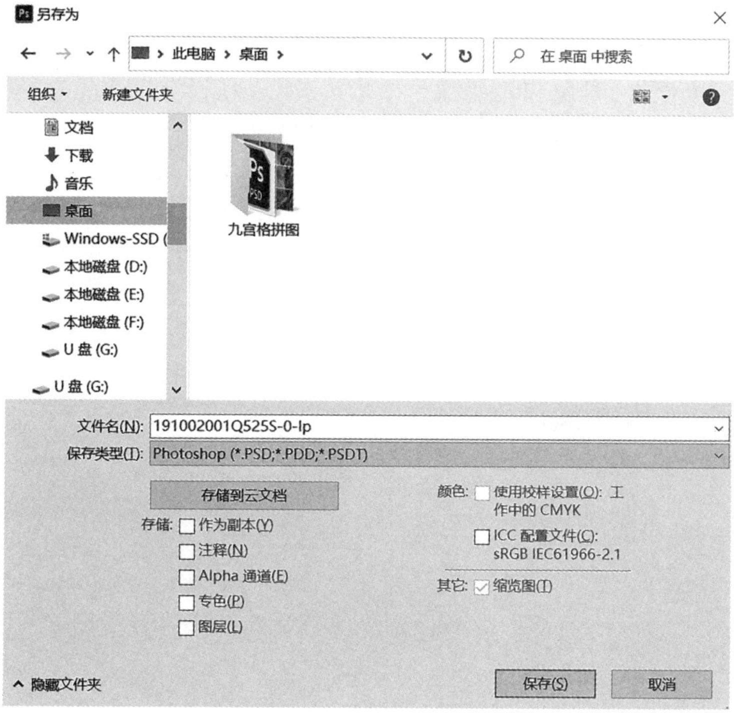

图 1.2.5　【另存为】对话框

4. 移动工具

使用移动工具可以移动素材图像，在同一图像文件中移动，或在不同的图像文件中相互移动。

单击选中图标，在图像上单击，可自动选择光标所接触的可见像素的图层或者组，使用该工具在图像上右击，出现鼠标指针所在处非透明的各个图层，可选择所需的图层，如图 1.2.6 所示。

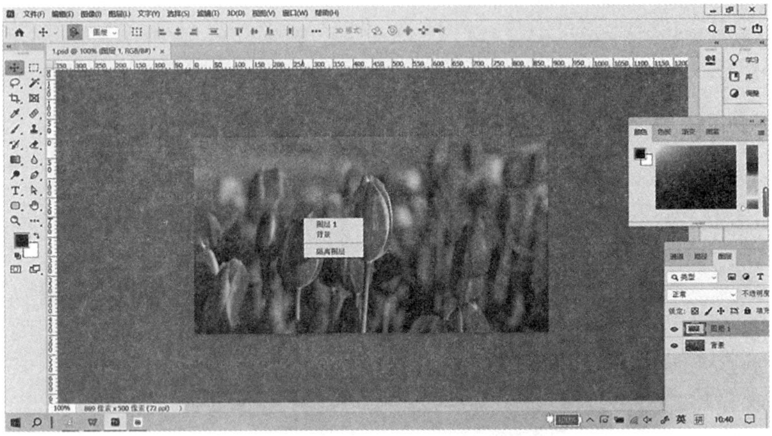

图 1.2.6　移动工具单击图像右键命令

5. 图像的变换与变形

在 Photoshop 中，对图像的旋转、缩放、斜切、扭曲等是图像处理的基本操作，其中，旋转和缩放称为变换操作，斜切和扭曲称为变形操作。执行【编辑】|【变换】命令，菜单中包含了所有变换命令，如图 1.2.7 所示。按 Ctrl+T 组合键，当前对象周围会出现一个定界框，定界框是由中央 1 个中心点和四周 8 个控制点组成的，如图 1.2.8 所示。在默认情况下，中心点位于所选区域的中心，它用于定义对象的变换中心，拖动它可以改变位置，如果中心点不显示，可以按住 Alt 键进行拖动。控制点决定着图像大小的位置，拖动控制点则可以进行变换操作。

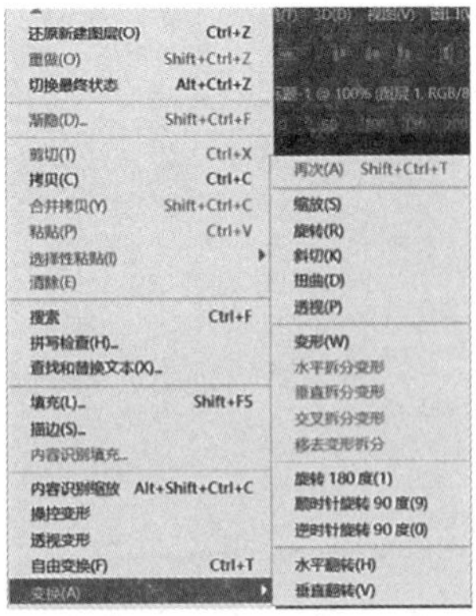

图 1.2.7　【编辑】|【变换】命令

图 1.2.8　变换命令图像显示

当对图像进行缩放时，拖曳对角线的控制点默认为等比例缩放。如果保持缩放时中心点不变，需要按住 Alt 键。

技能点拨

实例郁金香和相框的合成，首先要新建图像文件，制作背景，将素材导入图像中，可利用【自由变换工具】对其进行方向、大小、位置的调整，最后添加文字，对文字进行修饰。

任务实施

（1）打开 Photoshop 2020 软件，新建文件，执行【文件】|【新建】命令，弹出【新建】对话框，参数设置如图 1.2.9 所示。

（2）执行【文件】|【打开】命令，打开素材“相框”和“郁金香”，如图 1.2.10 所示。

图 1.2.9　【新建】对话框参数设置

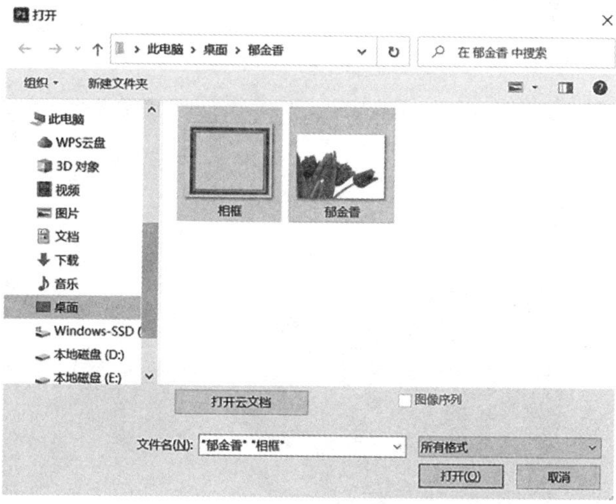

图 1.2.10　“相框”和“郁金香”素材

（3）用“移动工具”将素材“相框”拖入新文件中，按 Ctrl+T 组合键调整到适合画面的大小。

（4）用“移动工具”将素材“郁金香”素材拖入新文件中，并放置图层 1 下方，按 Ctrl+T 组合键调整大小和位置，如图 1.2.11 所示。

（5）利用横排文字工具，输入“郁金香”，添加投影效果，如图 1.2.12 所示。

（6）按 Ctrl+S 组合键保存文件，将会打开“另存为”对话框，在“文件名”一栏输入郁金香相框合成，文件类型一栏中，选择“JPEG”格式，存储位置选择“桌面”，点击“保存”按钮即可。

图 1.2.11 调整后效果

图 1.2.12 添加投影效果

任务三 颜色的填充

Photoshop 中的颜色填充是一项常用的任务，可以用来填充对象或图层中的区域，改变它们的颜色或纹理。本任务通过彩蛋和风景画实例来介绍颜色的设置及填充的多种方法。

案例一：彩蛋制作

彩蛋制作最终合成效果见彩色附图 2。

知识链接

1. 前景色和背景色设置的相关知识

（1）工具箱上的前景色和背景色设置。Photoshop 软件中的颜色大致分为前景色和背景色。前景色是指绘图工具画图时使用的当前颜色。在文本等颜色的设置时，背景色主要用于部分选区删除后的颜色、橡皮擦的颜色及背景色的填充等。

工具箱上的前景色和背景色在默认的情况下是黑色和白色，让其恢复默认的颜色时，只需单击工具箱上的【默认前景色和背景色】按钮即可恢复到默认的黑白两色，单击【切换前景色和背景色】按钮，将前景色和背景色进行互换。

更改颜色时，单击【设置前景色】按钮，弹出如图 1.3.1 所示的“拾色器(前景色)”对话框，可以在颜色条上单击选取颜色，颜色框内选取同类色系的不同颜色，可以通过右侧的彩条选框，更改颜色框的颜色系。确定颜色后，单击【确定】按钮即可更换前景色。背景色的更改操作与前景色相似。

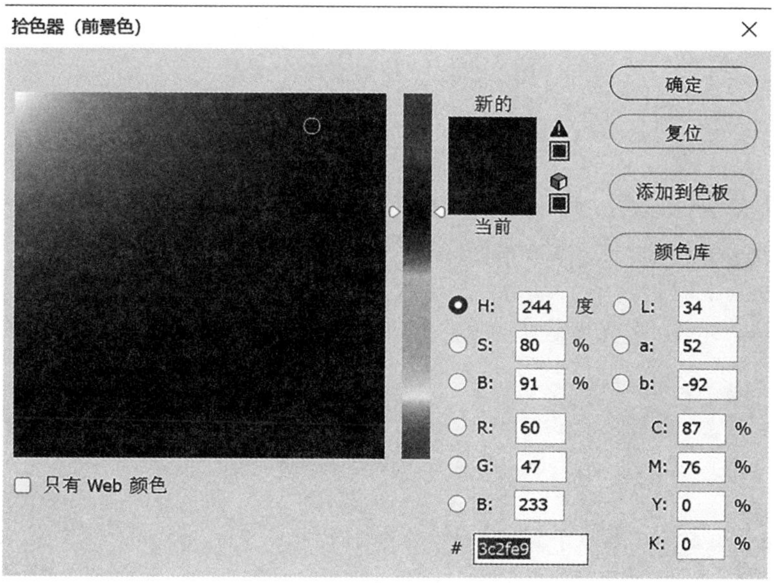

图 1.3.1 【拾色器】(前景色)对话框

【拾色器】对话框中包括 4 种颜色模式，还有一个十六进制的颜色值，都可以用来精准地设置颜色值。HSB 模式是将色彩分为色相、饱和度、亮度 3 个部分，其色相色域为 0 ~ 360，饱和度和亮度色域为 0 ~ 100。RGB 模式分为红、绿、蓝 3 个组成色，分为 0 ~ 255

个色阶。CMYK 模式主要通过控制青色、洋红色、黄色、黑色等 4 色的值进行调色。而 Lab 模式通过调整 A、B 两个色调参数将所选的颜色进行调色。

(2)【色板】面板。【色板】面板中提供了各种常用的颜色，如果其中有我们需要的，单击它即可将其选取。这在 Photoshop 中是最快速的颜色选取方法。另外，我们可以将自己调配的颜色保存在该面板中，作为预设的颜色来使用。

【色板】面板顶部一行是最近使用过的颜色，下方是色板组。单击〉按钮，将组展开，单击其中的一个颜色，可将其设置为前景色。如果按住 Alt 键单击颜色，可以将其设置为背景色。

2. 填充颜色

(1)快捷键方式。填充前景色，按 Alt+Delete 组合键即可；填充背景色，按 Ctrl+Delete 组合键即可。

(2)执行菜单命令方式。执行【编辑】|【填充】命令或者快捷键 Shift+F5，弹出“填充”对话框，选择填充用的内容及模式，即可将所选的颜色进行填充。假如要选择前景色和背景色以外的颜色，可以执行【使用】|【颜色】命令，弹出“选取一种颜色”对话框，即可挑选自己喜欢的颜色。该命令除了可以填充颜色外，还可以填充图案，方法跟填充颜色一致。

(3)油漆桶。油漆桶工具可以用前景色或者图案填充色彩相似的连续区域，其工具属性栏设置如图 1.3.2 所示。

图 1.3.2 “油漆桶”属性栏

(4)减淡工具。减淡工具是一种提亮工具。这种工具可以把图片中需要变亮或增强质感的部分颜色加亮。其工具属性栏如图 1.3.3 所示。“范围”下拉列表有三个选项，如图 1.3.4 所示，“阴影”选项表示仅对图像中的较暗区域起作用；“中间调”表示仅对图像的中间色调区域起作用；“高光”表示仅对图像的较亮区域起作用。通常情况下，我们选择“中间调”范围，曝光度较低数值进行操作。这样涂亮的部分过渡会较为自然。

图 1.3.3 “减淡工具”属性栏

(5)加深工具。加深工具跟减淡工具刚好相反，通过降低图像的曝光度来降低图像的亮度。这款工具主要用来增加图片的暗部，加深图片的颜色。可以用来修复一些过曝的图片，制作图片的暗角，加深局部颜色等。这款工具跟减淡工具搭配使用效果会更好。

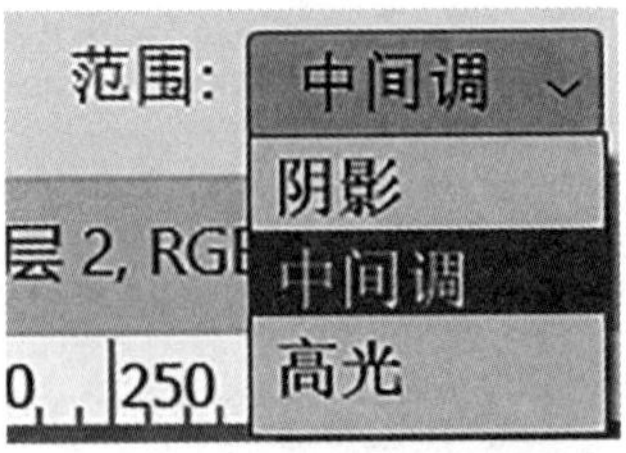

图 1.3.4 “范围”下拉列表

技能点拨

黑白彩蛋线稿图变成多彩绚丽的彩蛋并添加文案,需要设置好前景色,利用油漆桶工具进行填色。为了给彩蛋添加明暗对比,可以利用加深减淡工具产生明暗对比,最后利用文本工具添加文字,并对文字图层添加阴影效果即可。

任务实施

(1)打开 Photoshop 2020 软件,新建文件,执行【文件】|【打开】命令,打开彩蛋线稿图。

(2)为了避免在操作过程中破坏原图,对背景图层进行复制(Ctrl+J)。

(3)设置前景色为紫色(#3c2f77),背景色为红色(#ed041a)。

(4)选择【油漆桶工具】,在工具属性栏中将“填充”设置为“前景”,对线稿部分进行填色,如图 1.3.5 所示。

(5)切换前景色和背景色,继续对线稿部分进行填色,如图 1.3.6 所示。

(6)设置前景色颜色为#f8de94,利用【油漆桶工具】为线稿剩余部分填色,如图 1.3.7 所示。

图 1.3.5　填充紫色

图 1.3.6　填充红色

图 1.3.7　颜色填充完成效果

(7)使用【加深工具】对彩蛋上下部分进行涂抹,使颜色变深,使用【减淡工具】对彩蛋中间部分进行斜线涂抹,使颜色减淡,从而产生由光照的效果,如图 1.3.8 所示。

(8)使用【文本工具】添加文本,并添加阴影效果,如图 1.3.9 所示。

(9)最后执行【文件】|【存储】命令,将该作品保存为“彩蛋. psd”。

图 1.3.8 加深减淡工具使用后效果

图 1.3.9 文本添加并添加投影效果

案例二：参照效果图对风景画填色

风景画填色最终效果见彩页附图 3。

知识链接

1. 吸管工具

使用【吸管工具】单击图像的一部分以选择一种颜色。选择的颜色会自动填充工具箱中的前景颜色框。吸管工具非常适合匹配图像中已存在的颜色。将鼠标指针放在图像上，按住左键在屏幕上拖曳，可以拾取窗口、菜单栏和面板的颜色。此外，将 Photoshop 窗口调小一些，让鼠标指针可以移动到 Photoshop 之外，还可以从计算机桌面和网页中的图片上拾取颜色。

2. 魔棒工具

使用【魔棒工具】可以选择颜色一致的区域，其工具属性栏设置如图 1.3.10 所示。魔棒的容差范围为 0 ~ 255。当容差值被设为 0 时，选区只能是和取样颜色完全相同的颜色区域，随着容差值的递增，选择的色彩范围也越来越大。如果按下【只对连续取样】按钮，那么【魔棒工具】在选择时只选择连续区域。

图 1.3.10 “魔棒工具”属性栏

技能点拨

对风景画线稿图参照效果图进行填色，需要利用吸管工具对效果图进行颜色取样，利用油漆桶工具进行填色或者利用魔棒工具制作相应选区进行填充颜色。

任务实施

(1)执行【文件】|【打开】命令,打开风景画线稿图和效果图。

(2)新建图层,利用【吸管工具】,吸取效果图海水颜色,并使用油漆桶工具对线稿海水部分进行填色。如图 1.3.11 所示。

(3)重复步骤(2)的操作,对太阳进行填色。

(4)使用【魔棒工具】,单击“添加到选区”按钮,选中椰子树叶子部分,如图 1.3.12 所示。

图 1.3.11 对海水填充蓝色

图 1.3.12 用魔棒工具选取叶子部分

(5)使用【吸管工具】吸取效果图叶子颜色,新建图层,使用 Alt+Delete 组合键填充颜色,如图 1.3.13 所示。

图 1.3.13 为选取部分填充前景色

(6)重复上面的操作,对图片其他部分进行填色,便得最终效果图。

(7)最后执行【文件】|【存储】命令,将该作品保存为“风景画.psd”。

任务四　画布大小设置及裁剪工具

案例：证件照排版

证件照排版最终合成效果见彩色附图 4。

知识链接

1. 画布大小的调整

在编辑图片时，发现已经设置好的图像大小不符合要求，可按以下方法对画布的大小进行调整。

执行【图像】|【画布大小】命令，在弹出的“画布大小”对话框中，对画布的大小进行设置，如图 1.4.1 所示。直接输入想要更改的尺寸大小，为保留画布的原本比例，必须勾选“相对”复选框。此外，可以点击“画布扩展颜色”下栏框自行设定添加画布的颜色。

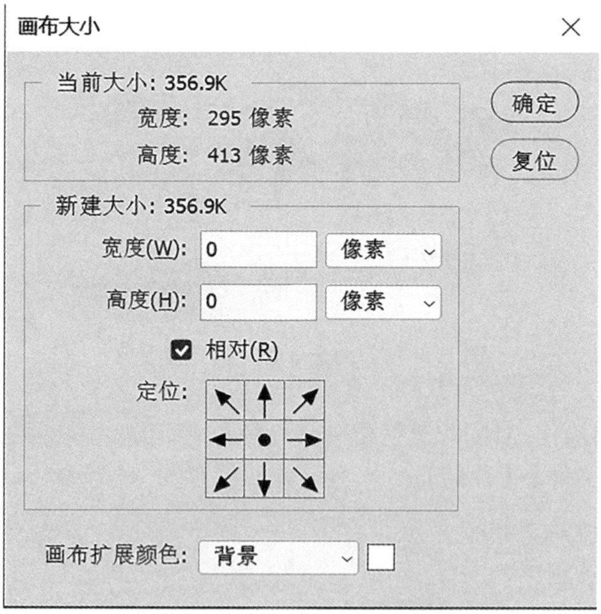

图 1.4.1 【画布大小】对话框

2. 裁剪工具

使用【裁剪工具】可以裁切和扩充图像的边缘，其工具属性栏如图 1.4.2 所示。选择【裁剪工具】，将裁剪框拖至图像需要部分，将裁剪框拖曳至合适大小，按 Enter 键确认即可。

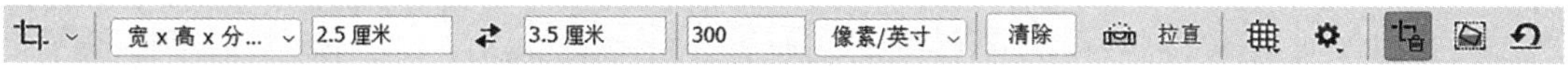

图 1.4.2 “裁剪工具”属性栏

如果选择【裁剪工具】，并按下“拉直”按钮，可以对倾斜的图像进行拉直裁剪。

3. 自定义图案

选择喜欢的图案，执行【编辑】|【定义图案】命令，出现“图案名称”对话框，如图 1.4.3 所示，编辑名字，点击“确定”按钮，即可以生成新的图案。

图 1.4.3 【图案名称】对话框

4. 常见证件照尺寸介绍

标准 1 寸照片尺寸：25 mm×35 mm，在 5 寸相纸（12.7 cm×8.9 cm）中排 8 张，常用于学生证、健康证、工作证、教师资格证等。

大 1 寸照片尺寸：33 mm×48 mm，常用于护照、通行证、签证、考试证等。

2 寸照片尺寸：35 mm×49 mm，在 5 寸相纸（12.7 cm×8.9 cm）中排 4 张。

小 2 寸照片尺寸：33 mm×48 mm，常用于毕业证、简历中。

技能点拨

1 寸照在 5 寸相纸上的快速排版，首先用裁剪工具裁出 1 寸照片（25 mm×35 mm），方便后期裁剪，为照片加上白边并定义为图案。5 寸相纸上一般 1 寸照片排 8 张，利用画布大小的设置来建立刚好容下 8 张有白边的 1 寸照，进行图案填充。最后建立 5 寸相纸大小文件，把排好 8 张照片的图层拖入并居中放置即可。（注：使用裁剪工具、建立文件等时，分辨率均设置为 300 像素。）

任务实施

（1）打开 Photoshop 2020 软件，按 Ctrl+O 组合键打开照片素材。

（2）选择【裁剪工具】，裁剪预设设为 1 寸大小，像素为 300，具体参考如图 1.4.4 所示。

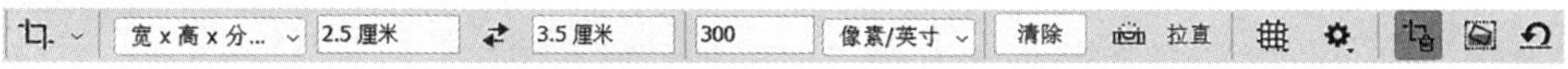

图 1.4.4 “裁剪工具”属性栏参数设置

（3）修改裁剪框，如图 1.4.5 所示。（注：证件照裁剪要注意人物头部处于中间且一般照片底部从第三个扣子裁剪。)

(4)执行【图像】|【画布大小】命令,打开“画布大小”对话框,勾选“相对”复选框,参数设置如图 1.4.6 所示。点击“确定”,效果如图 1.4.7 所示。

(5)执行【编辑】|【定义图案】命令,打开如图 1.4.8 所示对话框,设置名字,点击“确定”按钮。

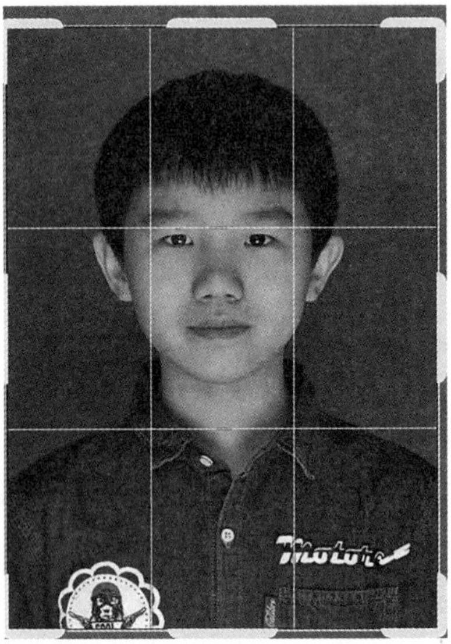

图 1.4.5 裁剪框设置

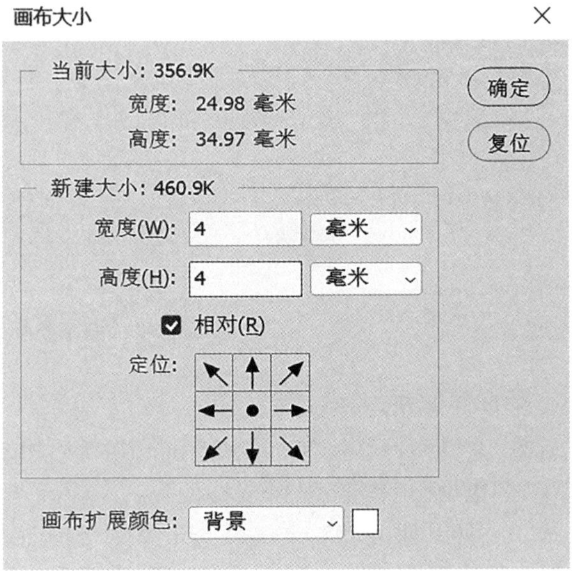

图 1.4.6 “画布大小”参数设置

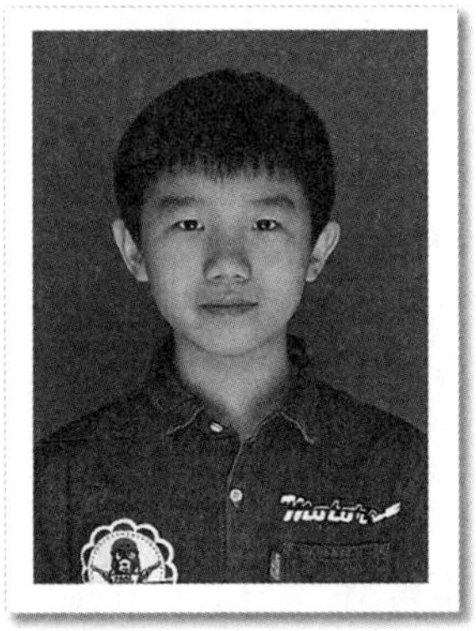

图 1.4.7 白边效果

图 1.4.8 设置图案名称

(6)执行【图像】|【画布大小】命令,打开“画布大小”对话框,勾选相对,新建大小单位更改为百分比,参数设置如图 1.4.9 所示,点击“确定”即可。

(7)执行【编辑】|【填充】命令,打开“填充”对话框,“内容”项选择图案,图案选择证件照,如图 1.4.10 所示。点击“确定”后效果如图 1.4.11 所示。

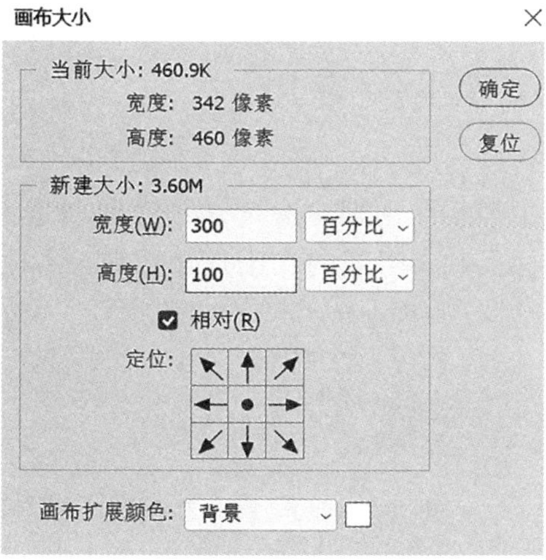

图 1.4.9 “画布大小”参数设置

图 1.4.10 “填充”对话框

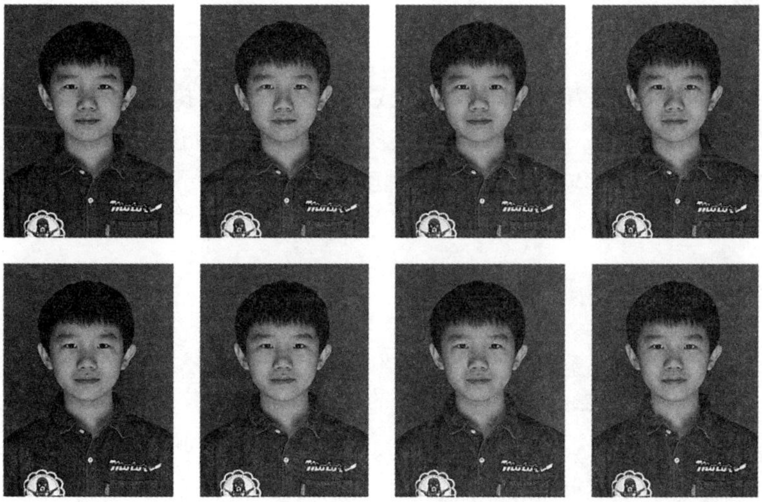

图 1.4.11 填充效果

（8）新建文档，大小如 5 寸相纸，具体设置参数如图 1.4.12 所示。

（9）选择移动工具，将图 1.4.11 图像拖曳到文档中，居中放置，便得最终效果。

（10）保存文档。

图 1.4.12 新建文档参数

任务五 标尺参考线的应用

为使设计的图像更加精准,在设计的过程中经常会用到参考线,如进行 LOGO 设计、网页绘制、对称图像的制作等。如何操作呢?标尺和参考线的作用是什么呢?本任务我们将一起来学习相关的知识。

案例:创意九宫格

创意九宫格最终合成效果见彩色附图 5。

知识链接

1. 标尺的应用

【标尺】可以帮助我们精确地确定图像或元素的位置。执行【视图】|【标尺】命令或按 Ctrl+R 组合键即可打开标尺,如图 1.5.1 所示。标尺的单位可以改变,可以为厘米、毫米、像素、英寸等,如图 1.5.2 所示。如果要隐藏标尺,可执行【视图】|【标尺】命令,或按 Ctrl+R 组合键。

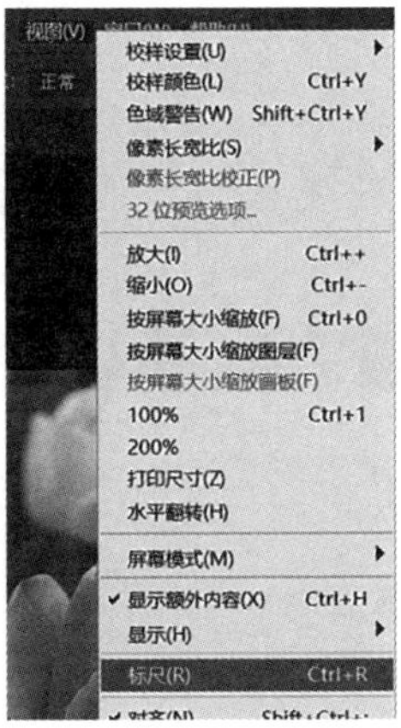

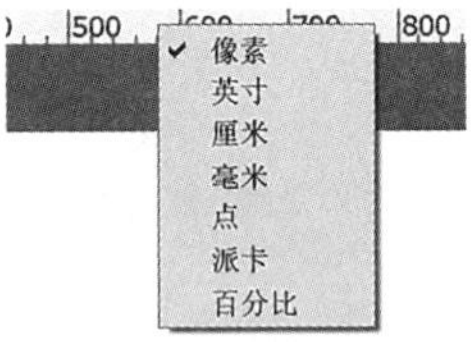

图 1.5.1 【标尺】命令　　图 1.5.2 标尺的单位设置

通过标尺功能可以帮助我们了解图形的大小,同时通过结合辅助线使得图像的位置更加精准。此外,通过双击标尺,还可以直接更改图片及文字的单位、装订线的大小、打印分辨率和屏幕分辨率等,如图 1.5.3 所示。

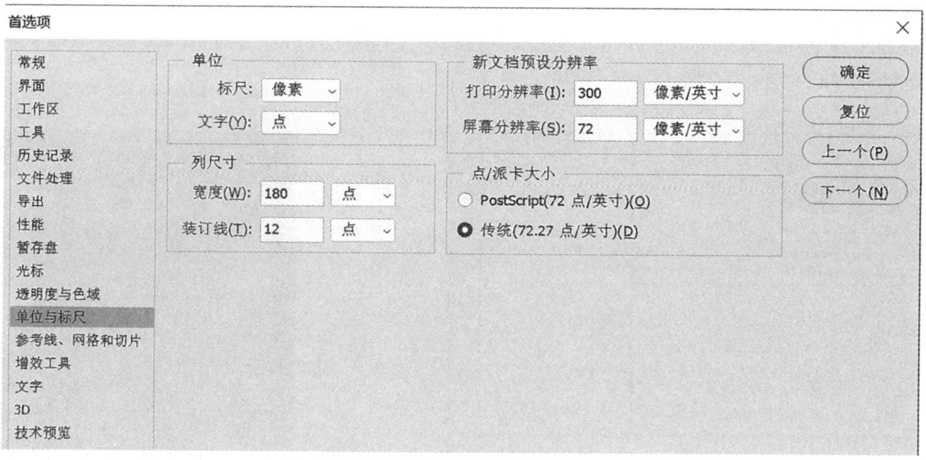

图 1.5.3 【首选项】对话框

2. 参考线的应用

在设定辅助线前，必须先打开【标尺】工具，可使用【选择工具】 并拖动鼠标从标尺位置拖出参考线，也可以执行【视图】|【新建参考线】命令，弹出“新建参考线”对话框来设置参考线，如图 1.5.4 所示。如果要移动参考线，可选择【选择工具】 ，将光标放在参考线上，光标会变成双向箭头，按住鼠标左键并拖曳即可移动参考线。创建或者移动参考线时如果按住 Shift 键，可以使参考线和标尺上的刻度对齐。当完成设计，想将辅助线去除时，只需选中参考线，拖动鼠标将参考线拖回标尺，如果要删除所有参考线，可执行【视图】|【清除参考线】命令。

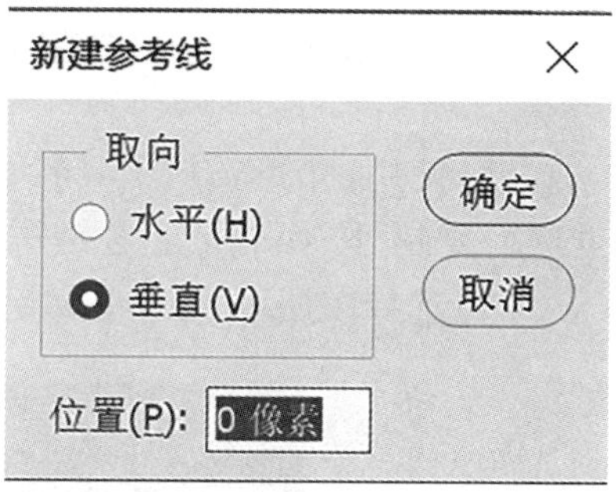

图 1.5.4 【新建参考线】对话框

技能点拨

由素材完成创意九宫格，首先需要建立能九等分的画布，利用标尺和参考线来完成画布九等分，导入素材进行缩放并移动到合适的位置，删除多余的部分。利用矩形选框工具，制作选区并逐个复制完成图像的九等分。图像与图像之间的空隙，通过自由变化等比例缩小来完成，最后隐藏或者删除参考线，保存文件即可完成。

任务实施

(1)打开 Photoshop 2020 软件，新建“创意九宫格”文件，大小为 1 080 像素×1 080 像素，分辨率 72 像素。

(2)按 Ctrl+R 组合键打开标尺。画布大小为 1 080×1 080，将其九等分。执行【视图】|【新建参考线】命令，弹出“新建参考线”对话框，在对话框中输入参考线的位置，分别在水平和垂直方向的 360 像素、720 像素位置各建立两条参考线，如图 1.5.5 所示。

(3)按 Ctrl+O 组合键打开素材 1、2、3。

(4)使用【移动工具】,将素材 1 导入“创意九宫格”文件中,并按 Ctrl+T 组合键,对其缩放,并放置到合适的位置,效果如图 1.5.6 所示。

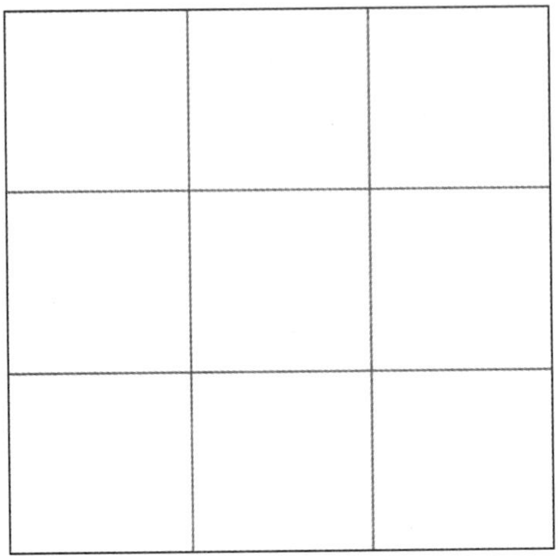

图 1.5.5 “参考线”效果

图 1.5.6 置入素材 1 效果

(5)使用【矩形选框工具】选取图层 1 右侧部分,如图 1.5.7 所示,并按 Ctrl+C 组合键进行复制,按 Ctrl+V 组合键进行粘贴。

(6)选择图层 1,按 Delete 键进行删除,效果如图 1.5.8 所示。

图 1.5.7 选取右侧部分

图 1.5.8 删除图层 1 后效果

(7)导入素材 2、3,重复步骤(5)(6)操作,效果如图 1.5.9 所示。

图 1.5.9　素材 2、3 导入处理后效果

（8）选择图层 4，执行【滤镜】|【模糊】|【高斯模糊】命令，设置半径如图 1.5.10 所示。

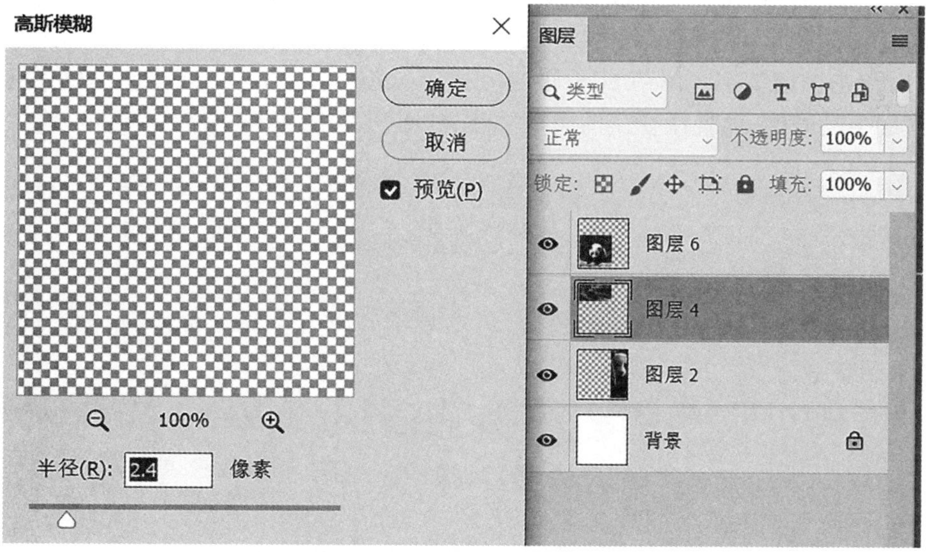

图 1.5.10　设置高斯模糊半径

（9）选择相应的图层，使用固定大小的矩形选框工具，在参考线画好的格子里画一个 360 像素×360 像素大小的正方形选区，如图 1.5.11 所示。

图 1.5.11　绘制矩形选框

(10)按 Ctrl+C 组合键进行复制,按 Ctrl+V 组合键进行粘贴。移动选区到不同参考线方格位置,返回相应图层,并按 Ctrl+C 组合键进行复制,按 Ctrl+V 组合键进行粘贴,重复操作,直到分为 9 块。删除图层 2、4、6。

(11)单击图层 7,按 Ctrl+T 组合键对其进行自变换,为了使每个图层缩小的比例一致,不使用手动修改,而使用变换的属性修改,如图 1.5.12 所示。

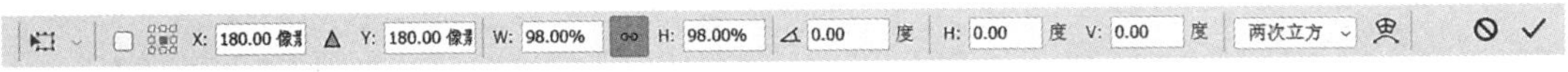

图 1.5.12　缩小图层设置

(12)对每个图层都进行以上的设置,将高与宽的比值设置为 98%,得图像的创意九宫格效果图。

(13)按 Ctrl+H 组合键,隐藏参考线,执行【文件】|【储存为】命令,将图像保存为. psd 格式。

任务六　综合实例

Photoshop 2020 功能强大,操作方便,应用范围广,为了更好地使用该软件,熟悉其工作环境,精炼基本操作是前提。本任务通过综合实例提高动手能力,加强掌握 Photoshop 常识,熟练 Photoshop 2020 软件基本操作,为以后的学习打下基础。

案例：放射性线条的制作

放射性线条最终合成效果见彩色附图6。

技能点拨

放射性线条的制作是该项目的综合实例，文件新建、保存、参考线，前景色、背景色设置，颜色填充，自由变换均将使用。放射性线条的制作关键是红色放射性形状的复制旋转，可以通过 Ctrl+Alt+Shift+T 组合键来完成。

任务实施

（1）打开 Photoshop 2020 软件，新建 800 像素×1 000 像素文件。

（2）设置前景色为#f2e5d5，选择背景图层，按 Alt+Delete 组合键填充前景色。

（3）按 Ctrl+R 组合键打开标尺，在文件中间建立水平和垂直参考线，如图 1.6.1 所示。

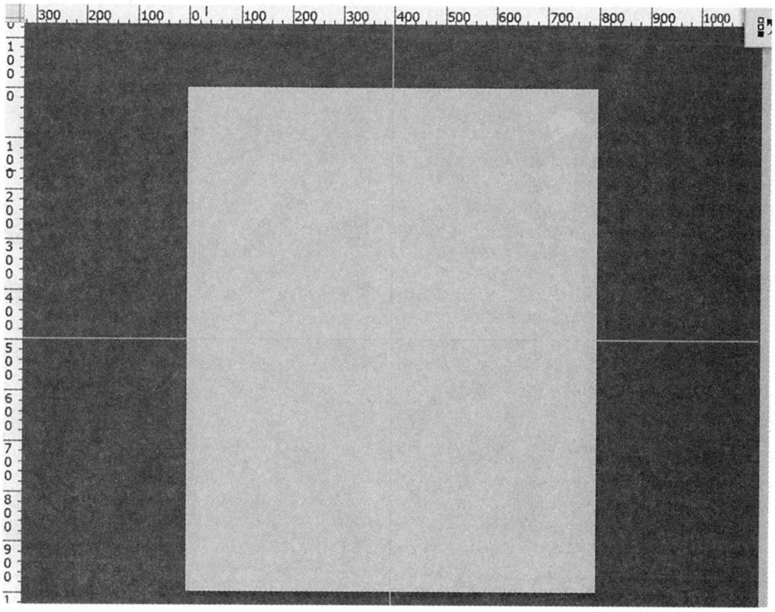

图 1.6.1 建立参考线

（4）选择多边形套索工具，创建多边形选区，如图 1.6.2 所示。

（5）前景色设为红色，新建图层，按 Alt+Delete 组合键填充前景色，按 Ctrl+D 组合键取消选区，如图 1.6.3 所示。

（6）选择图层 1，按 Ctrl+J 组合键进行图层复制产生图层 1 副本。

（7）按 Ctrl+T 组合键进行自由变换，将中心点移到水平和垂直参考线的交叉点处，在自由变换属性栏设置旋转角度为 20°,按回车键确定后,效果如图 1.6.4 所示。

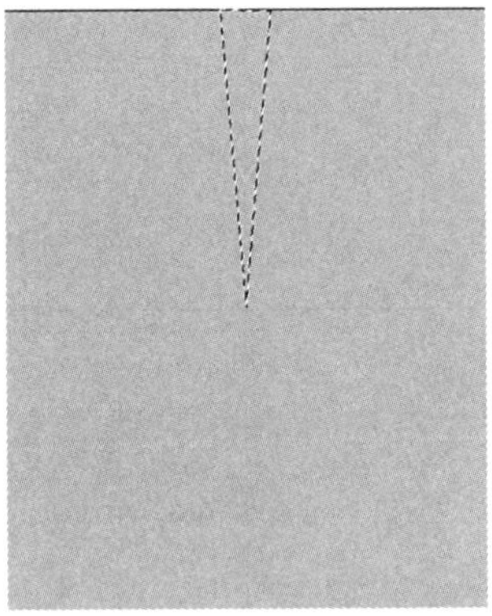

图 1.6.2　创建多边形选区

图 1.6.3　填充红色效果

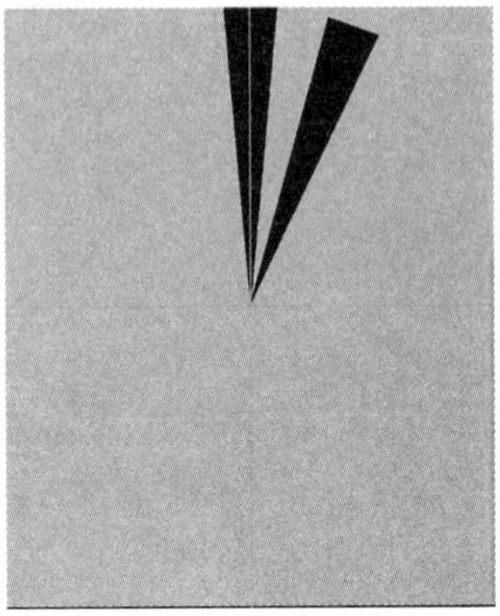

图 1.6.4　围绕中心点旋转后效果

(8)按 Shift+Ctrl+Alt+T 组合键进行重复复制变换操作,效果如图 1.6.5 所示。

(9)按住 Shift 键,同时选中图层 1 至图层 1 副本 17,按 Ctrl+E 组合键,合并图层。

(10)选中合并后的图层,按 Ctrl+T 组合键自由变换命令,按住 Alt 键,中心点不变的同时进行放大,效果如图 1.6.6 所示。

图 1.6.5　重复复制变换

图 1.6.6　放射性线条中心点不变放大整个画布效果

(11)新建图层,利用【矩形选框工具】绘制矩形选区,如图 1.6.7 所示,填充红色,取消选区,如图 1.6.8 所示。

图 1.6.7 绘制矩形选区

图 1.6.8 矩形选区内填充红色

(12)对红色矩形按 Ctrl+T 组合键,右键选择“变形”命令,如图 1.6.9 所示,调整至满意效果,如图 1.6.10 所示。

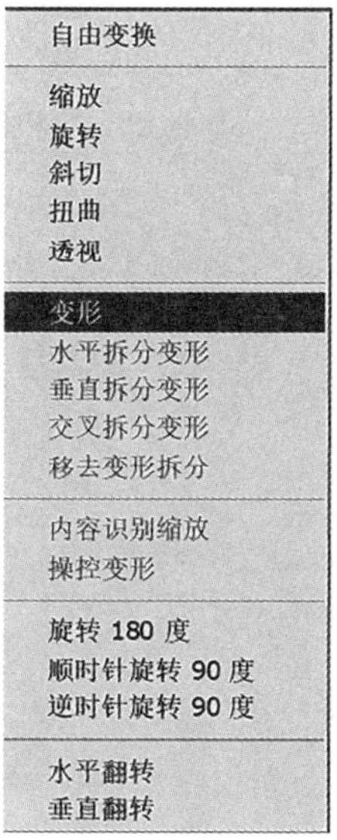

图 1.6.9 “变形”命令

图 1.6.10 变形后效果

(13)选择图层 1,按住 Ctrl 键的同时,点击图层 1 的缩略图,把图层 1 载为选区,如图 1.6.11 所示。

(14)执行【编辑】|【描边】命令,宽度设置为 10 像素,颜色为#f2e5d5,效果如图 1.6.12 所示。

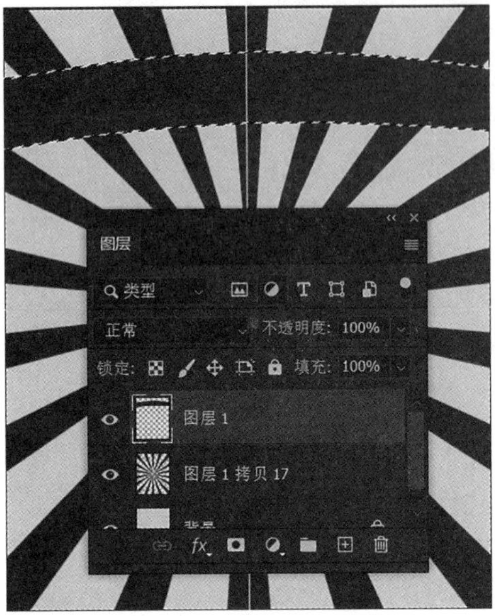

图 1.6.11　载为选区

图 1.6.12　描边效果

(15)为图层 1 添加投影样式,参数设置如图 1.6.13 所示,显示效果如图 1.6.14 所示。

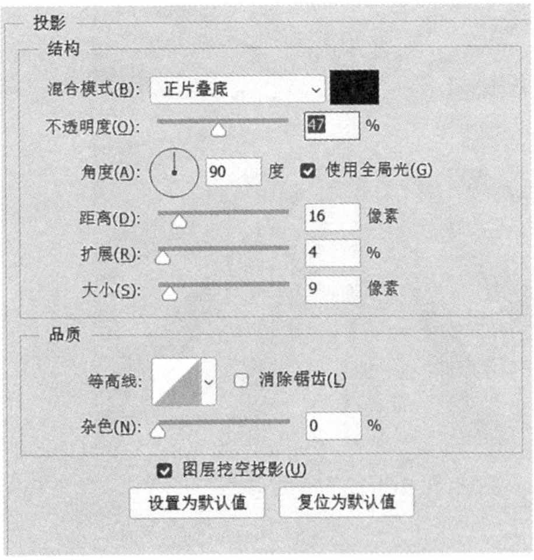

图 1.6.13　投影样式设置

图 1.6.14　添加投影效果

(16)使用【文字工具】,添加“放射性线条”文字,点击工具属性栏中的创建变形文字图标,变形文字属性设置参照图 1.6.15 所示,效果如图 1.6.16 所示。

(17)利用【椭圆选框工具】,按住 Shift 键绘制圆形,填充红色,并描边,添加投影,效果如图 1.6.17 所示。

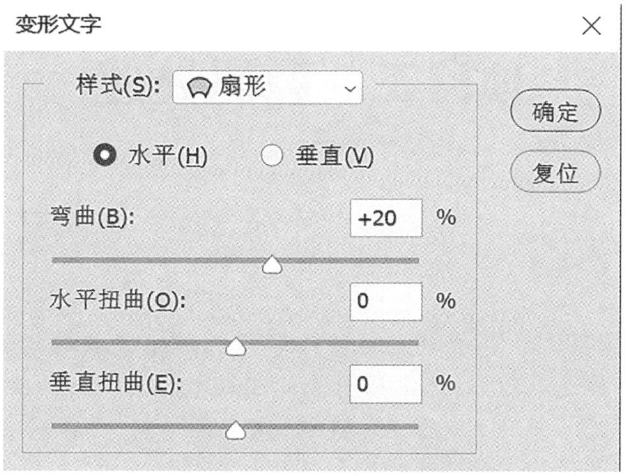

图 1.6.15　变形文字参数设置

图 1.6.16　添加变形文字

图 1.6.17　圆形添加效果

(18)在圆内输入文字“P”“S”,删除参考线,得最终效果见彩页附图 6。保存文件。

项目二　数码处理

项目导读

在进行图像操作时，我们通过选区告诉 Photoshop 想要编辑的是哪些内容。能够快捷、精确地选取图像，是提高图像处理效率的关键。本项目主要讲解矩形选框工具组、套索工具组、魔棒工具组、选区的编辑、图像的变换、对齐与分布、橡皮擦工具的使用。通过这些基本工具与命令的学习，掌握选取、编辑图像的基本方法，为以后更深层次的学习，打下坚实基础。

任务一　矩形选框工具组

要想对图像进行编辑，首先要选择图像。矩形选框工具组可以在图像或图层中绘制规则的选区，快速选取简单的图像。

案例：制作条码签

条码签的最终制作效果见彩色附图 7。

知识链接

1. 矩形选框工具

利用【矩形选框工具】可以方便地在图像中制作长宽随意的矩形选区或正方形选区（绘制时按住 Shift 键）。

要使用【矩形选框工具】，可以单击工具箱中的【矩形选框工具】。

【矩形选框工具】属性栏状态如图 2.1.1 所示，分为 3 个部分：选择方式、羽化和消除锯齿、样式。这 3 个部分分别提供对【矩形选框工具】各种不同参数的控制。

图 2.1.1　【矩形选框工具】属性栏

在【矩形选框工具】属性栏中，为选择选区方式选项。

【新选区】用于绘制新选区，如果已经存在选区，那么新创建的选区将替代原来的选区。【添加到选区】可以将当前创建的选区添加到原来的选区中（按住 Shift 键也可以实现相同的操作）。【从选区减去】可以将当前创建的选区从原来的选区中减去（按住 Alt 键也可以实现相同的操作）。【与选区交叉】只保留原有选区与新创建的选区相交的部分（按住 Shift+Alt 组合键也可以实现相同的操作）。选择不同选区方式的效果如图 2.1.2 所示。

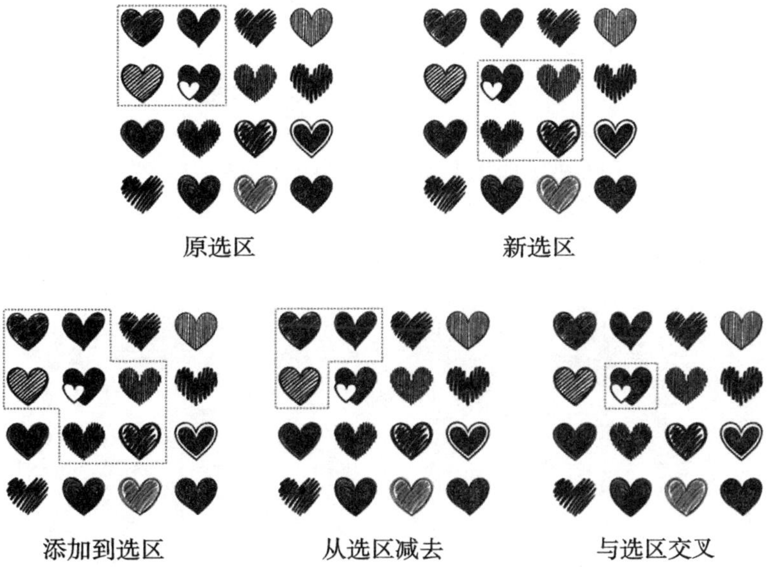

图 2.1.2　选择不同选区方式的效果

（1）羽化：用于设定选区边界的羽化程度。设置羽化参数可以有效地消除选择区域中的硬边界并将它们柔化，使选择区域的边界产生朦胧渐隐的过渡效果。该参数的取值范围为 0～250 像素，取值越大，选区的边界会相应变得越朦胧。

（2）消除锯齿：用于清除选区边缘的锯齿。其原理就是在锯齿之间插入中间色调，这样就使那些边缘不规则的图像在视觉上消除了锯齿现象。Photoshop 中的图像是由一个个正方形的色块构成的，如果没有勾选“消除锯齿”复选框，在制作圆形选区或者其他形状不规则的选区时就会产生难看的锯齿边缘。

（3）样式：选项提供了 3 种样式。“正常”是默认的选择样式，可以用鼠标创建长宽任意的矩形选区。“固定比例”可以为矩形选区设定任意的长宽比，只要在对应的“宽度”和“高度”参数框中填入宽度和高度比值即可；在默认的状态下，宽度和高度的比值为 1∶1。“固定大小”可以通过直接输入宽度值和高度值来精确定义矩形选区的大小。

（4）宽度和高度：用来设定宽度和高度。

2. 椭圆选框工具

利用【椭圆选框工具】可以方便地在图像中制作长宽随意的椭圆选区或正圆选区（绘制时需按住 Shift 键）。创建以鼠标点击点为中心的椭圆选区，按住 Alt 键，再拖动椭圆选框工具制作选区即可。

要使用【椭圆选框工具】，可以单击工具箱中的【椭圆选框工具】。

【椭圆选框工具】属性栏状态如图 2.1.3 所示，分为 3 个部分：选择方式、羽化和消除锯齿、样式。这 3 个部分分别提供对【椭圆选框工具】各种不同参数的控制。

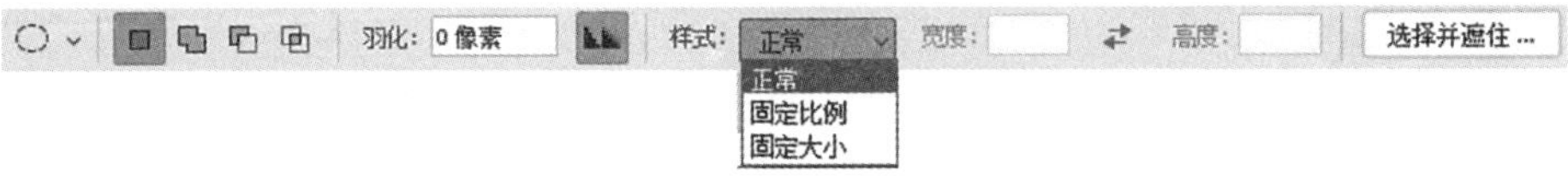

图 2.1.3 【椭圆选框工具】属性栏

绘制椭圆选区：使用【椭圆选框工具】，在图像中适当的位置单击并按住鼠标左键，拖曳鼠标绘制出需要的选区，松开鼠标左键，椭圆选区绘制完成。按住 Shift 键的同时，拖曳鼠标在图像中可以绘制出圆形的选区。效果如图 2.1.4 所示。

绘制椭圆选区　　绘制正圆选区

图 2.1.4 使用【椭圆选框工具】绘制选区效果

小贴士

【椭圆选框工具】属性栏的其他选项和【矩形选框工具】属性栏相同，其他设置请参考【矩形选框工具】的设置。

3. 单行选框工具

利用【单行选框工具】，可以在图像或图层中绘制出 1 个像素高的横线区域。它主要用于修复图像中丢失的像素线。绘制选区后，效果如图 2.1.5 所示。

4. 单列选框工具

利用【单列选框工具】可以在图像或图层中绘制出 1 个像素宽的竖线区域。它主要用于修复图像中丢失的像素线。绘制选区后，效果如图 2.1.6 所示。

图2.1.5　使用【单行选框工具】绘制选区效果

图2.1.6　使用【单列选框工具】绘制选区效果

小贴士

【单行选框工具】和【单列选框工具】的属性栏中只有选择方式可以设置，用法和原理都和【矩形选框工具】相同。

技能点拨

本例中新建文档后，先使用【椭圆选框工具】绘制椭圆，执行【编辑】|【描边】命令，删除一半的圆环。再使用【矩形选框工具】，选择“固定大小”后绘制矩形选区，调整参数后绘制不同宽度的矩形选区，填充颜色。然后删除多余部分，就可得到一组标签。最后复制多组标签，调整宽度、改变颜色，即可绘制出条码签。

任务实施

(1)打开 Photoshop 2020 软件，执行【文件】|【新建】命令，弹出“新建”文档对话框，设置文件名为“制作条码签”，设置文件大小为1 200 像素×850 像素，分辨率为72 像素/英寸，颜色模式为 RGB 颜色、8 bit，背景为白色。

(2)新建“图层 1”，使用【椭圆选框工具】，按住 Shift 键在工作区上方中间绘制一个正圆选区。再执行【编辑】|【描边】命令，设置前景色为黑色，宽度为 5 像素，为选区描边。按 Ctrl+D 组合键取消选区，效果如图 2.1.7 所示。

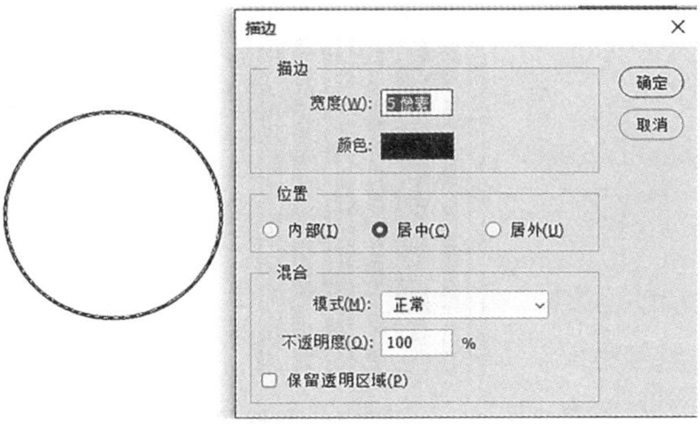

图2.1.7　绘制正圆并描边

(3)使用【矩形选框工具】，框选出圆形的下半部分，按 Delete 键删除，如图 2.1.8 所示。

(4)新建“图层 2”，使用【矩形选框工具】，在其工具属性栏的“样式”中选择“固定大小”，宽度和高度分别设置为 5 像素和 300 像素。在工作区上单击鼠标，即可得到一个矩形选区。

(5)修改选区模式为“添加到选区”，宽度设置为10像素，再添加一个选区。用同样的方法，不断修改宽度值，得到一组宽度不同的选区。将前景色设置为RGB(0,0,0)，按Alt+Delete组合键填充前景色，如图2.1.9所示。

(6)修改选区模式为“新选区”，“样式”选择“正常”，分别框选出上下不整齐的部分，按Delete键删除，得到条形码的第一部分，如图2.1.10所示。

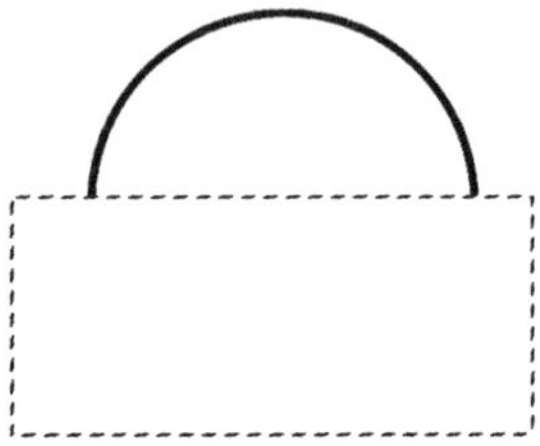

图2.1.8 删除部分圆环

图2.1.9 绘制选区，填充颜色

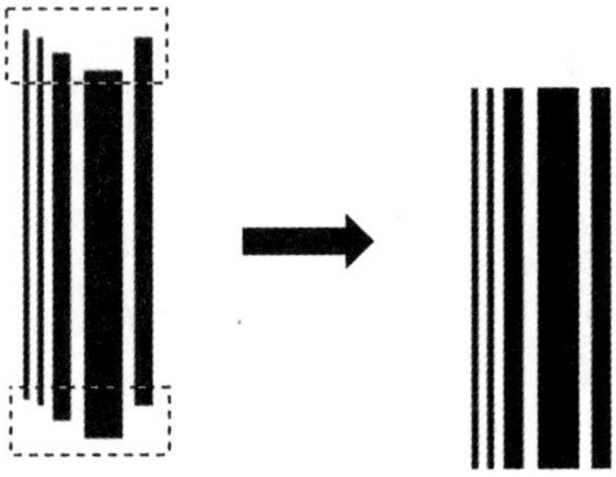

图2.1.10 修改为相同宽度

(7)单击【移动工具】，按住Alt键拖动图像，可得到“图层2拷贝”图层，更改该图层名称为图层3。选择【魔棒工具】，单击其中一条黑色，按Ctrl+T组合键调整宽度。继续如上操作，调整其他条形码的宽度，如图2.1.11所示。

(8)按住Ctrl键，单击“图层3”的图层缩览图，得到第二组条形码的选区，将前景色设置为RGB(14,109,238)，按Alt+Delete组合键填充前景色。用同样的方法，再做两组条形码，得到如图2.1.12所示的效果。

图2.1.11 调整部分条形码宽度

图2.1.12 制作第二、三、四组条形码

(9)选择【文本工具】，在条形码的下方输入一串数字，得最终效果图如彩色附图7所示。

(10)执行【文件】|【存储】命令，保存文件。

任务二　套索工具组

套索工具组可以在图像或图层中绘制不规则形状的选区,选取不规则形状的图像,便于对图形图像进行编辑。

案例一:水果分割海报

水果分割海报最终效果见彩色附图8。

知识链接

1. 套索工具

利用套索工具可以用来选取不规则形状的图像。

要使用【套索工具】,可以单击工具箱中的【套索工具】。使用【套索工具】,其属性栏将显示图2.2.1所示的状态。在【套索工具】属性栏中,为选择方式选项。“羽化”选项用于设定选区边缘的羽化程度。“消除锯齿”选项用于清除选区边缘的锯齿。

图2.2.1　【套索工具】属性栏

绘制不规则形状的选区:使用【套索工具】,在图像中适当的位置单击并按住鼠标左键,拖曳绘制出需要的选区,如图2.2.2所示。松开鼠标左键,选择区域会自动封闭,效果如图2.2.3所示。

图2.2.2　【套索工具】绘制选区

图2.2.3　选区闭合效果

小贴士

使用【套索工具】时，如果在绘制中途释放鼠标左键，Photoshop 会在该点与起点之间自动建立一条直线以封闭选区。

2. 多边形套索工具

多边形套索工具可以用来绘制转角比较尖锐的选区。

要使用【多边形套索工具】，可以单击工具箱中的【多边形套索工具】。

【多边形套索工具】属性栏中的选项内容与【套索工具】属性栏的选项内容相同。

绘制多边形选区：使用【多边形套索工具】，在图像中单击确定起点，接着在转折的位置单击进行绘制。当绘制到起始位置时，光标变为形状后单击，即可得到封闭选区，效果如图 2.2.4 所示。

在起始位置单击　　回到起始位置　　形成闭合选区

图 2.2.4　使用【多边形套索工具】绘制选区

小贴士

在图像中使用【多边形套索工具】绘制选区时，按住 Shift 键，可以在水平方向、垂直方向或 45°方向上绘制直线。另外，按 Delete 键可以删除最近绘制的直线。绘制选区时，按 Enter 键或双击鼠标左键，封闭选区；按 Esc 键，取消选区；按 Delete 键，删除上一个单击建立的选区点。

技能点拨

本例中首先使用【椭圆选框工具】把素材图片【草莓 1】中的“草莓”分成四部分，再借助【移动工具】改变其位置。然后使用【套索工具】绘制选区，框选草莓“果肉”部分，借助【自由变换】命令调整大小及位置。最后绘制背景，调整“水花”大小及位置，即可实现水果分割效果。

任务实施

（1）打开 Photoshop 2020 软件，执行【文件】|【新建】命令，弹出“新建”对话框，设置文件名为“水果分割海报”，设置文件大小为 21 cm×29.7 cm，分辨率为 72 像素/英寸，颜色模式为 RGB 颜色、8 bit，背景为白色。

（2）打开“草莓 1. png”素材，使用【椭圆选框工具】，绘制椭圆选区，再按 Shift+Ctrl+J 组合键创建新图层，将会把选区内的图像剪切后粘贴到新图层“图层 2”中。效果如图 2.2.5 所示。

图 2.2.5　分割草莓

（3）单击“图层 1”，使用【椭圆选框工具】，绘制椭圆选区。执行【选择】|【变换选区】命令，拖动“控制点”改变选区的旋转角度，如图 2.2.6 所示。

（4）按 Shift+Ctrl+J 组合键，将创建新图层，并把选区内的图像剪切后粘贴到新图层“图层 3”中。重复步骤（3），生成“图层 4”，如图 2.2.7 所示，将“草莓”分为四部分。

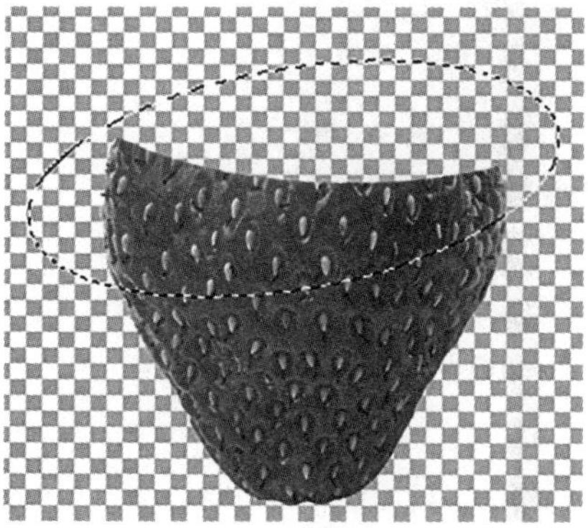

图 2.2.6　变换选区

图 2.2.7　将“草莓”分割为四部分

（5）选择【移动工具】，分别改变四个图层中的草莓切片位置，效果如图 2.2.8 所示。

(6)打开素材“草莓 2”,选择【套索工具】绘制如图 2.2.9 所示选区,执行【选择】|【变换选区】命令,拖动“控制点”改变选区的大小和旋转角度。使用【移动工具】拖动选区内对象到打开的“草莓 1.png”素材中,将自动创建新图层“图层 5”。

图 2.2.8 调整“草莓”四部分的位置

图 2.2.9 绘制“草莓果肉”选区

(7)拖动“图层 5”到【图层】面板下方的【创建新图层】按钮上,将创建“图层 5 拷贝”图层。重复上述操作,创建“图层 5 拷贝 2”图层。

(8)先隐藏图层 2,再选中“图层 5”,执行【编辑】|【自由变换】命令,改变“果肉”图像的位置和大小,并拖动中间“控制点”将图像压扁。最后,按住 Ctrl 键拖动左、右两端控制点分别与图层 3 中的“草莓”两端对齐,效果如图 2.2.10 所示。

(9)重复步骤(8),为所有草莓切开部分添加“果肉”,效果如图 2.2.11 所示。

图 2.2.10 调整果肉大小及位置

图 2.2.11 添加果肉效果

(10)新建图层,重命名为“背景”,置于所有图层最下方。选择【渐变工具】,在其工具属性栏选择【径向渐变】、粉色_09、【反向渐变颜色】,从中心向外绘制渐变线,效果如图 2.2.12 所示。

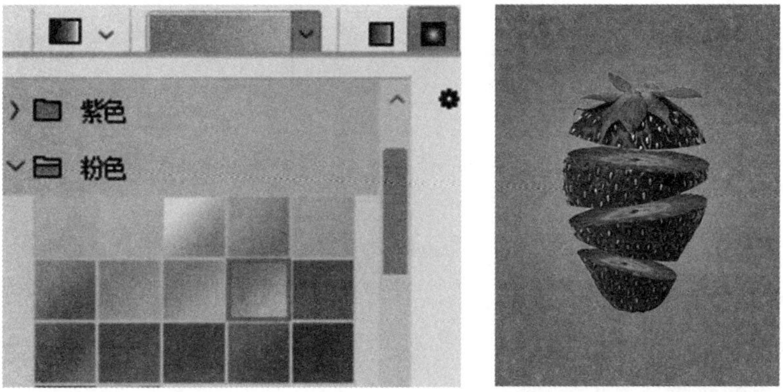

图 2.2.12 添加“渐变背景”

(11)执行【文件】|【置入嵌入对象】命令,将置入“水花”,并自动创建“水花”图层。右键单击“水花”,选择【栅格化图层】命令,将“水花”图层转换为普通图层。

(12)选择“水花”图层,执行【编辑】|【自由变换】命令,调整“水花”大小及位置。效果如图 2.2.13 所示。

(13)拖动“水花”到【图层】面板下方的【创建新图层】按钮上,将创建“水花 拷贝”图层。执行【编辑】|【变换】|【垂直翻转】命令,调整“水花”大小及位置。效果如图 2.2.14 所示。

图 2.2.13 调整“水花”大小及位置一

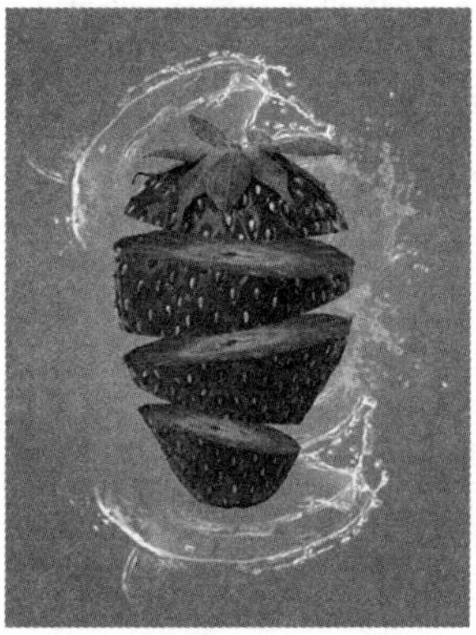

图 2.2.14 调整“水花”大小及位置二

(14)拖动“水花”图层到所有图层最上方,即可得到最终效果,如彩色附图 8 所示。

(15)执行【文件】|【存储】命令,保存文件。

案例二：图像穿插效果

图像穿插最终效果见彩色附图9所示。

知识链接

磁性套索工具：利用磁性套索工具可以用来选取不规则的、与背景反差大的图像。

要使用【磁性套索工具】，可以单击工具箱中的【磁性套索工具】。属性栏将显示图2.2.15所示的状态。

图2.2.15 【磁性套索工具】属性栏

(1)【宽度】：用于设定套索检测范围，【磁性套索工具】将在这个范围内选取反差最大的边缘。

(2)【对比度】：用于设定选取边缘的灵敏度，数值越大，则边缘与背景的反差越大。

(3)【频率】：用于设定选区点的速率，数值越大，标记速率越快，标记点越多。

(4)【使用绘图板压力以更改钢笔宽度】按钮：用于设定专用绘图板的笔刷压力。

根据图像形状绘制选区：使用【磁性套索工具】，在图像中适当的位置单击并按住鼠标左键，根据选取图像的形状拖曳鼠标，选取图像的磁性轨迹会紧贴图像的内容，将鼠标指针移回到起点，单击即可封闭选区，效果如图2.2.16所示。

贴近对象拖曳鼠标　　指针移回到起点　　单击封闭选区

图2.2.16 使用【磁性套索工具】绘制选区

技能点拨

本例中新建文件后，绘制矩形选区，全选“莲花”图像。将“莲花”图像选择性贴入矩形选区，调整位置及大小。再使用【磁性套索工具】框选出素材中的“莲花”和“莲蓬”，然后将二者移动到“图像穿插效果”文件中，调整大小及位置，制作出“莲花”和“莲蓬”穿插到画面外的效果。最后输入文字，用【直线工具】绘制斜线，即可完成效果。

任务实施

（1）打开 Photoshop 2020 软件，执行【文件】|【新建】命令，弹出“新建文档”对话框，设置文件名为“图像穿插效果”，文件大小为 21 cm×29.7 cm，分辨率为 300 像素/英寸，颜色模式为 RGB 颜色、8 bit，背景为白色。

（2）使用【矩形选框工具】绘制矩形选区，如图 2.2.17 所示。

（3）打开“莲花.jpg”素材，按 Ctrl+A 组合键全选“莲花”图像，再按 Ctrl+C 组合键进行复制。返回到“图像穿插效果”文件中，按 Alt+Shift+Ctrl+V 组合键，将自动创建“图层 1”，并将荷花粘贴入创建的矩形选区中，效果如图 2.2.18 所示。

图 2.2.17　绘制矩形选区

图 2.2.18　将“莲花”图像粘贴入选区

（4）按 Ctrl+D 组合键，取消选区。

（5）打开“莲花.jpg”素材，使用【磁性套索工具】，先在其属性工具栏中设置“羽化”为 1 像素，再绘制如图 2.2.19 所示选区。按 Ctrl+J 组合键将“莲花”图案快速复制到新图层。

图 2.2.19　【磁性套索工具】选中莲花，并复制到新图层

（6）重复步骤（5），选中“莲蓬”并按 Ctrl+J 组合键将其快速复制到单独的图层。

（7）使用【移动工具】，将选出的“莲花”拖动到“图像穿插效果”文件中。按 Ctrl+T 组合键改变其大小和位置，营造出“荷花”突出页面的图像穿插效果。

（8）重复步骤（6），营造出“莲蓬”突出页面的图像穿插效果。

(9)设置前景色为白色,背景色为 RGB(182,233,254)。单击“背景”图层,选择【渐变工具】,在其工具属性栏选择【径向渐变】、前景色到背景色渐变,从中心向外绘制渐变线,参数设置及效果如图 2.2.20 所示。

图 2.2.20 【渐变工具】参数设置及效果

(10)使用【形状工具】组中的【直线选择工具】,绘制两条斜线,将画面分隔开,增加视觉效果,如图 2.2.21 所示。

(11)使用【文字工具】中的【直排文字工具】输入文字:“SUMMER”“暑期渐浓 盛夏初来”和“小暑”。使用【横排文字工具】输入文字:“xiao shu”“小暑(夏季的第五个节气)”和“中国传统二十四节气之一”。调整字体、字号和颜色,得最终效果如彩色附图 9。

(12)执行【文件】|【存储】命令,保存文件。

图 2.2.21 使用【直线选择工具】绘制斜线

任务三　魔棒工具组

如果没有选区的限定，Photoshop 就会认为我们要编辑整幅图像。在 Photoshop 看来，有选区是一种选择（局部）；没有选区也是一种选择，即选取了整幅图像。套索工具可以在图像或图层中绘制不规则形状的选区，选取不规则形状的图像，便于进行图像编辑。

案例一：制作中国风招贴

中国风招贴制作效果见彩色附图 10。

知识链接

魔棒工具的使用：魔棒工具用于获取与取样点颜色相似部分的选区。

要使用【魔棒工具】，可以单击工具栏中的【魔棒工具】。

使用【魔棒工具】时，在画面中单击，光标所处的位置就是“取样点”，而颜色是否相似则是由“容差”数值控制的，容差数值越大，可被选择的范围越大。其属性栏如图 2.3.1 所示。

图 2.3.1　【魔棒工具】属性栏

【魔棒工具】与【快速选择工具】位于同一个工具组中。打开该工具组，从中选择【魔棒工具】；在其属性栏中设置【容差】数值，并指定【选区绘制模式】以及是否【连续】等；然后在画面中单击，即可得到与光标单击位置颜色相近区域的选区。

（1）【取样大小】：用于设置【魔棒工具】的取样范围。选择“取样点”，可以只对光标所在位置的像素进行取样；选择“3×3 平均”，可以对光标所在位置 3 个像素区域内的平均颜色进行取样；其他选项。

（2）【容差】：决定所选像素之间的相似性或差异性，其取值范围为 0～255。数值越低，对像素相似程度的要求越高，所选的颜色范围就越小；数值越高，对像素相似程度的要求越低，所选的颜色范围就越大，选区也就越大。

（3）【消除锯齿】：默认情况下，“消除锯齿”复选框始终处于勾选状态。勾选此复选框，可以消除选区边缘的锯齿。

（4）【连续】：当勾选该复选框时，只选择颜色接近的连续区域；当取消勾选该复选框时，可以选择与所选像素颜色接近的所有区域，当然也包含没有连接的区域。

（5）【对所有图层取样】：如果文档中包含多个图层，当勾选该复选框时，可以选择所有可见图层上颜色相近的区域；当取消勾选该复选框时，仅选择当前图层上颜色相近的区域。

使用【魔棒工具】绘制选区:在图像中单击需要选择的颜色区城,即可得到需要的选区。调整属性栏中的容差值,再次单击需要选择的颜色区域,不同容差值的选区效果如图 2.3.2 所示。

容差值:5

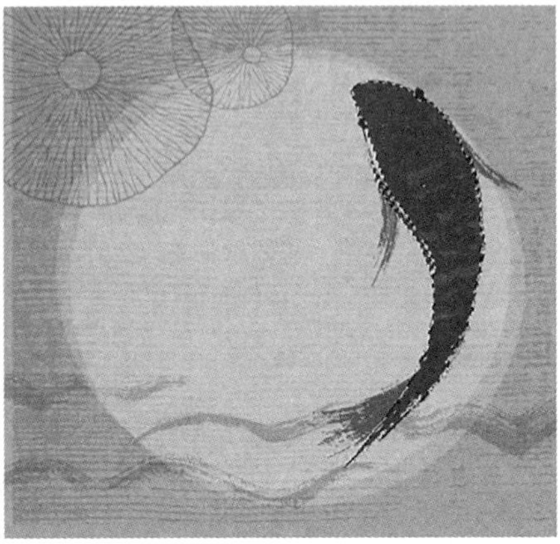
容差值:50

图 2.3.2 容差值不同时的选区效果

技能点拨

本例中打开“空中岛屿”素材后,按【魔棒工具】和【反选】命令,选中“岛屿”。打开“背景”素材,将“岛屿”放置到合适位置。再打开“宫殿”素材,使用“对象选择工具”框选建筑部分,得到选区后,按 Shift+F6 组合键添加羽化效果,使“宫殿”边缘图像过渡更自然。接着使用【橡皮擦工具】,在“宫殿”四周多次涂抹,使图像与背景自然融合。最后导入“树”“华表”“瀑布”和“白云”,即可得到最终效果。

任务实施

(1)打开 Photoshop 2020 软件,执行【文件】|【打开】命令,导入“背景”素材。

(2)打开“空中岛屿”素材,使用【魔棒工具】单击背景部分,松开鼠标后即可选中背景。

(3)按 Shift+Ctrl+I 组合键(反选),即可得到如图 2.3.3 所示“岛屿”选区。

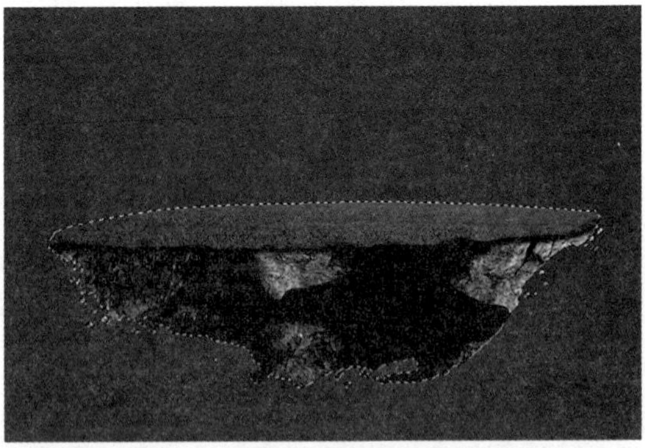
图 2.3.3 【反选】得到“岛屿”选区

(4)使用【移动工具】拖动“岛屿”部分到打开的“背景. jpg”素材中合适位置,会自动创建“图层 2”,将“图层 2”重命名为“空中岛屿”。再按 Ctrl+T 组合键,调整其大小及位置,效果如图 2.3.4 所示。

(5)打开“宫殿”素材,使用【对象选择工具】框选除天空外的建筑部分,松开鼠标后即可得到如图 2.3.5 所示选区(如有部分建筑未被选中，可使用【对象选择工具】或【套索工具】的“添加到选区”按钮多次框选）。

图2.3.4　调整大小及位置

图2.3.5　【对象选择工具】选择“宫殿”

（6）按 Shift+F6 组合键，设置“羽化”半径为 2 像素，单击“确定”按钮，为选区添加羽化效果，使建筑物边缘图像过渡更自然。

（7）使用【移动工具】拖动“建筑”主体部分到打开的“背景. jpg”素材中合适位置，会自动创建“图层 1”，将“图层 1”重命名为“宫殿”。并按 Ctrl+T 组合键，调整其大小及位置。

（8）使用【橡皮擦工具】，设置“模式”为画笔、“大小”为 354 像素、“硬度”为 14%，在“宫殿”四周多次涂抹，即可得到如图 2.3.6 所示效果。（涂抹时，可根据需要调整大小及硬度，硬度越小，越透明。）

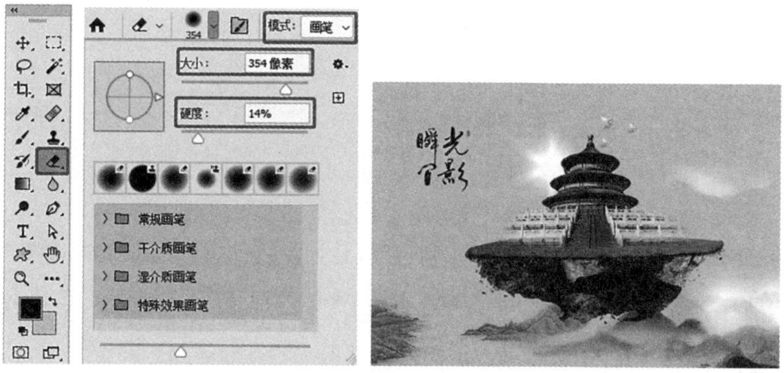

图2.3.6　【橡皮擦工具】涂抹“宫殿”四周

（9）打开“树. png”素材，使用【魔棒工具】单击背景部分，松开鼠标后即可选中背景。再按 Ctrl+T 组合键，调整其大小及位置。最后使用【橡皮擦工具】涂抹根部，使树与背景融合自然。

（10）打开“素材. psd”，拖动“华表”到打开的“背景. jpg”素材中，调整大小和位置。再将“华表”所在图层拖动到“宫殿”图层下方。

（11）打开“素材. psd”，拖动“瀑布”和“白云”到打开的“背景. jpg”素材中，调整大小和位置。得最终效果如彩色附图 10。

（12）执行【文件】|【存储为】命令，保存文件名为“制作中国风招贴”。

案例二：制作旅游宣传图片

旅游宣传图片制作效果见彩色附图11。

知识链接

1. 快速选择工具

【快速选择工具】是【魔棒工具】的快捷版本，可以不用任何快捷键，尤其在快速选择颜色差异大的图像时会非常直观和快捷，其属性栏如图2.3.7所示。其属性栏中包含“新选区”“添加到选区”“从选区减去”这3种模式。使用时按住鼠标左键不放拖曳选择区域，将主体全部选中；再使用“添加到选区”“从选区减去”调整选择区域，即可得到最终效果。

图2.3.7 【快速选择工具】属性栏

2. 对象选择工具：自动识别主体物

【对象选择工具】可以通过识别画面主体物与环境之间的颜色、虚实，从而获取主体物的选区。其属性栏如图2.3.8所示。

图2.3.8 【对象选择工具】属性栏

打开一张图片，单击工具箱中的【对象选择工具】，在属性栏中设置“模式”为“矩形”或“套索”，然后在画面中按住鼠标左键拖动绘制选区。释放鼠标后会自动识别绘制区域，并得到图形的选区，如图2.3.9所示。

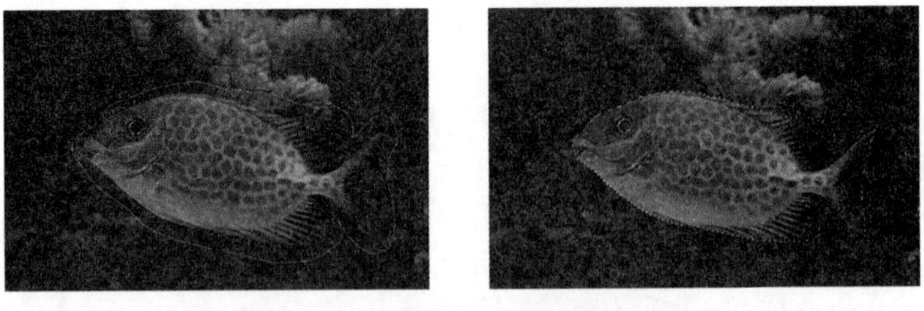

图2.3.9 【对象选择工具】选取对象

技能点拨

本例中打开“凤凰古城”素材后，使用【快速选择工具】选中除天空之外的图像建筑部分，羽化后按 Ctrl+J 组合键复制图层。将“天空”移入“凤凰古城”文件，调整天空位置。再使用【椭圆选框工具】绘制两个正圆，调整大小、位置及不透明度。然后使用【自定形状工具】、【直线工具】和【文字工具】，添加形状和文字，即可完成效果。

任务实施

（1）打开 Photoshop 2020 软件，打开“凤凰古城.jpg”素材，使用【快速选择工具】将图像中除天空之外的部分建立选区（可多次切换“添加到选区”和“从选区减去”按钮），如图 2.3.10 所示。

图 2.3.10　【快速选择工具】选择“建筑”

（2）为了使“建筑”与“天空”的过渡更加自然，先执行【选择】|【修改】|【羽化】命令（或按 Shift+F6 组合键）羽化选区，设置“羽化”半径为 1 像素。再按 Ctrl+J 组合键，将“建筑”快速复制到新图层“图层 1”中。效果如图 2.3.11 所示。

（3）打开“天空.jpg”素材，按 Ctrl+A 组合键全选图像。再使用【移动工具】将“天空”图像拖动到“凤凰古城”文件中，快速将其复制到新图层“图层 2”中。

图 2.3.11　【羽化】选区

（4）拖动“图层 1”到“图层 2”上方，再使用【移动工具】调整“图层 2”中的“天空”位置，效果如图 2.3.12 所示。

（5）新建“图层 3”，设置前景色为白色（R255，G255，B255），使用【椭圆选框工具】绘制一个正圆，填充前景色。

（6）按 Ctrl+J 组合键，将“正圆”快速复制到新图层“图层 4”中，再按 Ctrl+T 组合键调整其大小。

图 2.3.12 调整“天空”位置

(7)调整“图层 3”的“不透明度”为 40%。效果如图 2.3.13 所示。

图 2.3.13 绘制两个正圆，调整“不透明度”

(8)设置前景色为“红色(R206，G24，B24)”。使用【直线工具】绘制粗细为“3 像素”的直线(按住 Shift 键画水平或垂直的线)，效果如图 2.3.14 所示。

图 2.3.14 绘制“直线”

(9)使用【文字工具】T 中的【横排文字工具】在正圆的上方输入文字“这里是人们旅游的圣地”和“凤凰古城，一个让人充满想象的地方”。调整字体、字号、颜色和位置。

效果如图 2.3.15 所示。

图 2.3.15 输入文字

(10)使用【自定形状工具】，在属性栏中找到“小船”，在正圆下方绘制如图 2.3.16 所示“小船”。

(11)执行【文件】|【另存为】命令，将文件存储为“旅游宣传图片”。

图 2.3.16 绘制“小船”

任务四 选区的基本操作

对创建完成的选区可以进行一些操作，如移动、全选、反选、取消选择、重新选择、储存与载入等。通过这些操作，可以制作丰富多彩的图像效果。比如，利用选区的储存与载入等绘制色光三原色，利用选区边缘调整制作剪纸风海报。

案例一：色光三原色绘制

色光三原色绘制效果见彩色附图 12。

知识链接

1. 取消选区

当绘制一个选区后，会发现操作是针对选区内图像进行。如果不需要对局部进行操作，执行【选择】|【取消选择】命令或按 Ctrl+D 组合键，可以取消选区。

2. 重新选择

如果错误地取消了选区，可以将选区“恢复”回来。如要恢复被取消的选区，可以执行【选择】|【重新选择】命令。

3. 移动选区

已创建完成的选区可以进行移动，但是选区的移动不能使用【移动工具】，而要使用选区工具，否则移动的内容将是图像而不是选区。将光标移动至选区内，光标改变形状后，如图 2.4.1 所示。按住鼠标左键拖动，如图 2.4.2 所示，拖动到相应位置后释放鼠标，即可完成移动操作。在包含选区的状态下，按↑、↓、←、→键，可以 1 像素的距离移动选区。

图 2.4.1　光标在选区内

图 2.4.2　拖动鼠标，移动选区

4. 全选

【全选】能够选择当前文档边界内的全部图像。执行【选择】|【全部】命令或按 Ctrl+A 组合键可进行全选。

5. 反选

执行【选择】|【反选】命令或按 Shift+Ctrl+I 组合键，即可选择反向的选区，也就是原本没有选择的部分。

6. 存储选区、载入(存储的)选区

在进行图像处理时，有些选区，尤其是一些创建比较费时的选区，虽然目前无多大用处，但在以后的操作中还会用到，这时可以把这类选区保存起来。如果以后用到该选区，可以通过执行【选择】|【载入选区】命令将其载入图像中。适当保存选区，可以减少许多不必要的麻烦。如果在制图过程中，某个选区需要多次使用，则可以执行【选择】|【存储选区】命令将选区存储起来，并利用【选择】|【载入选区】命令多次使用已存储的选区。

(1)选区的存储。当图像文件中有选区时，执行【选择】|【存储选区】命令，将弹出“存储选区”对话框，如图 2.4.3 所示。在“名称”文本框中为存储的选区命名，即可保存选区。

(2)选区的载入。执行【选择】|【载入选区】命令，弹出“载入选区”对话框，如图 2.4.4 所

示。在“通道”下拉列表中选择相应的通道，可将其中保存的选区载入。

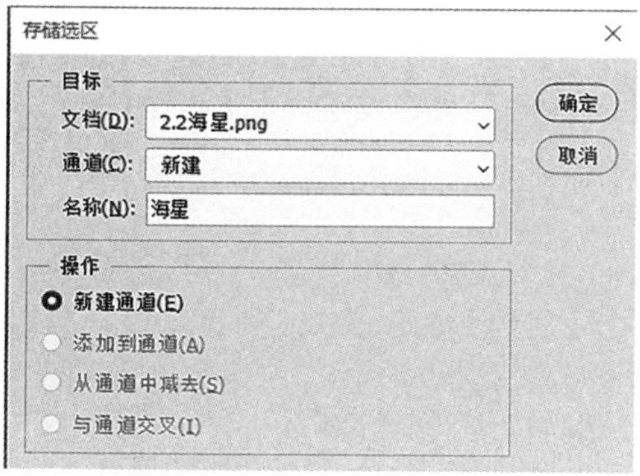

图 2.4.3　“存储选区”对话框

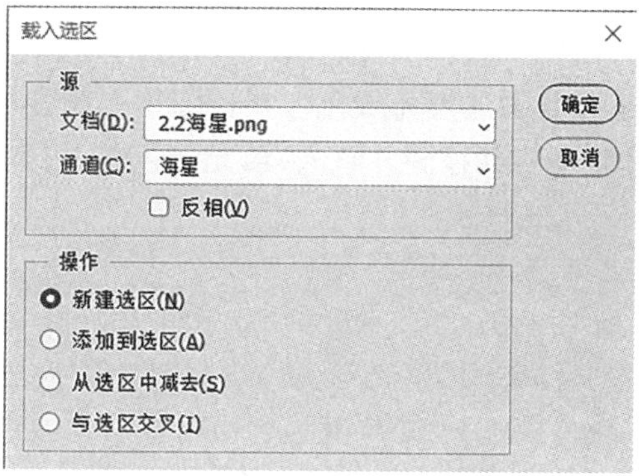

图 2.4.4　“载入选区”对话框

小贴士

在操作过程中经常需要得到某个图层的选区。此时可以在图层面板中按住 Ctrl 键的同时，单击该图层缩略图，即可载入该图层选区。

7. 变换选区

选区创建完成后，可以对已有选区进行一定的编辑操作，如缩放选区、旋转选区、调整选区边缘、平滑选区、扩展与收缩选区、羽化选区等，熟练掌握这些操作可以快速选择我们所需要的部分。

绘制一个选区，执行【选择】|【变换选区】命令调出定界框，如图 2.4.5 所示。拖动控制点即可对选区进行变形，如图 2.4.6 所示。

图 2.4.5　执行【变换选区】命令

图 2.4.6　拖动控制点变形

小贴士

绘制选区后，在选区内右击可打开快捷菜单，单击【变换选区】命令即可进行选区变换。

技能点拨

本例中新建文件后，设置【椭圆选框工具】的属性，在新图层建立正圆选区，并针对不同正圆的图层填充颜色。在三圆相交的区域执行【选择】|【存储选区】、【选择】|【载入选区】命令将其存储并载入，填充颜色，即可完成效果。

任务实施

(1)打开 Photoshop 2020 软件，执行【文件】|【新建】命令，弹出“新建文档”对话框，设置文件名为“色光三原色绘制”，文件大小为 600 像素×600 像素，分辨率为 72 像素/英寸，颜色模式为 RGB 颜色、8 bit，背景为白色。

(2)选择【椭圆选框工具】，在其属性栏设置样式为固定大小，宽度为 300 像素，高度为 300 像素。

(3)新建图层，将其命名为“红”。设置前景色为红色(R255，G0，B0)。用【椭圆选框工具】绘制一个正圆，按 Alt+Delete 组合键填充前景色。执行【选择】|【存储选区】命令，弹出“存储选区”对话框，在“名称”框中输入“红”，设置如图 2.4.7 所示。按 Ctrl+D 组合键，取消选区。

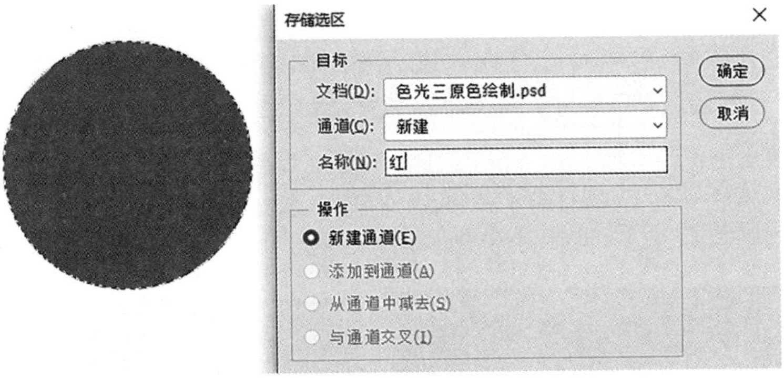

图 2.4.7 “存储选区”对话框

(4)新建图层，将其命名为“绿”，设置前景色为绿色(R0，G255，B0)。用【椭圆选框工具】绘制一个正圆，按 Alt+Delete 组合键填充前景色。执行【选择】|【存储选区】命令，弹出“存储选区”对话框，在“名称”框中输入“绿”。按 Ctrl+D 组合键，取消选区。

(5)新建图层，将其命名为“蓝”，设置前景色为蓝色(R0，G0，B255)。用【椭圆选框工具】绘制一个正圆，按 Alt+Delete 组合键填充前景色。执行【选择】|【存储选区】命令，弹出“存储选区”对话框，在“名称”框中输入“蓝”。

(6)新建图层，将其命名为“青”。设置前景色为青色(R0，G255，B255)，执行【选择】|【载入选区】命令，弹出“载入选区”对话框，在对话框中设置“通道”为“绿”，“操作”为“与选区交叉”，如图 2.4.8 所示。在选区中填充前景色，效果如图 2.4.9 所示。按 Ctrl+D 组合键，取消选区。

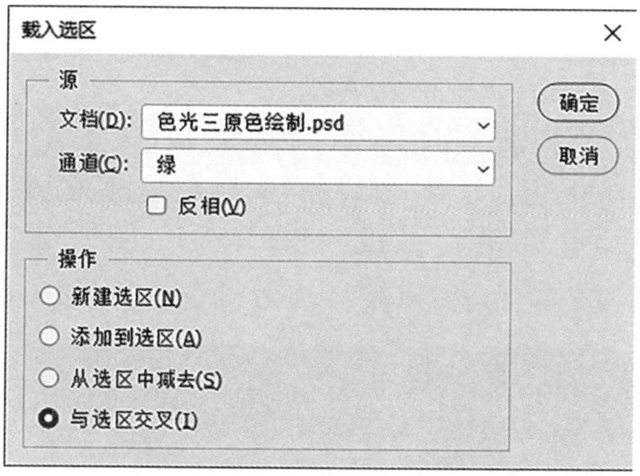

图2.4.8 “载入选区”对话框

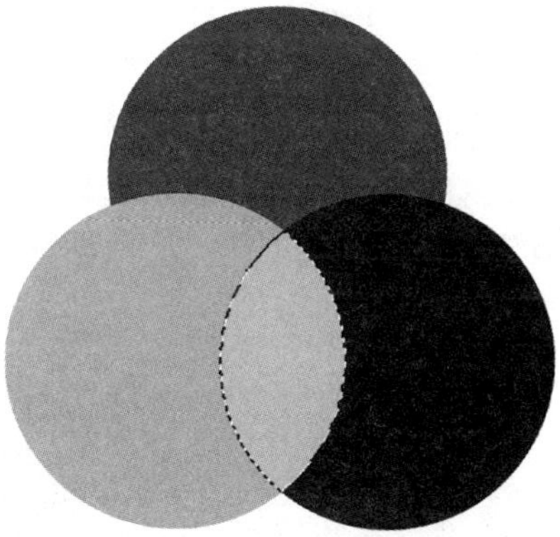

图2.4.9 填充前景色

(7)新建图层,将其命名为“黄”。设置前景色为黄色(R255,G255,B0)。按住 Ctrl 键单击图层控制面板上的“绿”图层,出现绿色圆的图像选区。执行【选择】|【载入选区】命令,弹出“载入选区”对话框,在对话框中设置“通道”为“红”,“操作”为“与选区交叉”。然后在选区中填充前景色。按 Ctrl+D 组合键,取消选区。

(8)新建图层,将其命名为“紫”。设置前景色为紫色(R255,G0,B255)。按住 Ctrl 键单击图层面板上的“红”图层,出现红色圆的图像选区。执行【选择】|【载入选区】命令,弹出“载入选区”对话框,在对话框中设置“通道”为“蓝”,“操作”为“与选区交叉”。然后在选区中填充前景色即可。

(9)新建图层,将其命名为“白”,设置前景色为白色。执行【选择】|【载入选区】命令,弹出“载入选区”对话框,在对话框中设置“通道”为“绿”,“操作”为“与选区交叉”。然后在选区中填充前景色。再按 Ctrl+D 组合键,取消选区。

(10)执行【文件】|【存储】命令,保存文件。

案例二:制作剪纸风海报

剪纸风海报效果如彩色附图 13 所示。

知识链接

对于已有的选区,可以对其边界进行向外扩展、向内收缩平滑、羽化等操作,进行选区边缘的调整。

(1)【边界】命令:该命令作用于已有的选区,可以将选区的边界向内或向外进行扩展,扩展后的选区边界将与原来的选区边界形成新的选区。执行【选择】|【修改】|【边界】命令,在弹出的“边界选区”对话框中设置“宽度”(宽度数值越大,新选区越宽,外边界的轮廓会变得更加平滑),设置完成后单击“确定”按钮。

(2)【扩展】命令：可以将选区向外延展，以得到较大的选区。对选区执行【选择】|【修改】|【扩展】命令，打开“扩展选区”对话框，通过设置“扩展量”控制选区向外扩展的距离（数值越大，距离越远），参数设置完成后单击“确定”按钮。

(3)【收缩】命令：可以将选区向内收缩，使选区范围变小。对选区执行【选择】|【修改】|【收缩】，在弹出的“收缩选区”对话框中，通过设置“收缩量”选项控制选区的收缩大小（数值越大，收缩范围越大），设置完成后单击“确定”按钮。如图 2.4.10 为同一对象在设置不同参数时的图像效果。

原选区　　收缩量：10像素　　收缩量：60像素

图 2.4.10　设置不同收缩量的图像效果

(4)【羽化】命令：可以将边缘较“硬”的选区变为边缘比较“柔和”的选区。羽化半径越大，选区边缘越柔和。【羽化】命令是通过建立选区和选区周围像素之间的转换边界来模糊边缘，使用这种模糊方式将丢失选区边缘的一些细节。对选区执行【选择】|【修改】|【羽化】命令（或按 Shift+F6 组合键），打开“羽化选区”对话框，在该对话框中“羽化半径”选项设置边缘模糊的强度（数值越高，边缘模糊范围越大），参数设置完成后单击“确定”按钮。如图 2.4.11 为同一对象在设置不同参数时的图像效果。

绘制选区　　复制对象　　羽化：20像素，复制对象

图 2.4.11　设置不同羽化半径的图像效果

技能点拨

本例中新建文件后，使用【套索工具】绘制选区，并使用【平滑】命令使选区边缘变得平滑自然。再填充“前景色”，添加“图层样式”。然后按 Ctrl+J 组合键复制图层，调整图层位置及颜色。重复前面步骤，复制 3 个图层后，再添加“雪景”“雪宝”“雪花”，调整图层位置，输入文字，即可得到最终效果。

任务实施

（1）打开 Photoshop 2020 软件，执行【文件】|【新建】命令，在打开的“新建”对话框中，设置文件名为“剪纸风海报”，文件大小为 28 cm×28 cm，分辨率为 72 像素/英寸，颜色模式为 RGB 颜色、8 bit，背景为白色。

（2）使用【套索工具】自由绘制如图 2.4.12 所示选区。

（3）执行【选择】|【修改】|【平滑】命令，在打开的“平滑选区”对话框中，设置“取样半径”为 20 像素，使选区边缘更光滑。

（4）新建“图层 1”，设置前景色 RGB（1，163，243）。按 Shift+Ctrl+I 组合键反选，按 Alt+Delete 组合键填充前景色。并为该图层添加“图层样式” fx，在打开的“图层样式”对话框中，设置样式为投影，透明度为 60%，角度为 122°，距离为 2 像素，大小为 12，其他参数不变，效果如图 2.4.13 所示。

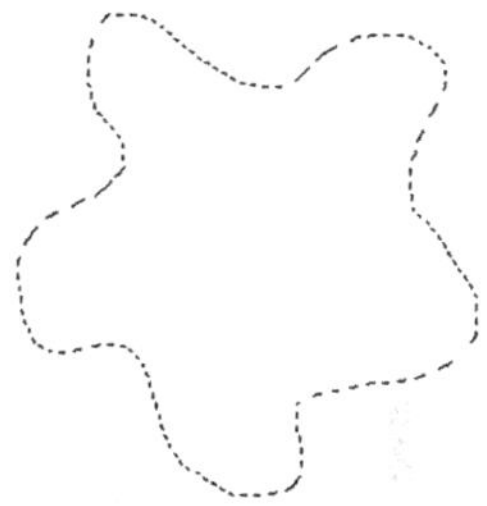

图 2.4.12 【套索工具】绘制选区

（5）按 Ctrl+J 组合键，快速复制“图层 1”中的对象到新图层“图层 1 拷贝”中。按 Ctrl 键单击该图层缩略图，填充颜色 RGB（37，190，253），再按 Ctrl+T 组合键调整图像大小及位置。效果如图 2.4.14 所示。

图 2.4.13 填充颜色，添加图层样式

图 2.4.14 复制图层，调整大小及位置一

（6）重复步骤（5），创建新图层“图层 1 拷贝 2”，填充颜色 RGB（93，206，252），调整图像大小及位置。

（7）重复步骤（5），创建新图层“图层 1 拷贝 3”，填充颜色 RGB（182，233，254），调整图像大小及位置，效果如图 2.4.15 所示。

（8）打开“雪景. png”素材，按 Ctrl+A 组合键全选图像，再按 Ctrl+V 组合键复制图像。单击“图层 1”，先使用【魔棒工具】选择图像中透明部分，再按 Shift+Ctrl+Alt+V 组合键将“雪景”粘贴入选区，将自动创建“图层 2”。

（9）执行【文件】|【置入嵌入对象】命令，置入“雪宝”，将自动创建“雪宝”图层（位于

“图层 2”上方)，调整其位置和大小，效果如图 2.4.16 所示。

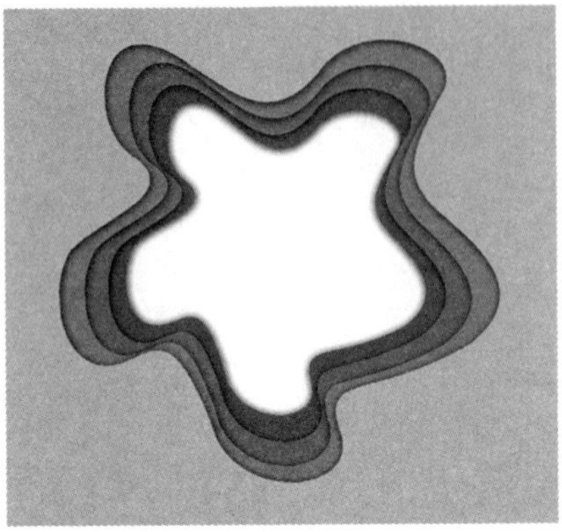

图 2.4.15　复制图层，调整大小及位置二

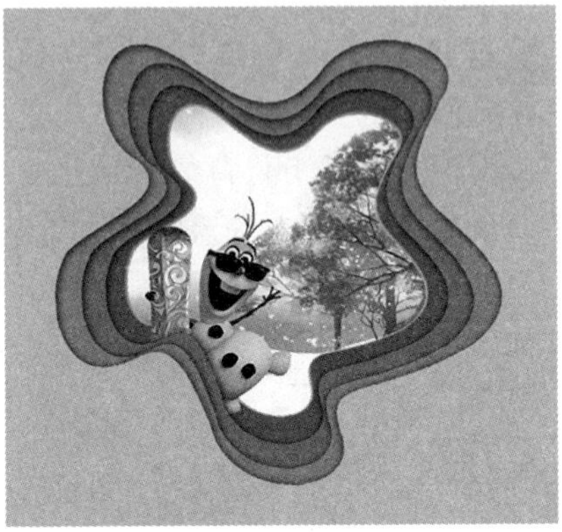

图 2.4.16　置入“雪宝”

(10)执行【文件】|【置入嵌入对象】命令，置入“雪花”，将自动创建“雪花”图层。再将该图层拖动至“图层 1 拷贝”上面，调整其位置和大小。效果如图 2.4.17 所示。

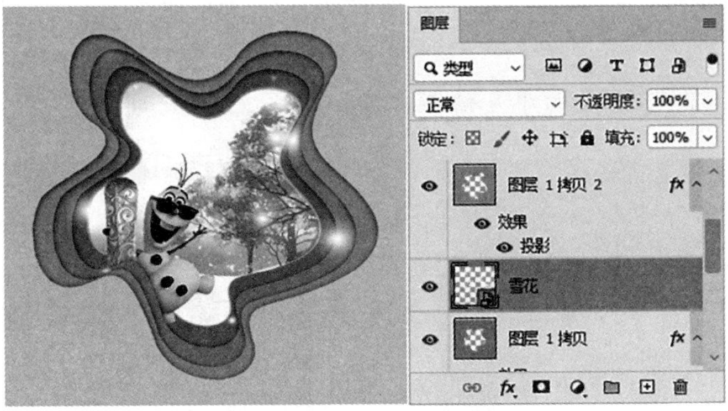

图 2.4.17　置入“雪花”

(11)使用【横排文字工具】输入文字“或许这个冬天更值得期待呢”，效果如彩色附图 13 所示。

(12)执行【文件】|【存储】命令，保存文件。

任务五　图像的变换

在 Photoshop 中，图像的旋转、缩放、扭曲等是图像处理的基本操作。【编辑】菜单中提供了多种对图层进行变换、变形的命令：自由变换、操控变形、透视变形等。通过这些命令可以对选区内的图像、图层、路径和矢量形状进行变换操作，例如旋转、缩放、扭曲等，制作多种多样的图像效果。

案例一：制作立体书籍

立体书籍制作效果见彩色附图14。

知识链接

1. 自由变换

选中需要变换的图层，执行【编辑】|【自由变换】命令或按组合键 Ctrl+T。此时对象进入变换状态，四周出现了定界框，4 个角点处以及 4 条边框的中间都有控制点，拖动控制点改变大小。完成变换后，按 Enter 键确认。如果要取消正在进行的变换操作，可以按 Esc 键。

小贴士

背景图层无法进行变换。打开一张图片后，有时会发现无法使用【自由变换】命令。这可能是因为打开的图片只包含一个背景图层。此时需要双击将其转换为普通图层，然后就可以使用【编辑】|【自由变换】命令。

2. 变换

选中需要变换的图层，执行【编辑】|【变换】命令，如图 2.5.1 所示。（变换与自由变换的功能基本相同，有时候，使用自由变换更方便一些。）

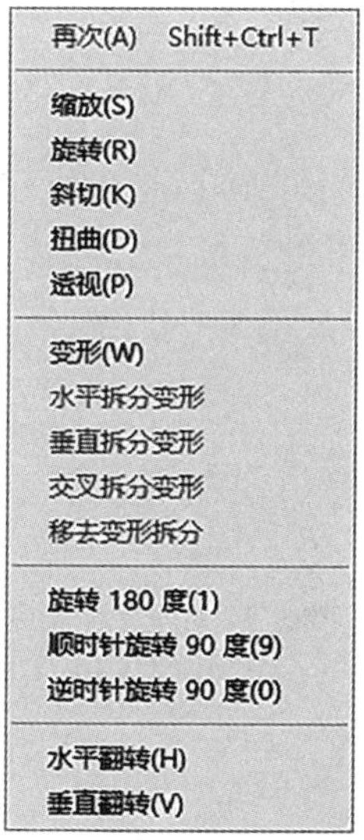

图 2.5.1 【变换】菜单所有命令

（1）调整中心点位置：默认情况下，中心点位于定界框的中心位置，在旋转过程中旋转的“轴”就是这个中心点。如果要更改中心点的位置可以在自由变换状态下，勾选选项栏中的“参考点位置”复选框，在右侧的小图标上以单击的方式去选择中心点的位置。如果要移动中心点的位置，可以将光标移动至中心点上按住鼠标左键拖动即可移动中心点的位置，如图 2.5.2 所示。还可以按住 Alt 键单击设置中心点的位置。

图 2.5.2 移动中心点位置

(2)【缩放】:选中需要变换的图层,按 Ctrl+T 组合键。默认情况下选项栏中“水平缩放”和“垂直缩放”处于约束状态。此时拖动控制点,可以对图层进行等比例的放大或缩小,如图 2.5.3 所示。单击保持长宽比按钮 ,可以使长宽比处于不锁定的状态,可以进行非等比缩放。如果按住 Alt 键的同时拖动定界框 4 个角点处的控制点,能够以中心点作为缩放中心进行缩放。在长宽比不锁定的状态下,按住 Shift 键并拖动控制点可以进行等比缩放。

默认状态　　等比例放大　　等比例缩小

图 2.5.3　等比例缩放

(3)【旋转】:将光标移动至控制点外侧,当其变为弧形的双箭头形状后,按住鼠标左键拖动即可进行旋转,如图 2.5.4 所示。旋转过程中按住 Shift 键可以 15°为增量进行旋转。

图 2.5.4　旋转

(4)【斜切】:在自由变换状态下,右击,在弹出的快捷菜单中选择【斜切】命令,然后按住鼠标左键拖动控制点,即可看到随着控制点的移动,定界框出现倾斜的效果。此外,也可以选择需要变换的图层,执行【编辑】|【变换】|【斜切】命令,如图 2.5.5 所示。

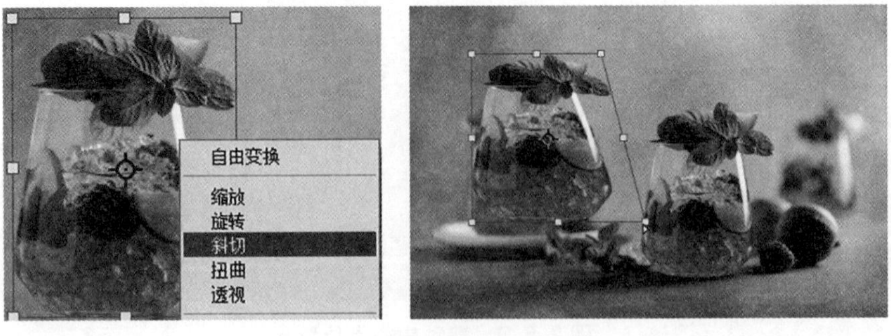

图 2.5.5　斜切

（5）【扭曲】：在自由变换状态下，右击，从弹出的快捷菜单中执行【扭曲】命令，可以在定界框边线处按住鼠标左键并拖动，也可以在控制点处按住鼠标并拖动。此外，也可以选择需要变换的图层，执行【编辑】|【变换】|【扭曲】命令，如图 2.5.6 所示。

图2.5.6　扭曲

（6）【透视】：在自由变换状态下，右击，从弹出的快捷菜单中单击【透视】命令，拖动一个控制点即可产生透视效果，如图 2.5.7 所示。此外，也可以选择需要变换的图层，执行【编辑】|【变换】|【透视】命令。

图2.5.7　透视

（7）【翻转】：在自由变换状态下，右击，在弹出的快捷菜单的底部有 5 个旋转的命令，即【旋转 180°】、【顺时针旋转 90°】、【逆时针旋转 90°】、【水平翻转】与【垂直翻转】命令。根据这些命令的名字就能够判断出它们的用法。

（8）复制并按规律变换：复制一个图层，按 Ctrl+T 组合键进行自由变换，调整“中心点”的位置，再进行旋转和缩放的操作，如图 2.5.8 所示。接着按下 Enter 键确定变换操作，然后多次按 Shift+Ctrl+Alt+T 组合键，可以得到一系列按照上次变换规律进行变换的图形，如图 2.5.9 所示。

图2.5.8　复制图层并设置旋转、缩放

图2.5.9　复制旋转规律

技能点拨

本例中首先需用【多边形套索工具】得到“书本”选区，为“书本”换背景。然后将“封面”和“书脊”通过降低不透明度，执行【编辑】|【变换】|【扭曲】命令，调整变形，制作出最终效果。

任务实施

(1)打开 Photoshop 2020 软件，打开“书籍.jpg”素材，使用【多边形套索工具】得到“书本”选区，如图 2.5.10 所示。

图 2.5.10 【多边形套索工具】绘制“书本”选区

(2)使用【移动工具】拖动选区内的“书本”到打开的“背景.jpg”素材中，将自动创建“图层 1”并将“书本”放置在“图层 1”。

(3)为“书本”添加【图层样式】：点击图层面板下方的【图层样式】按钮 fx，选择【投影】命令，在打开的“图层样式”对话框中设置样式为正片叠底，透明度为 20%，角度为 51°，距离为 46 像素，扩展为 33%，大小为 250 像素，其他参数不变。

(4)打开“封面”素材，使用【矩形选框工具】选中封面，如图 2.5.11 所示。

(5)拖动“封面”到打开的“背景.jpg”中，将自动创建“图层 2”并将“封面”放置在该图层上。

(6)按 Ctrl+T 组合键，对“封面”进行等比例缩放至合适大小，并调整“封面”位置，如图 2.5.12 所示。

图 2.5.11 选中封面

图 2.5.12 调整封面大小及位置

(7)选中“图层 2”，降低“图层 2”的“不透明度”为 35%，如图 2.5.13 所示，便于观察调整“书本”和“封面”的位置。

（8）执行【编辑】|【变换】|【扭曲】命令，将“封面”和“书本”四角对齐，如图 2.5.14 所示。按 Enter 键确认变换，并调整“图层 2”的“不透明度”为 100%，使封面清晰显示。

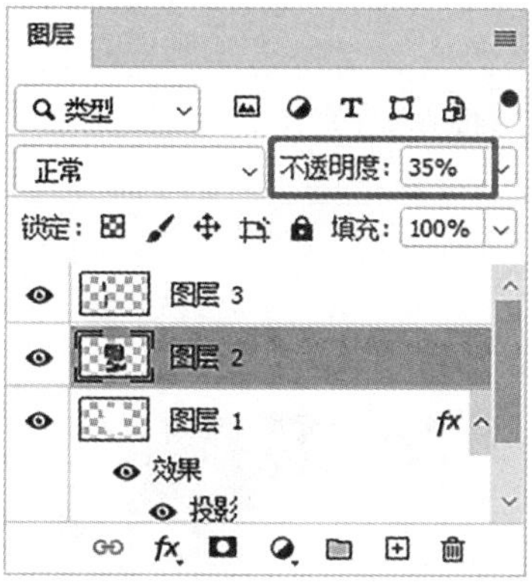

图 2.5.13　设置“不透明度”为 35%

图 2.5.14　利用【扭曲】命令调整“封面”

（9）重复步骤（4）～（8），完成“书脊”制作，最终效果如彩色附图 14 所示。

（10）执行【文件】|【存储为】命令，将文件存储为“制作立体书籍”。

案例二：利用变换为罐子贴图

为罐子贴图效果如彩色附图 15 所示。

知识链接

1. 变形

执行【编辑】|【变换】|【变形】命令，或者在【变换】|【自由变换】状态下，右击，从弹出的快捷菜单中执行【变形】命令，拖动网格线或控制点即可进行变形操作，如图 2.5.15 所示。

单击【变形】命令

拖动控制点变形

图 2.5.15　执行【编辑】|【变换】|【变形】命令

2. 操控变形

【变形】命令提供的是水平和垂直网格线,【操控变形】命令提供的是三角形结构的网格。网格线更多,变形能力更强,也更灵活。操控变形可以编辑图像、图层蒙版和矢量蒙版,但不能处理背景图层,如果要对其进行处理,需要将背景图层转换为普通图层。

执行【编辑】|【操控变形】命令,先要在关键点需要扭曲的图像上添加图钉,之后在其周围会受到影响的区域也添加图钉。用于固定图像减小扭曲范围,再通过拖曳图钉来扭曲图像,制作出需要的效果,如图 2.5.16 所示。

原图　　添加图钉　　操控变形后

图 2.5.16　执行【编辑】|【操控变形】命令

小贴士

【操控变形】不能处理“背景”图层,可以双击“背景”图层,将其转换为普通图层再进行操控变形。

3. 透视变形

在 Photoshop 中,利用网格变形来带动图像扭曲是非常普遍的。【自由变换】命令的网格较为简单,而【操控变形】命令则是由一个个三角形网格组成阵列,其好处是可以将变形限定在很小的区域内。透视变形可基于透视关系在对象的各个侧面生成网格,拖曳网格可以带动透视关系发生改变,如图 2.5.17 所示。

原图　　添加变形网格

图 2.5.17　执行【编辑】|【透视变形】命令

单击回车键后，出现控制点

拖动控制点变形

续图 2.5.17 执行【编辑】|【透视变形】命令

技能点拨

本例中首先用【魔棒工具】得到“罐子”选区，然后将选中的“罐子”拖动到“背景.jpg”素材中。再置入“蜂蜜贴图”，降低不透明度。通过【变形】命令使“蜂蜜贴图”与罐身贴合。最后将“图层混合模式”调整为“正片叠底”，使二者自然融合，制作出最终效果。

任务实施

(1)打开 Photoshop 2020 软件，打开“罐子.jpg”素材，使用【魔棒工具】单击白色背景，得到“白色背景”选区，按 Shift+Ctrl+I 组合键反选，得到“罐子”选区。

(2)使用【移动工具】拖动“罐子”到打开的“背景.jpg”素材中，将自动创建“图层 1”并将“罐子”放置在该图层上。再按 Ctrl+T 组合键，调整“罐子”大小及位置，如图 2.5.18 所示。

(3)执行【文件】|【置入嵌入对象】命令，置入“蜂蜜贴图”，将自动创建“蜂蜜贴图”图层，调整“蜂蜜贴图”的大小及位置，将“蜂蜜贴图”的中心位置和“罐子”的中心位置大致对齐(便于下一步贴图)，效果如图 2.5.19 所示。

图 2.5.18 调整“罐子”的大小及位置

图 2.5.19 调整“蜂蜜贴图”的大小及位置

(4)选中“蜂蜜贴图”图层，降低该图层的不透明度为 40%，便于观察调整“蜂蜜贴图”和“罐子”的位置。

(5)执行【编辑】|【变换】|【变形】命令，通过调整控制点将“蜂蜜贴图”和“罐身”对齐，效果如图 2.5.20 所示。

拖动左端控制点

拖动右端控制点

拖动上端控制点

拖动下端控制点

图 2.5.20 执行【变形】命令，将“蜂蜜贴图”和“罐身”对齐

(6)选中“蜂蜜贴图”图层，调整该图层的不透明度为 100%。再将“图层混合模式”由“正常”调整为“正片叠底”(此模式能使贴图与罐子色调一致，效果更自然真实)，如图 2.5.21 所示。

(7)执行【文件】|【另存为】命令，将文件存储为“为罐子贴图”。

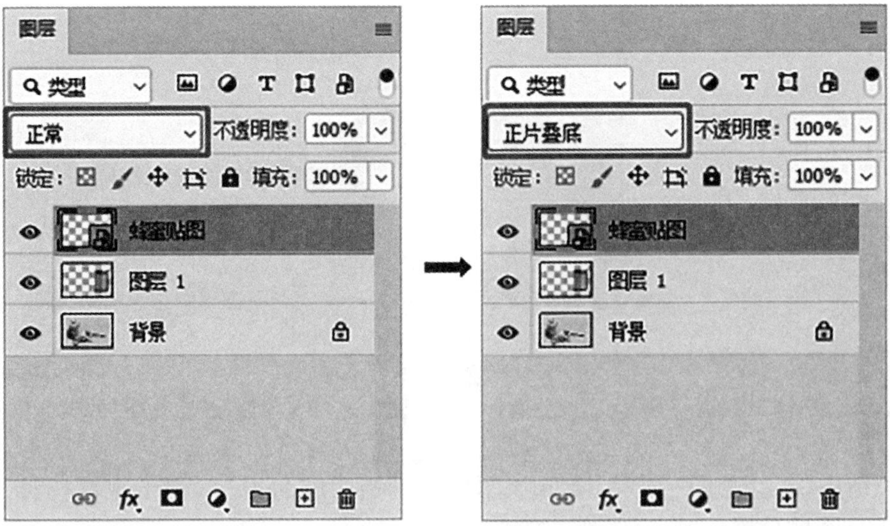

图 2.5.21 调整“图层混合模式”

任务六　对齐与分布

使用对齐功能可以将多个图层对象排列整齐。对齐是指以一个图层中的对象为基准,让其他图层中的对象与之对齐。分布是指让3个或更多图层对象按照一定的间隔分布。对齐和分布操作不仅限于图像,也可用于矢量图形、形状图层和文字。

案例一:制作波点图案

波点图案制作效果见彩色附图16。

知识链接

1. 对齐

按Ctrl键并单击需要对齐的所有图层,将它们选中。执行【图层】|【对齐】命令,即可进行对齐操作,如图2.6.1所示。

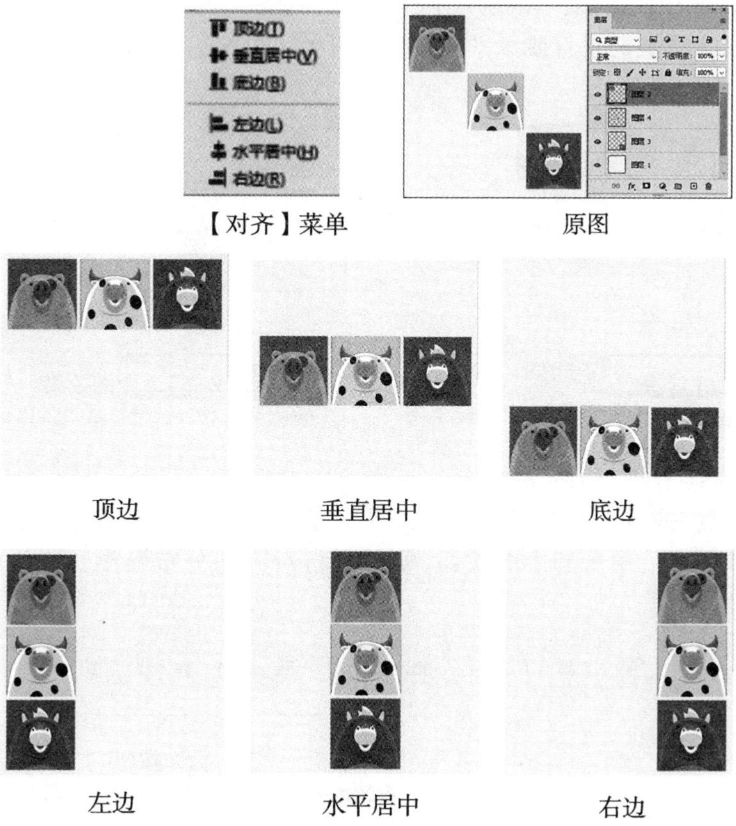

图2.6.1　执行【图层】|【对齐】的相关命令

如果将图层链接,然后单击其中的一个图层,再执行【对齐】菜单中的命令,则会以该图层为基准,对齐与之链接的所有图层,效果如图 2.6.2 所示。

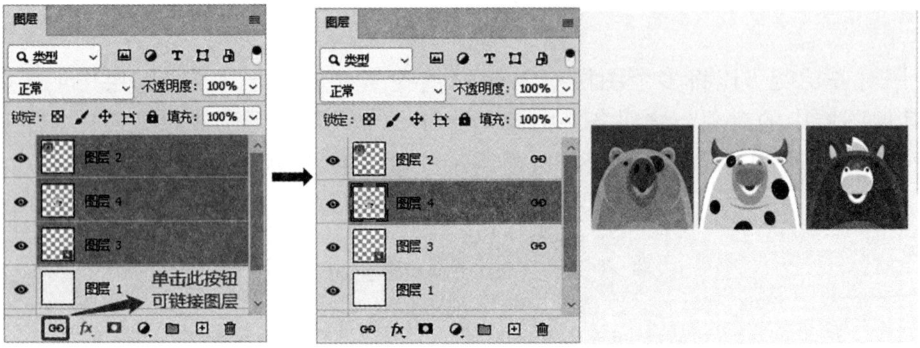

图 2.6.2　链接图层后"水平居中"

2. 分布

选择 3 个或更多的图层以后,执行【图层】|【分布】命令,使用其中的命令可进行分布操作,按照一定间隔分布图层,如图 2.6.3 所示。

与【对齐】命令相比,【分布】命令的效果有时候并不直观。问题主要在于:【顶边】【底边】等是从每个图层的顶端或底端像素开始,间隔均匀地分布;而【垂直居中】【水平居中】则是从每个图层的垂直或水平中心像素开始,间隔均匀地分布,如图 2.6.4 所示。

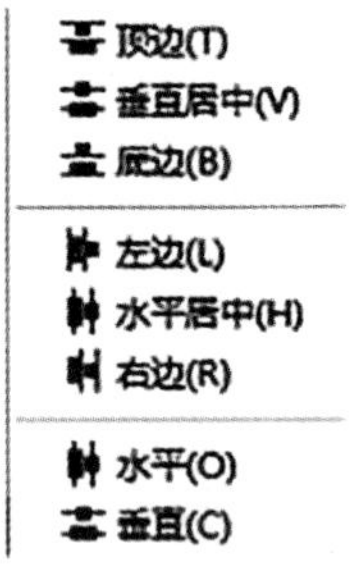

图 2.6.3　【图层】|【分布】命令

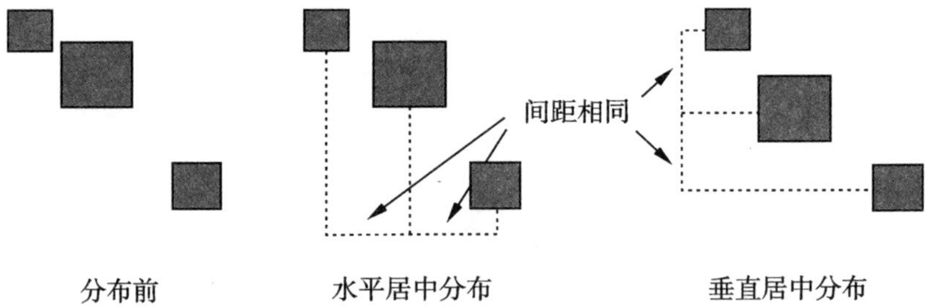

图 2.6.4　不同【分布】命令的效果

3. 利用移动工具进行对齐和分布

选择需要对齐或分布的图层后,再选择【移动工具】,其工具属性栏中会显示一排按钮,如图 2.6.5 所示。单击其中的按钮,便可进行对齐和分布操作。这要比使用菜单命令更加方便。

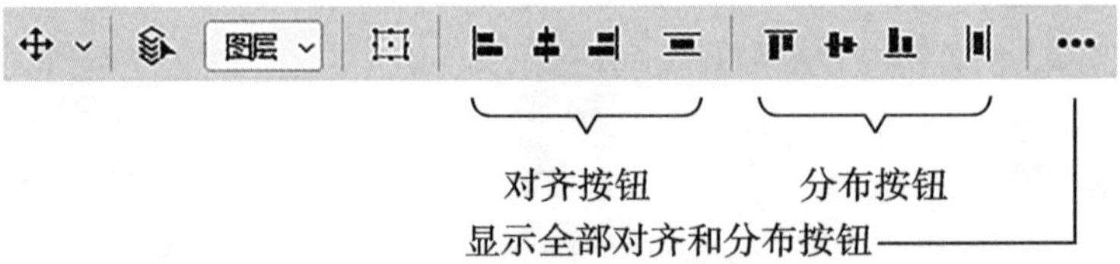

图 2.6.5　【移动工具】属性栏

这些按钮与【对齐】【分布】菜单命令前方的图形完全一样，只是没有名称。如果要查看名称，可以将鼠标指针移动到按钮上，停留片刻便会显示。

技能点拨

本例中首先置入“波点”素材，按 Alt 键复制一组“波点”。再通过一组“波点”，复制多组“波点”。最后移入“图案”，调整大小及位置，并设置【图层样式】，即可得到最终效果。

任务实施

(1)打开 Photoshop 2020 软件，执行【文件】|【新建】命令，弹出“新建文档”对话框，设置文件名为“制作波点图案”，文件大小为 1 500 像素×1 000 像素，分辨率为 72 像素/英寸，颜色模式为 RGB 颜色、8 bit，背景为白色。

(2)执行【文件】|【置入嵌入对象】命令，置入“波点”素材，按 Enter 键确认置入，将自动创建“波点”图层。按 Ctrl+T 组合键，调整“波点”大小及位置，如图 2.6.6 所示。

(3)选择【移动工具】，按住 Alt 键拖动“波点”，复制 12 个“波点”，放置一排即可，如图 2.6.7 所示。

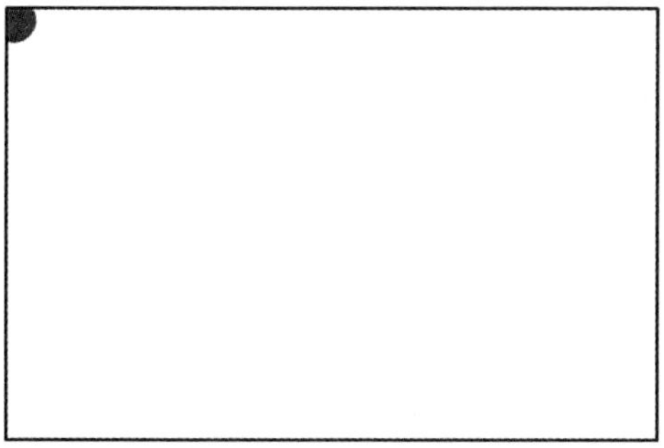

图 2.6.6 置入“波点”，调整大小及位置

图 2.6.7 复制 12 个“波点”

(4)在“图层”面板中选中除“背景”图层外的所有图层。再选择【移动工具】，在其属性栏中单击“顶对齐”和“水平分布”，效果如图 2.6.8 所示。

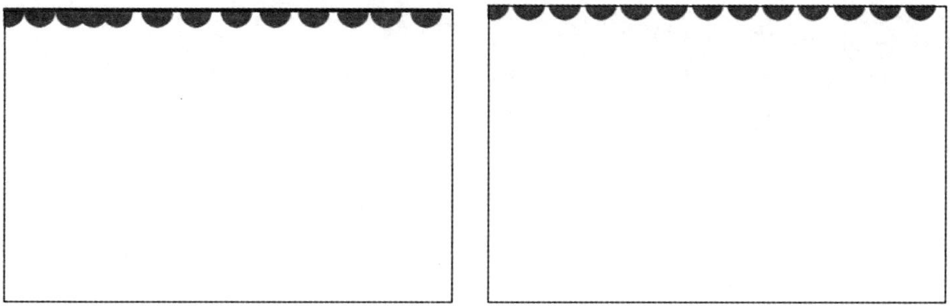

图 2.6.8 “顶对齐”和“水平分布”后效果

(5)选中除“背景”图层外的所有图层,按 Ctrl+G 组合键会自动创建“组 1”,将选中图层进行编组(便于下面操作),如图 2.6.9 所示。

(6)单击“组 1”,选择【移动工具】,在其工具属性栏中选择“组”。按住 Alt 键拖动一排“波点”,复制多组,可适当错位,效果如图 2.6.10 所示。

图 2.6.9 图层编组

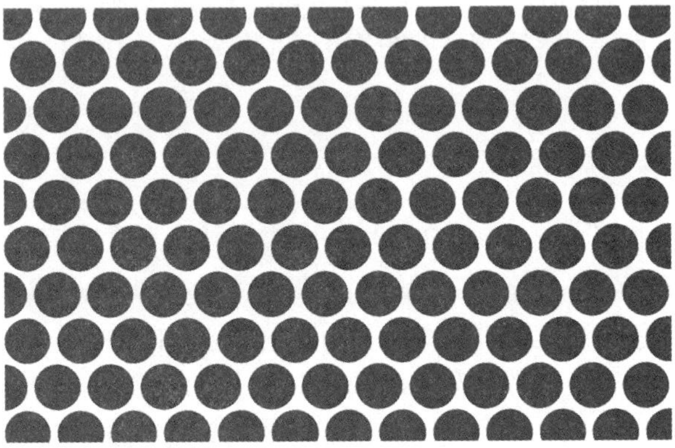

图 2.6.10 多组“波点”效果

(7)打开“图案. png”素材,使用【魔棒工具】单击白色背景,得到白色背景选区,按 Shift+Ctrl+I 组合键反选,得到“图案”选区。

(8)使用【移动工具】拖动“图案”到制作的“波点”背景中,将自动创建“图层 1”,并将“图案”放置在该图层上。按 Ctrl+T 组合键,调整“图案”的大小及位置,效果如图 2.6.11 所示。

(9)选中除“图层 1”外的所有图层,按 Ctrl+E 组合键,合并选中图层,调整该图层的不透明度为 60%,效果如图 2.6.12 所示。

图 2.6.11 调整“图案”的大小及位置

图 2.6.12 调整图层不透明度

(10)为“图层 1”添加【外发光】图层样式,不透明度为 36%,杂色为 60%,颜色为 RGB(17,190,247),扩展为 13%,大小为 38 像素,范围为 40%,参数设置如图 2.6.13 所示,单击“确定”按钮后即可得到最终效果。

(11)执行【文件】|【存储】命令,保存文件即可。

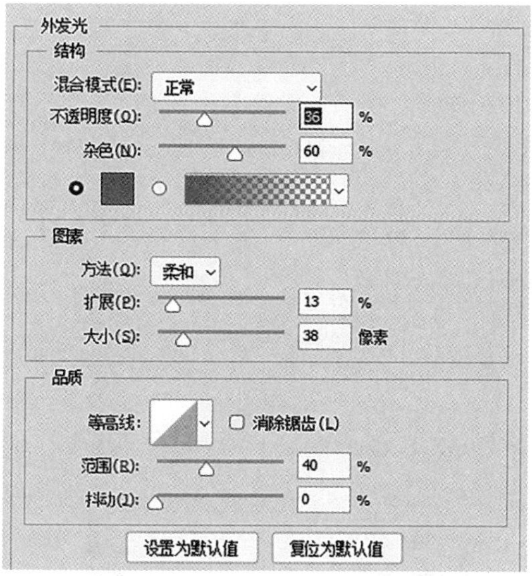

图 2.6.13 “外发光”参数设置

案例二：制作信纸

信纸制作效果见彩色附图 17。

知识链接

信纸是一种切割成一定大小，适于书信规格的书写纸张。

信纸是以优质的木浆为原材料制作而成的，可以用于学生写作文及从业人士写报告总结等时所需的用品，适用于各年龄段人士使用。据考证，我国西汉时已开始了纸的制作，魏晋南北朝时期纸广泛流传。

信纸纸张的选择主要考虑实用及美观性，信纸在日常生活中主要用在写信或打印上，实用性主要从可书写方面考虑。

常见的信纸标准尺寸规格：

大 16 开：21 cm×28.5 cm；正 16 开：19 cm×26 cm。

大 32 开：14.5 cm×21 cm；正 32 开：13 cm×19 cm。

大 48 开：10.5 cm×19 cm；正 48 开：9.5 cm×17.5 cm。

大 64 开：10.5 cm×14.5 cm；正 64 开：9.5 cm×13 cm。

技能点拨

本例中新建文件后，置入“信纸素材”。再使用【直线工具】，绘制一条直线，接着复制多条直线，使用“居中对齐”和“垂直分布”按钮，即可实现直线均匀分布。最后通过【反选】命令删除信纸内框外的多余线条，即可完成信纸制作。

任务实施

（1）打开 Photoshop 2020 软件，执行【文件】|【新建】命令，弹出“新建文档”对话框，设置文件名为“制作信纸”，文件大小为 21 cm×28.5 cm，分辨率为 100 像素/英寸，颜色模式为 RGB 颜色、8 bit，背景为白色。

（2）执行【文件】|【置入嵌入对象】命令，置入“信纸”素材，将自动创建“信纸素材”图层，单击“确定”按钮，确认置入对象。

（3）单击“信纸素材”图层，按 Ctrl+E 组合键，将该图层合并至“背景”图层，如图 2.6.14 所示。

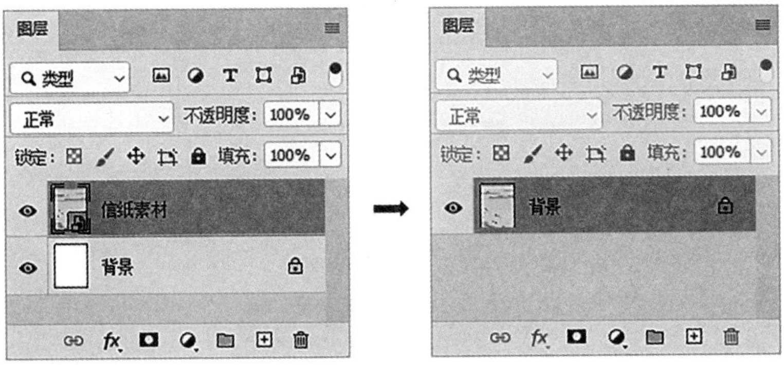

图 2.6.14　合并图层

（4）新建“图层 1”，设置“前景色”为黑色，选择【直线工具】，在其工具属性栏设置选择工具模式为像素，“粗细”为 3 像素。按住 Shift 键在画布上端绘制一条直线，如图 2.6.15 所示。

图 2.6.15　使用【直线工具】绘制直线

(5)选择【移动工具】,在其属性栏中选择“图层”。按住 Alt 键拖动直线,再复制多条直线,如图 2.6.16 所示。

图 2.6.16　复制多条直线

(6)选中除【背景】图层外的所有图层,在【移动工具】的工具属性栏点击“水平居中对齐”和“垂直分布”按钮,效果如图 2.6.17 所示。

(7)按 Ctrl+G 组合键,将除“背景”图层外的所有图层编组为“组 1”(便于下面操作)。

(8)单击“组 1”,使用【移动工具】拖动调整所有直线至合适位置(可使用方向键进行微调)。

(9)使用【矩形选框工具】绘制如图 2.6.18 所示选区。

(10)单击“组 1”,合并“组 1”内所有图层。按 Shift+Ctrl+I 组合键反选,按 Delete 键删除选区内的直线,效果如图 2.6.19 所示。按 Ctrl+D 组合键,取消选区。

图 2.6.17　“居中对齐”和“垂直分布”后效果

图 2.6.18　绘制矩形选区

图 2.6.19　删除直线多余部分

(11)执行【文件】|【存储】命令,保存文件即可。

任务七　橡皮擦工具组

有一种工具,可以直接擦除任何对象,称之为“破坏性”擦除操作,因为一旦擦除,除了按返回,不可恢复为原来样貌——这就是橡皮擦工具组。它的主要作用是擦除图像和抠图。下面,我们一起来体验一下它的强大功能。

案例一:制作海市蜃楼效果

海市蜃楼制作效果见彩色附图 18。

知识链接

1. 橡皮擦工具

【橡皮擦工具】可以用来擦除当前图像中的颜色。在使用橡皮擦工具擦除图像时,需要注意根据不同的要求选择不同的画笔,根据画笔形状对图像进行擦除,擦除后图像将不可恢复。

使用【橡皮擦工具】,其属性栏如图 2.7.1 所示。

图 2.7.1　【橡皮擦工具】属性栏

(1)【模式】:包含了 3 种擦除模式,即画笔、铅笔和块。

(2)【不透明度】:用来设置擦除的强度。100% 的不透明度表示可完全擦除像素,较低的不透明度表示将部分擦除像素,效果如图 2.7.2 所示。将【模式】设置为“块”时,不能使用该选项。

(3)【流量】:用于控制工具的涂抹速度,效果如图 2.7.3 所示。

图 2.7.2　不透明度:100%　不透明度:50%

图 2.7.3　流量:10%　流量:30%　流量:80%

(4)【平滑】:用于设置所擦除时线条的流畅程度,数值越高线条越平滑。

(5)【抹除指定历史记录状态中的区域】:其作用与历史记录画笔工具的作用相同。单击选中该复选框,在【历史记录】面板中选择一个状态或快照,在擦除时可将图像恢复为指定状态。

2. 背景橡皮擦工具:智能擦除背景像素

【背景橡皮擦工具】可以快速擦除画面中相同的颜色,使用方法与【魔棒工具】非常相似。【魔术橡皮擦工具】位于橡皮擦工具组中,右击工具组,在弹出的工具列表中选择【魔术橡皮擦工具】。

使用【背景橡皮擦工具】,其属性栏如图 2.7.4 所示。

图 2.7.4　【背景橡皮擦工具】属性栏

:用来设置取样的方式,不同的取样方式会直接影响到画面的擦除效果。激活【连续:取样】按钮,在拖动鼠标时可以连续对颜色进行取样,凡是出现在光标中心十字线以内的图像都将被擦除。激活【取样:一次】按钮,只擦除包含第一次单击处颜色的图像。激活【取样:背景色板】按钮,只擦除包含背景色的图像。

(1)【限制】:设置擦除图像时的限制模式。选择“不连续”选项时,可以擦除出现在光标下任何位置的样本颜色;选择“连续”选项时,只擦除包含样本颜色并且相互连接的区域;选择“查找边缘”选项时,可以擦除包含样本颜色的连接区域,同时更好地保留形状边缘的锐化程度。

(2)【容差】:主要用来设置颜色的容差范围。低容差值仅限于擦除与样本颜色非常相似的区域,高容差可擦除范围更广的颜色。

(3)【请勿抹除前景色板颜色】:单击该按钮,可保护图像中与前景色匹配的区域不被擦除。

3. 魔术橡皮擦工具:擦除颜色相似区域

【魔术橡皮擦工具】可以快速擦除画面中相同的颜色,使用方法与【魔棒工具】非常相似。【魔术橡皮擦工具】位于橡皮擦工具组中,右击工具组,在弹出的工具列表中选择【魔术橡皮擦工具】。

使用【魔术橡皮擦工具】,其属性栏如图 2.7.5 所示。

图 2.7.5　【魔术橡皮擦工具】属性栏

(1)【容差】:主要用来设置擦除的颜色范围。容差值越小,擦除的范围相对越小;容差值越大,擦除的范围相对越大。

(2)【不透明度】:用来设置擦除的强度。数值越大,擦除的像素越多;数值越小,擦除的像素越少,被擦除的部分变为半透明。数值为 100% 时,将完全擦除像素。

技能点拨

本例中打开"别墅. png"素材后,使用【魔术橡皮擦工具】擦除背景,保留"别墅"主体部分。使用【移动工具】拖动"别墅"主体部分到打开的"大海. png"素材中,调整大小及位置。再使用【橡皮擦工具】,在"别墅"四周多次涂抹,使"别墅"与"大海"边界过渡自然。最后移入"白云",调整位置、大小及透明度,即可得到最终效果。

任务实施

(1)打开 Photoshop 2020 软件,打开"别墅. png"素材,单击【魔术橡皮擦工具】,并在工具属性栏中选中【只抹除连续像素】,在图像天空背景处多次单击,删除背景区域(部分细小区域可放大图像用【橡皮擦工具】擦除),保留"别墅"主体部分,如图 2.7.6 所示。

(2)使用【移动工具】拖动"别墅"主体部分到打开的"大海. png"素材中,将自动创建"图层 1"并将"别墅"放置该图层上。按 Ctrl+T 组合键,在属性栏中设置锁定纵横比为 30%,再调整"别墅"大小及位置,如图 2.7.7 所示。

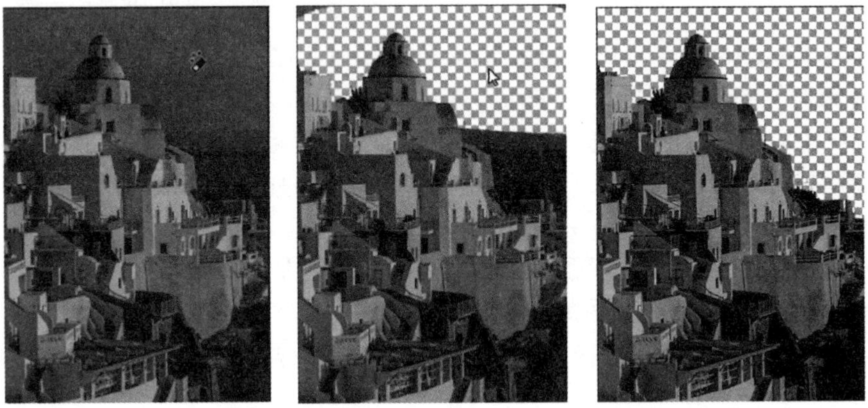

使用【魔术橡皮擦工具】　　单击"背景"　　多次单击"背景"

图 2.7.6　使用【魔术橡皮擦工具】擦除背景

图 2.7.7　移动"别墅",调整大小及位置

（3）单击【橡皮擦工具】，并在工具属性栏中单击【画笔预设选取器】，设置大小为 259 像素，硬度为 17%。然后在“别墅”四周多次涂抹，使“别墅”与“大海”边界过渡自然，如图 2.7.8 所示。

图 2.7.8　使用【橡皮擦工具】制作过渡自然的边界

（4）使用【移动工具】拖动“白云”到打开的“大海”素材中，将自动创建“图层 2”。调整“白云”的大小及位置，将“图层 2”的不透明度调整为 33%，如图 2.7.9 所示。

（5）选择【移动工具】，按住 Alt 键拖动图层 2 到创建新图层 ⊞ 按钮上，可创建“图层 2 拷贝”图层。将该图层的不透明度调整为 21%。

（6）执行【编辑】|【变换】|【垂直翻转】命令，将“图层 2 拷贝”图层中的白云上下反转，调整其大小和位置，如图 2.7.10 所示。

图 2.7.9　调整“白云”大小及位置一

图 2.7.10　调整“白云”大小及位置二

（7）调整图层 1 的不透明度为 60%，最终效果如彩色附图 18 所示。

（8）执行【文件】|【另存为】命令，保存文件为“海市蜃楼.psd”。

案例二：制作明信片

明信片制作效果如彩色附图 19 所示。

知识链接

根据《万国邮政公约》原则性规定的明信片尺寸，国际标准化明信片标准为 105 mm×148 mm（最大尺寸），90 mm×140 mm（最小尺寸）。

根据国际标准，我国规定的明信片标准为 150 mm×100 mm（最大尺寸），最小尺寸为 140 mm×90 mm，纸质为每平方米 250 克以上。

技能点拨

本例中新建文档后，置入“风景”，将其转换为普通图层。选中“风景”，执行【编辑】|【描边】命令，在内部绘制白色边框。先在图像右下方绘制 3 条横线，再在左上方绘制6 个方框作为“邮政编码”。最后利用【粘贴入】命令、【描边】命令，选择【橡皮擦工具】进行【描边路径】等，制作邮票边缘的锯齿效果，整张明信片就做好了。

任务实施

（1）打开 Photoshop 2020 软件，执行【文件】|【新建】命令，弹出“新建文档”对话框，设置文件名为“制作明信片”，文件大小为 15 cm×10 cm，分辨率为 150 像素/英寸，颜色模式为 RGB 颜色、8 bit，背景为白色。

（2）执行【文件】|【置入嵌入对象】命令，置入“风景”，将自动创建“风景”图层。单击“确定”按钮，确认置入对象。

（3）选中“风景”图层，在该图层缩略图空白处单击鼠标右键，在打开的快捷菜单中点击【栅格化图层】命令，将“风景”图层转换为普通图层。

（4）按住 Ctrl 键单击“风景”图层缩略图，可得到“风景”选区。设置前景色为白色，执行【编辑】|【描边】命令，设置如图 2.7.11 所示。

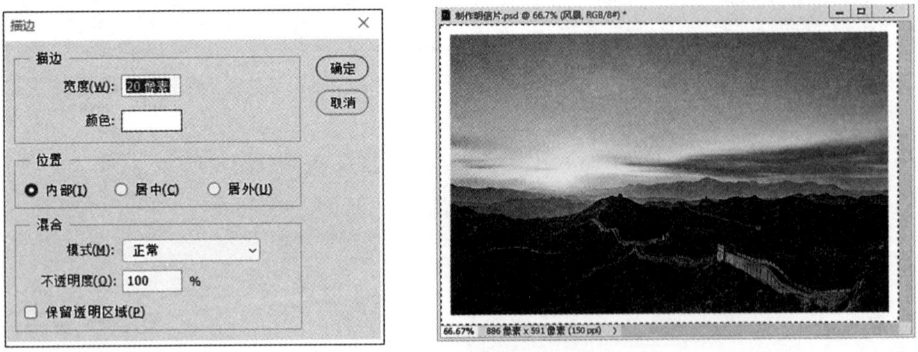

图 2.7.11　给图像“描边”

（5）按 Ctrl+D 组合键，取消选区。

（6）单击【图层】面板下方的“创建新图层” 按钮，新建图层并重命名为“横线”。设置前景色为白色，选择【直线工具】，在其属性工具栏设置选择工具模式为像素，粗细为 4 像素。在该图层上绘制 3 条白色直线，调整长度及位置，如图 2.7.12 所示。

图 2.7.12　使用【直线工具】绘制 3 条直线

（7）单击【图层】面板下方的“创建新图层”按钮，新建图层并重命名为“邮编”。设置前景色为白色，使用【矩形选框工具】在该图层上合适位置绘制 1 个矩形选区。执行【编辑】|【描边】命令，设置宽度为 3 像素，位置居中。按 Ctrl+D 组合键，取消选区。按住 Alt 键拖动“矩形”，再复制 5 个“矩形”，调整大小及位置，如图 2.7.13 所示。

（8）使用【矩形选框工具】绘制矩形选区，如图 2.7.14 所示。

图 2.7.13　绘制 6 个矩形

图 2.7.14　绘制矩形选区

（9）打开“风景. png”素材，按 Ctrl+A 组合键，选中整张图片。再按 Ctrl+C 组合键，复制整张图片。

（10）返回到明信片文件中，执行【编辑】|【选择性粘贴】|【贴入】命令，将“风景”素材粘贴到矩形选区内，将自动创建“图层 1”，并将图片置入选区，如图 2.7.15 所示。

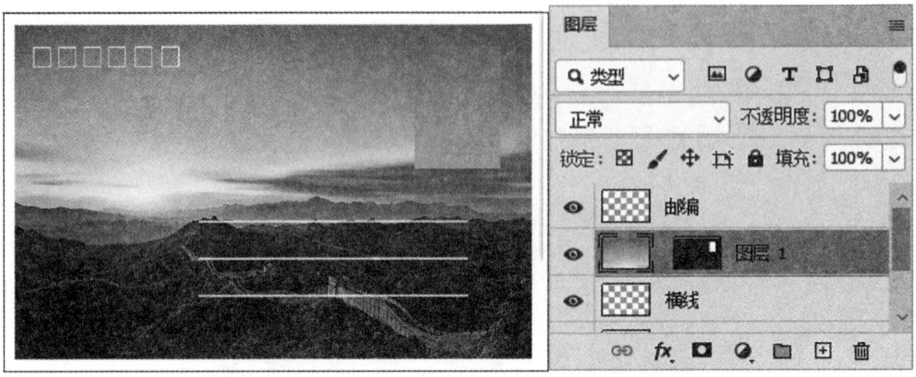

图 2.7.15 使用【贴入】命令将“风景”素材粘贴到选区

(11)单击“图层 1”,按 Ctrl+T 组合键,调整“邮票”的显示内容的大小及位置,如图 2.7.16 所示。

(12)单击“图层 1”,执行【编辑】|【变换】|【水平翻转】命令,调整图片方向及位置(使明信片背景与邮票略有不同,增加整张画面的层次感),如图 2.7.17 所示。

(13)选中“图层 1”,在该图层缩略图空白处单击鼠标右键,在打开的快捷菜单中单击【转换为智能对象】命令,将“图层 1”进行转换。再次打开“图层 1”的快捷菜单,单击【栅格化图层】命令,将“图层 1”转换为普通图层。

图 2.7.16 调整“邮票”的大小及位置

图 2.7.17 【水平翻转】后调整图片位置

(14)按住 Ctrl 键单击“图层 1”图层缩略图,可以得到矩形选区。设置前景色为白色,执行【编辑】|【描边】命令,设置宽度为 15 像素,位置内部,如图 2.7.18 所示。

(15)单击【路径】面板下方的“从选区生成工作路径”按钮,将选区转换为路径,如图 2.7.19 所示。

图 2.7.18　给“邮票”选区【描边】

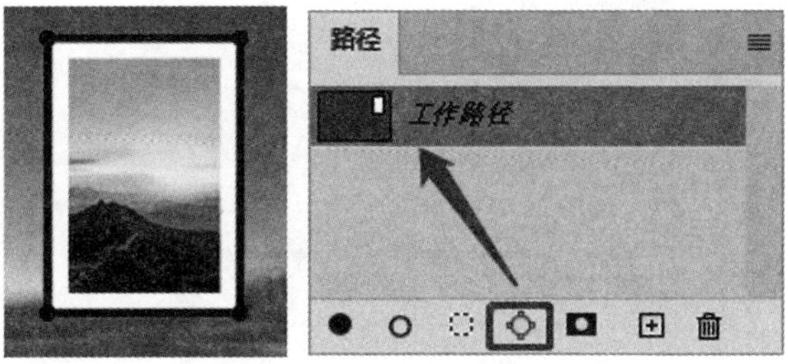

图 2.7.19　将选区转换为路径

（16）单击【橡皮擦工具】，在其工具属性栏点击【切换“画笔设置”面板】按钮，在打开的【画笔设置】面板中设置参数，然后再次单击，折叠面板。

（17）右键单击【路径】面板中的【工作路径】，在打开的快捷菜单中单击【描边路径】命令，然后在打开的“描边路径”对话框中，选择【橡皮擦工具】，并单击“确定”按钮，效果如图 2.7.20 所示。

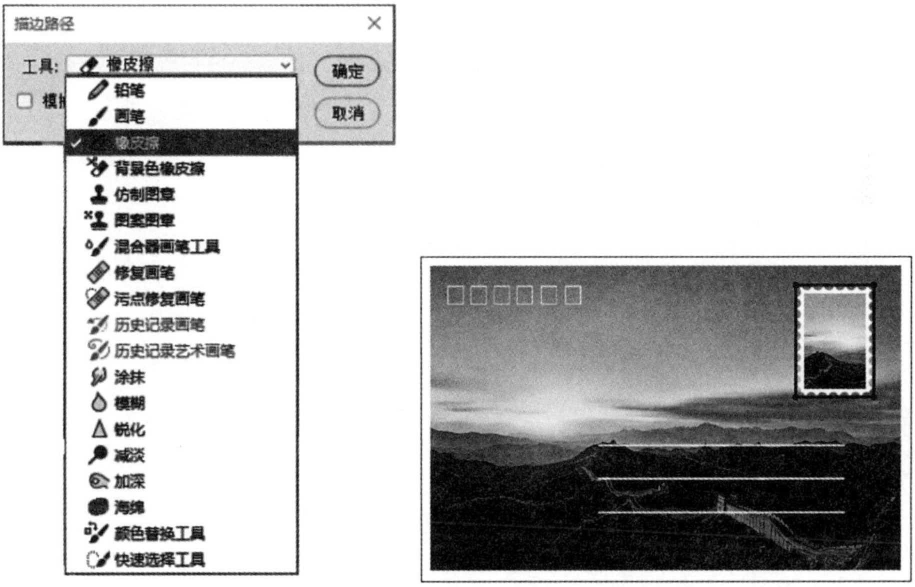

图 2.7.20　使用【橡皮擦工具】——【描边路径】

（18）在【路径】面板空白处单击，即可隐藏“工作路径”，得到如图 2.7.21 所示效果。

图 2.7.21　隐藏“工作路径”

(19)执行【文件】|【存储】命令,保存文件即可。

项目三　图标设计

随着智能化设备的兴起，人机交互界面设计显得非常重要。UI 设计师设计的用户界面和 UI 图标，逐渐成了 APP 产品的重要卖点。一个充满设计感的 APP 界面足以吸引用户的使用。而图标设计则是界面设计中至关重要的一个环节，智能化设备的 APP 从点击进入的图标到进入后的按钮组件都会使用到图标设计，足以证明图标设计的重要性。

项目导读

在制作图标或是 UI 中的某个组件时，可以使用 Photoshop 2020 中的矩形工具、椭圆工具、钢笔工具等各个矢量绘图工具来进行绘制。然后，Photoshop 2020 中提供了 10 种图层样式来模拟各种效果，在绘制完图标的基础形状以后，还可以为形状添加各种样式来达到特殊的效果，使图标看起来更具质感。

任务一　形状工具

在制作图标或是 UI 中的某个组件时，要使用 Photoshop 2020 中的各个形状来进行绘制。这些图形通过矢量路径的方式来呈现，能任意地更改填充和描边，也能任意地更改大小。Photoshop 2020 中包含矩形工具、椭圆工具、圆角矩形工具等形状工具。

案例一：时间图标

时间图标设计制作效果见彩色附图 20。

知识链接

1. 矩形工具

Photoshop 2020 中的所有绘图工具都有 3 种绘制模式，分别是形状、路径和像素，这 3 种模式绘制的形状效果是不同的。使用“形状”模式绘制的矩形可以在属性栏中随意更改所有的参数，包含该形状的路径和形状图层。使用“路径”模式绘制的矩形只包含路径，可以将其转换为选区、像素或形状（就是“形状”模式绘制的矩形）。使用“像素”模式绘制的矩形只包含位图图层，这种图层的特点与位图相同，将其缩放会影响质量。在制作图标及 UI 其他组件时，一般情况下不会使用这种模式。

小贴士

在绘制图标时，大多情况下采用“形状”模式来绘制图形。

Photoshop 2020 中的【矩形工具】可以绘制出任意长度和宽度的矩形，选择工具栏中的【矩形工具】，在画布空白处拖曳鼠标可以绘制任意大小的矩形，然后在如图 3.1.1 所示的属性栏，对所绘制的矩形进行填充色、描边、长和宽等设置。按 Shift 键可以绘制出正方形。按 Alt 键并拖曳，将以单击点为中心创建矩形；按 Shift+Alt 组合键将以单击点为中心创建正方形。

图 3.1.1 【矩形工具】属性栏

在 Photoshop 2020 中绘制形状时，可以采用如下方法让绘制的形状更规范。

(1) 点击工具箱中的【矩形工具】，单击工具属性栏中的按钮，打开下拉面板设置参数，如图 3.1.2 所示，然后在画布中单击绘制矩形。

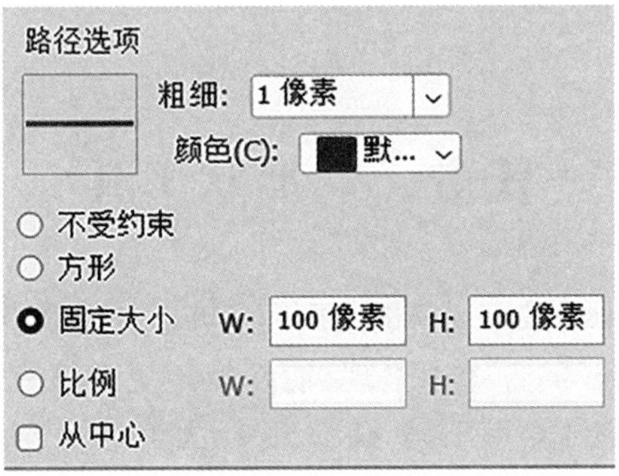

图 3.1.2 “设置其他形状和路径选项”参数

不受约束：可以通过拖曳鼠标创建任意大小的矩形和正方形。

方形：只创建任意大小的正方形。

固定大小：选取该选项，并在它右侧的文本框中输入数值（W 为宽度，H 为高度）后，在画板上单击，即可按照预设大小创建矩形。

比例：选取该选项，并在它右侧的文本框中输入数值（W 为宽度比例，H 为高度比例）后，单击并拖曳鼠标时，无论创建多大的矩形，矩形的宽度和高度都保持预设的比例。

从中心：以任何方式创建矩形时，鼠标在画面中的单击点即为矩形的中心，拖曳鼠标时矩形将由该中心点向外扩展。

(2) 选择【矩形工具】，在画布空白处点击鼠标，出现属性面板，然后在属性面板中设置参数，如图 3.1.3 所示。

2. 圆角矩形工具

【圆角矩形工具】用来创建圆角矩形，它的工具属性栏基本与【矩形工具】相同，只是多了一个“半径”的选项，半径用于控制矩形的圆角弯曲程度。该值越高，圆角范围越广。

3. 直线工具

【直线工具】用于创建直线、虚线或带有箭头样式的线段，通过该工具属性中的设置可以绘制出直线的路径、形状或像素。这个工具在绘制图标时很少使用到，一般情况下，【钢笔工具】可以替代其大部分工具，而且与之相比更为灵活。

4. 自定义形状工具

【自定义形状工具】可以绘制出丰富的图案形状，Photoshop 2020 提供了大量的矢量形状，它的工具属性栏与其他形状工具基本相同，独有一个“形状”形状:选项不同。

图 3.1.3　【矩形工具】属性面板

技能点拨

实例中的时间图标，通过使用【矩形工具】【圆角矩形工具】绘制形状，然后在属性栏中对形状进行颜色、描边等参数设置，完成最终效果。

任务实施

(1)执行【文件】|【新建】命令，在打开的“新建文档”对话框中设置参数，然后单击“确定”按钮，新建一个文档。如图 3.1.4 所示。

图 3.1.4　“新建”文档对话框

（2）双击前景色，设置 RGB 数值为 R75，G75，B75，按 Alt+Delete 组合键为背景层填充前景色。

（3）单击工具箱中的【圆角矩形工具】，在画布空白处拖曳鼠标新建一个圆角矩形。在属性栏中对圆角矩形的颜色以及描边进行设置，重命名为“表盘”，如图 3.1.5 所示。同时选中“背景”层和“表盘”层，在属性栏中单击“水平居中”和“垂直居中”按钮，如图 3.1.6 所示。

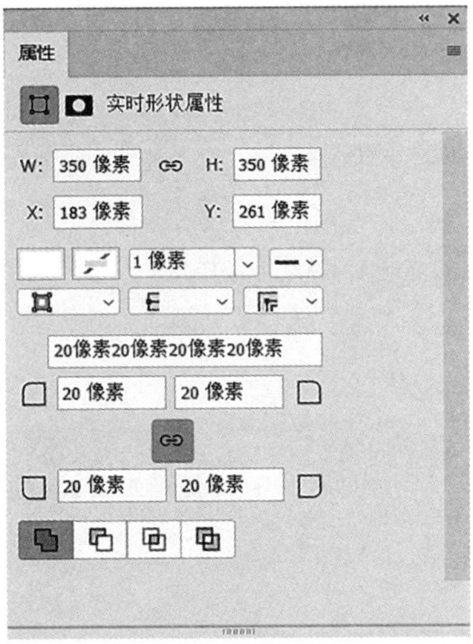

图 3.1.5 “圆角矩形工具”参数设置

图 3.1.6 居中对齐

（4）单击工具箱中的【矩形工具】，在画面空白处拖曳鼠标，画出合适大小的矩形，松开鼠标，在属性栏中对矩形的颜色和描边进行设置，重命名为“刻度”，如图 3.1.7 所示。按 Ctrl 键同时选中“表盘”层和“刻度 1”层，在属性栏中单击“水平居中”和“上对齐”按钮，如图 3.1.8 所示。

图 3.1.7 “刻度”参数设置

图 3.1.8 “刻度 1”效果

（5）选中“刻度1”图层，按 Ctrl+J 组合键复制图层，命名为“刻度2”，按 Ctrl 键同时选中“表盘”层和“刻度2”层，在属性栏中单击“水平居中”和“下对齐”键。得“刻度2”效果。

（6）选中“刻度1”图层，按 Ctrl+J 复制图层，命名为“刻度3”，按 Ctrl+T 组合键自由变换，右键选择“顺时针旋转90°”。按 Ctrl 键同时选中“表盘”层和“刻度3”层，在属性栏中单击“垂直居中对齐”和“右对齐”键，得“刻度3”效果。

（7）选中“刻度3”图层，按 Ctrl+J 组合键复制图层，命名为“刻度4”，按 Ctrl 键同时选中“表盘”层和“刻度4”层，在属性栏中单击“垂直居中对齐”和“左对齐”键，得“刻度4”效果。

（8）按 Shift 键绘制一个正圆，并按 Ctrl 键同时选中“圆心”层和“表盘”层，在属性栏中单击“垂直居中对齐”和“水平居中对齐”按钮。

（9）绘制时针，点击【圆角矩形工具】，按 Ctrl+T 组合键对图形进行变形，调整至合适大小，如图3.1.9所示。

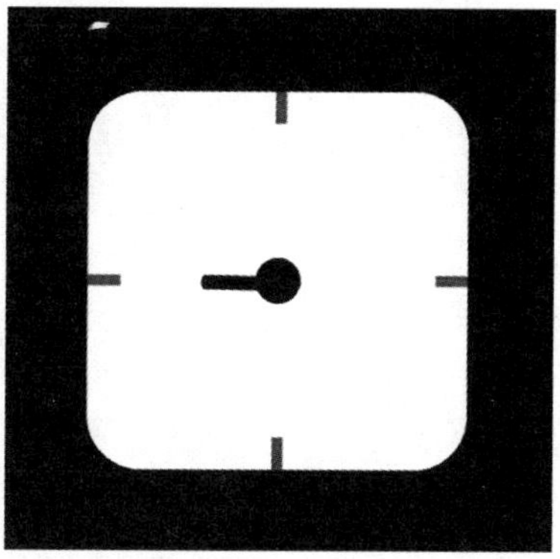

图3.1.9　绘制时针

（10）同样方法绘制“分针”和“秒针”，得最终效果如彩色附图20所示。

案例二：天气图标

天气图标设计制作效果见彩色附图21。

知识链接

【椭圆工具组】是用来创建圆形和椭圆形的，使用时，单击并拖曳鼠标可以创建椭圆形。按 Shift 键并拖曳鼠标可以创建圆形。椭圆工具的选项及创建方法与矩形工具基本相同。

技能点拨

彩色附图21天气图标的制作，通过使用【椭圆工具】绘制正圆，再在属性栏设置相关参数，最后利用【剪切蒙版】设置椭圆前后关系来完成。

任务实施

（1）执行【文件】|【新建】命令，在打开的“新建文档”对话框中设置参数，然后单击“确定”按钮，新建一个文档。如图3.1.10所示。

图 3.1.10 “新建”文档对话框

(2)双击前景色,设置 RGB 数值为 R60,G60,B60,按 Alt+Delete 组合键为背景层填充前景色。

(3)单击工具箱中的【圆角矩形工具】,在画布空白处进行单击,新建一个圆角矩形工具。在属性面板中对圆角矩形的颜色以及描边进行设置,如图 3.1.11 所示。同时选中“背景”层和“图层 1”,在属性栏中单击“水平居中”和“垂直居中”按钮,如图 3.1.12 所示。

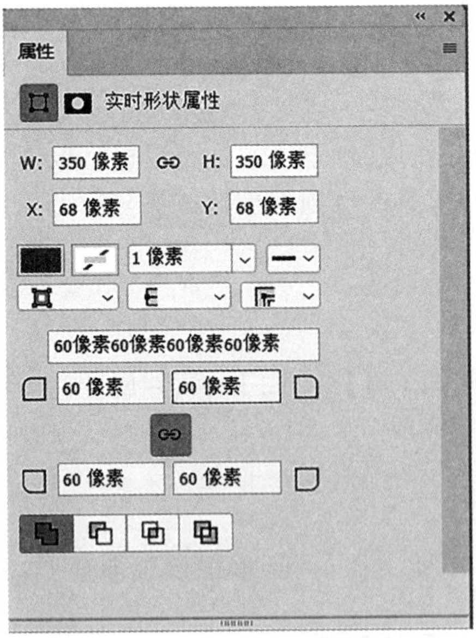

图 3.1.11 “圆角矩形工具”参数设置

图 3.1.12 居中对齐

(4)单击工具箱中的【椭圆工具】,在画布空白处按 Shift 键绘制一个合适大小的正圆,在属性栏中设置填充颜色。按 Ctrl 键同时选中“图层 1”和“椭圆 1”,在属性栏中单击“水平居中对齐”和“垂直居中对齐”按钮,如图 3.1.13 所示。

(5)单击工具箱中的【椭圆工具】,按 Shift 键,绘制 3 个不同大小的正圆,并调整它们的图层顺序,效果如图 3.1.14 所示。

图 3.1.13 绘制正圆

图 3.1.14 绘制 3 个大小不一的正圆

(6)在“椭圆 1”和“椭圆 2”图层之间按 Alt 键单击,创建剪切蒙版,重复两次这样的操作,依次建立“剪切蒙版”,如图 3.1.15 所示。

(7)绘制云朵,选择【椭圆工具】在画面空白处拖曳鼠标绘制椭圆,填充白色,在当前图层,按 Shift 键绘制多个椭圆,如图 3.1.16 所示。

图 3.1.15 建立“剪切蒙版”

图 3.1.16 绘制云朵

案例三：指南针图标

指南针图标设计制作效果见彩色附图 22。

知识链接

【多边形工具】可以绘制出多边的形状，选择该工具后，首先要在工具属性栏中设置多边形或星形的边数，范围为 3 ~ 100，单击工具属性栏中的按钮，打开下拉面板，可以设置其他选项，如图 3.1.17 所示。

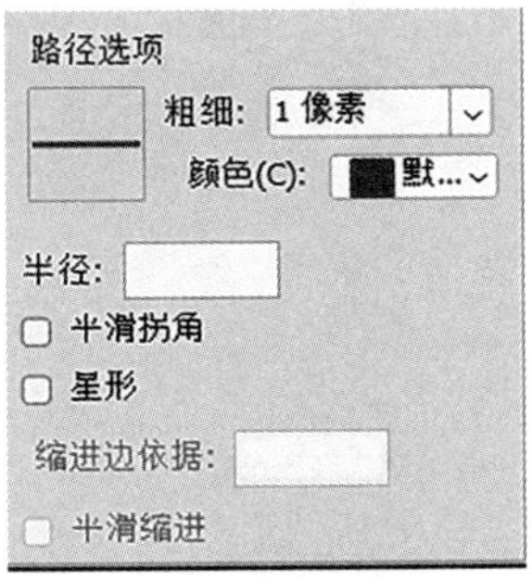

图 3.1.17　设置其他形状和路径选项

半径：可以输入多边形和星形的半径长度，点击预设参数，创建图形。

平滑拐角：可以创建具有平滑拐角的多边形和星形，图 3.1.18 所示为无平滑拐角的 5 边形和 5 边星形，图 3.1.19 所示为有平滑拐角的 5 边形和 5 边星形。

图 3.1.18　无平滑拐角

图 3.1.19　有平滑拐角

星形：勾选该选项可以创建星形。在“设置其他形状和路径选项”“缩进边依据”选项中可以设置星形边缘向中心缩进的数量。该值越高，缩进进量越大。勾选“平滑缩进”选项，可以使星形的边平滑地向中心缩进。图 3.1.20 所示为各种效果。

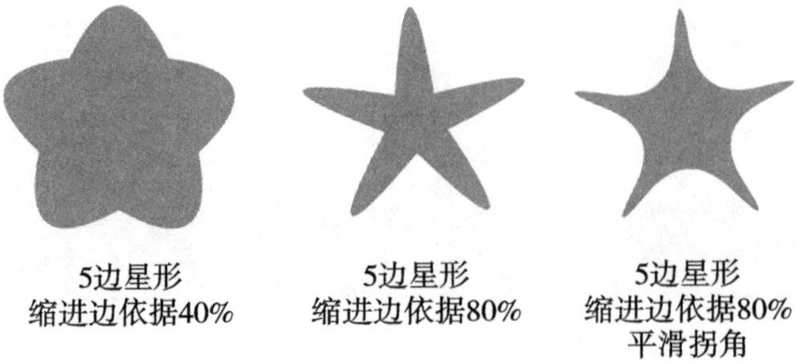

图 3.1.20　不同“缩进边依据”的星形

技能点拨

彩色附图22指南针图标首先设置星形以及星形的缩进量绘制中间图形，再对【多边形工具】进行设置来绘制指针。

任务实施

（1）执行【文件】|【新建】命令，在打开的“新建”文档对话框中设置参数，然后单击“确定”按钮，新建一个文档。如图3.1.21所示。

图3.1.21　“新建”文档对话框

（2）双击前景色，设置RGB数值为R75，G75，B75，按Alt+Delete组合键为背景层填充前景色。

（3）单击工具箱中的【圆角矩形工具】，在画布空白处进行单击，新建一个圆角矩形工具。在属性栏中对圆角矩形的颜色以及描边进行设置，如图3.1.22所示。圆角矩形效果如图3.1.23所示。

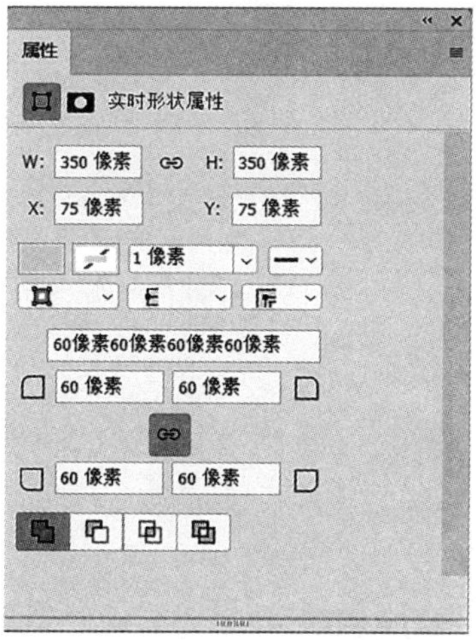

图3.1.22　“圆角矩形工具”参数设置

图3.1.23　圆角矩形效果

(4)单击工具箱中的【椭圆工具】,按 Shift 键在画布空白处拖曳鼠标绘制合适大小正圆,复制“椭圆 1”,按 Ctrl+T 组合键等比例缩小。如图 3.1.24 所示。

(5)单击工具箱中的【多边形工具】,在画布空白处单击鼠标,在属性面板中设置参数,如图 3.1.25 所示。

图 3.1.24 绘制正圆

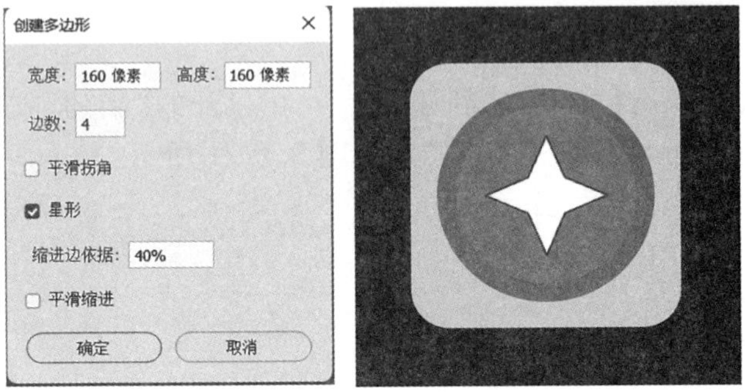

图 3.1.25 绘制星形

(6)在画面中间绘制一个直径为 25 像素的正圆,图略。

(7)选中以上所有图层,在属性栏中单击“水平居中对齐”和“垂直居中对齐”按钮。

(8)单击工具箱中的【多边形工具】,在画布空白处单击鼠标,在属性栏中设置其属性,适当调整指针大小,放至合适位置,如图 3.1.26 所示。

(9)按 Ctrl+J 组合键复制图层,按 Ctrl+T 组合键自由变换,右键选择“水平翻转”,在属性栏中修改颜色,调整位置,如图 3.1.27 所示。

(10)选中两个指针图层,按 Ctrl+T 组合键旋转指针,调整合适位置,得最终效果图。

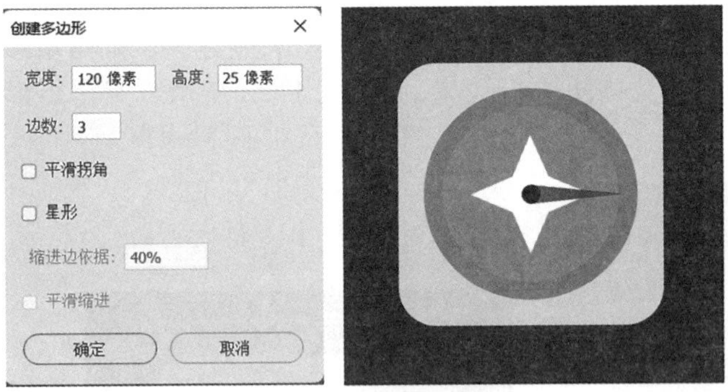

图 3.1.26 绘制指针

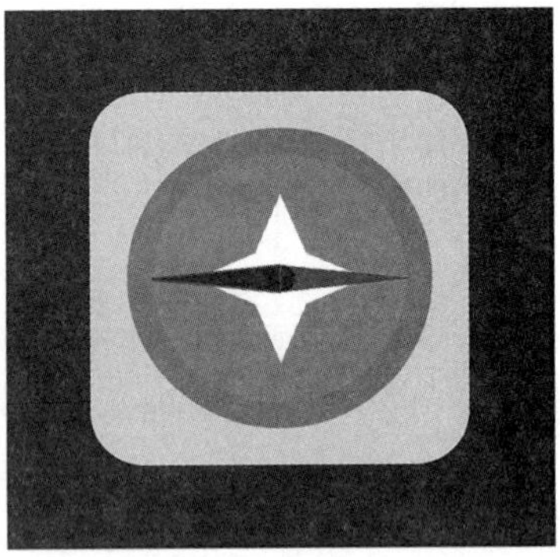

图 3.1.27 复制指针

任务二　布尔运算

案例一：制作书本图标

书本图标设计制作效果见彩色附图23。

知识链接

1. 什么是布尔工具

布尔运算是绘制规则的形状，然后以合并、减去、相交、排除的方式得到新的形状。

2. 布尔运算的条件

布尔运算的图形必须在一个图层当中，不同的图层是不能进行布尔运算的（不同层的形状可以按 Ctrl+E 组合键合并形状，使它们在同一层）。

在同一个图层当中绘制的形状路径是有先后之分的，后面的路径一定是在先画的路径上面的，类似于图层。当然和图层一样，路径的顺序是可以被调整的，如图 3.2.1 所示。尤其是进行路径相减运算时（单击“减去顶层形状按钮”），Photoshop 2020 会使所有路径的下层减去上层路径，因此，要先把要减掉的图形设置为顶层形状。

3. 布尔的运算方法

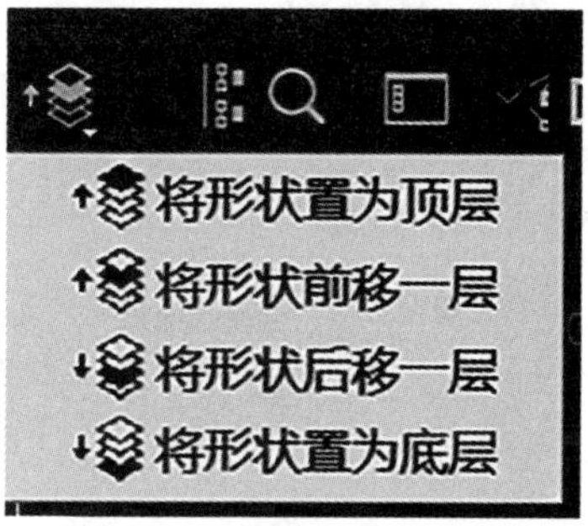

图 3.2.1　“路径排列方式”下拉菜单

路径运算使用选择类工具选取对象时，通常要对选区进行相加、相减等运算，以使其符合要求。

路径也可以进行运算，原理与选区运算一样，只是操作方法有些不同。运算时至少需要两个图形，如果图形是现成的，使用【路径选择工具】将它们选取便可；如果想在绘制路径时进行运算，可先绘制一个图形，然后单击工具属性栏中的“路径操作”按钮，打开下拉菜单选择运算方法。

（1）新建图层：就是每画一个新的形状时都会新建一个图层，因为每个形状都在一个单独的图层里，所以每个形状都可以有不同的颜色，如图 3.2.2 所示。

（2）合并形状：就是将两个形状合并在一起（颜色一致），如图 3.2.3 所示。

（3）减去顶层形状：从现有图形中减去新绘制的形状，如图 3.2.4 所示。

（4）与形状区域相交：显示的是新图形和现有图形相交的部分，如图 3.2.5 所示。

（5）排除重叠形状：显示的是两个图形除相交部分以外其他的区域，如图 3.2.6 所示。

（6）合并形状组件：当我们进行完布尔运算后，想要把多个形状合并成一个形状，这时就需要“合并形状组件”，这时多个形状就变成了一个形状。

图 3.2.2　新建图层

图 3.2.3　合并形状

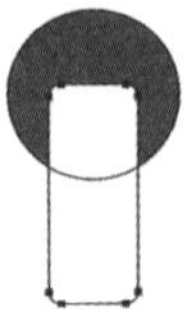

图 3.2.4　减去顶层形状

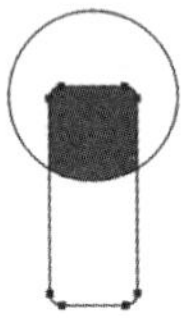

图 3.2.5　与形状区域相交

图 3.2.6　排除重叠形状

技能点拨

实例中的彩色附图 23 书本图标，通过矩形和椭圆的布尔运算（合并形状、与形状区域相交、减去顶层形状）来完成。在制作过程中注意实施布尔运算的图形必须在一个图层内。

任务实施

（1）执行【文件】|【新建】命令，在打开的“新建文档”对话框中设置参数，然后单击“确定”按钮，新建一个文档。

（2）【视图】|【新建参考线】，设置参考线高度 250 像素，宽度 250 像素。

（3）选择【圆角矩形工具】，在画布上单击创建一个圆角矩形，在属性栏输入相关属性，如图 3.2.7 所示。

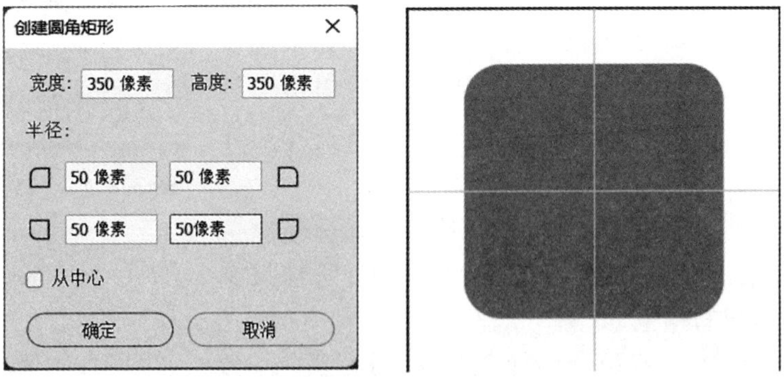

图 3.2.7　绘制圆角矩形一

（4）选择【矩形工具】，然后在画布上单击，绘制出一个长、宽均为 250 像素的正方形（与圆角矩形居中对齐），如图 3.2.8 所示。

（5）选择【椭圆工具】，然后在画布上绘制一个直径为 300 像素的正圆，放置在合适的位置(以上都是在单独的图层中绘制),如图 3.2.9 所示。

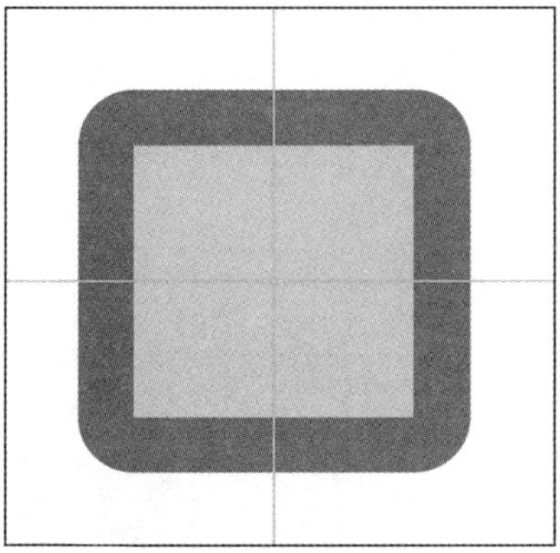

图 3.2.8 绘制矩形一

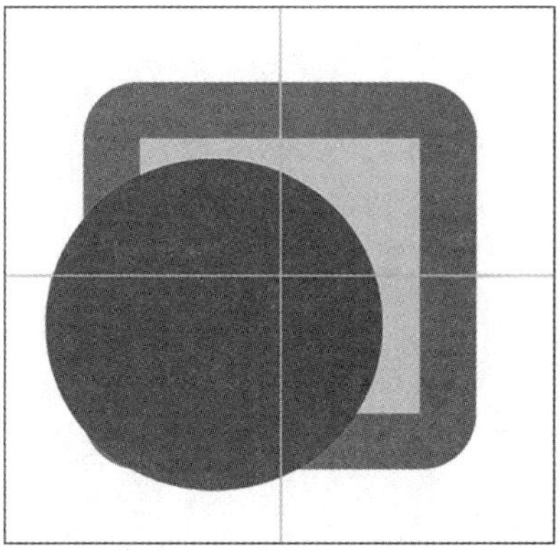

图 3.2.9 绘制正圆一

(6)选择【路径选择工具】,然后按 Alt 键将椭圆向右移动至合适位置(当前两个椭圆处于同一图层,因为是复制的路径),如图 3.2.10 所示。

(7)选择【矩形工具】,在“路径操作”中选择“与形状区域相交”,然后绘制一个矩形,再使用【路径选择工具】将其移动至与刚才绘制的矩形重叠,接着隐藏之前的矩形图层,如图 3.2.11 所示。

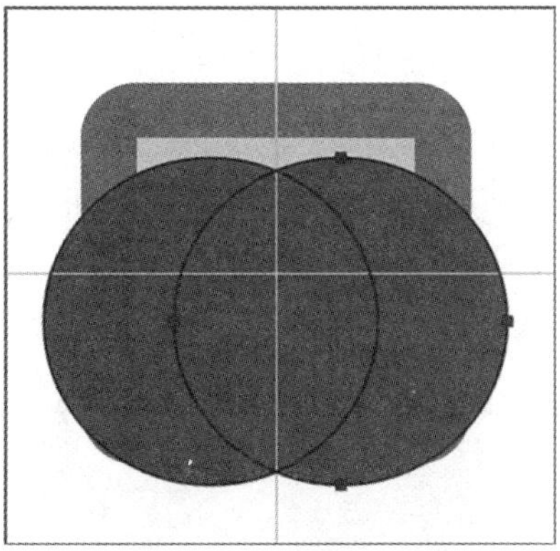

图 3.2.10 复制正圆路径

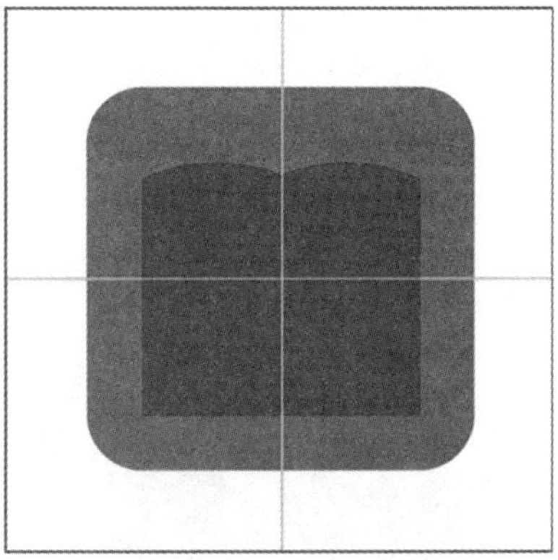

图 3.2.11 绘制矩形二

(8)选择【路径选择工具】,然后选择两个圆形的路径,再按 Alt 键将其向下移动至合适位置,如图 3.2.12 所示。

(9)选择【路径选择工具】,依次选中下面两个椭圆,在属性栏中的“路径操作”中选择“减去顶层形状”(注意路径顺序),如图 3.2.13 所示。

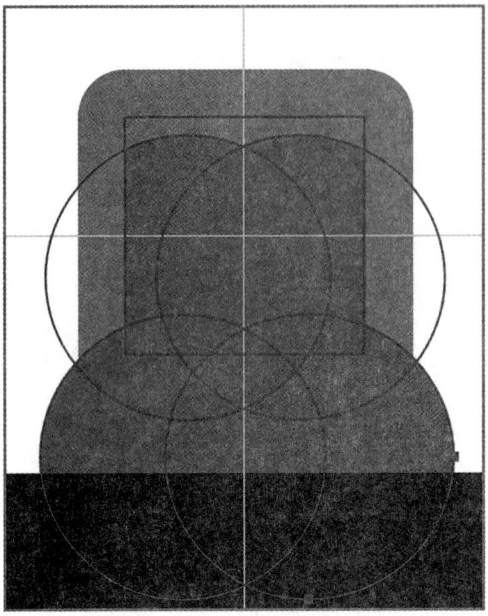
图 3.2.12　复制两个正圆路径

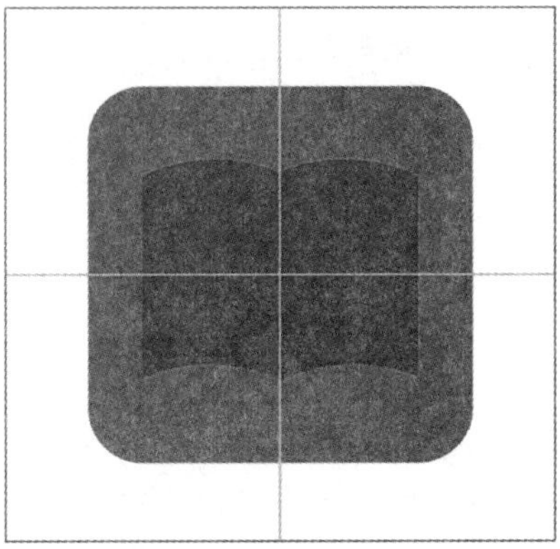
图 3.2.13　减去顶层形状一

(10)选择【圆角矩形工具】,然后在“路径操作”中选择“合并形状”,在书本左侧绘制一个圆角矩形(可以先大概绘制一个,然后通过【直接选择工具】来调整锚点),如图 3.2.14 所示。

(11)选择【路径选择工具】,然后按 Alt 键向右复制圆角矩形的路径,图略。

(12)选择【路径选择工具】,然后按 Alt 键复制圆角矩形的路径至书本中心,再在“路径操作”中选择“减去顶层形状”,如图 3.2.15 所示。

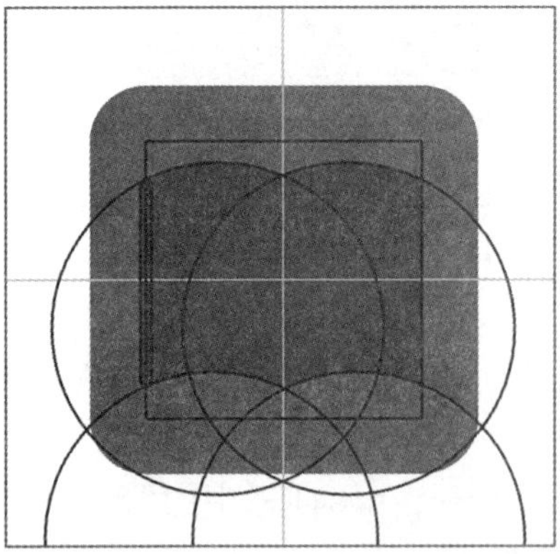
图 3.2.14　绘制圆角矩形二

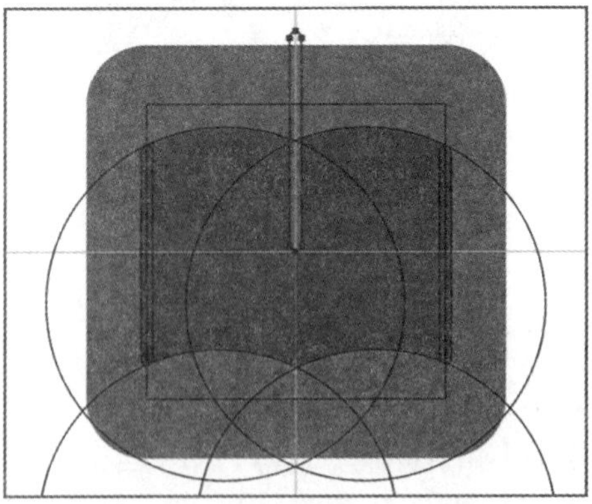
图 3.2.15　减去顶层形状二

(13)最后,按 Ctrl+T 键调整书本大小,使用【移动工具】移至合适位置,得最终效果如彩色附图 23 所示。

案例二：制作音乐图标

音乐图标设计制作效果见彩色附图 24。

技能点拨

通过椭圆和圆角矩形进行布尔运算(合并形状、与形状区域相交、减去顶层形状)绘制音乐图标,在制作过程中注意实施布尔运算的图形必须在一个图层内。

任务实施

(1)执行【文件】|【新建】命令,在打开的“新建文档”对话框中设置参数,然后单击“确定”按钮,新建一个文档。

(2)选择【圆角矩形工具】,然后在画布上拖曳鼠标绘制一个合适大小的圆角矩形。

(3)选择【椭圆工具】,然后在画布上拖曳鼠标绘制出一个椭圆,接着按 Ctrl+T 组合键将其旋转一定角度,如图 3.2.16 所示。

(4)选择【圆角矩形工具】,然后在属性栏“路径操作”中选择“合并形状”,在画布上绘制一个圆角矩形(随意绘制,形状接近就可以),如图 3.2.17 所示。

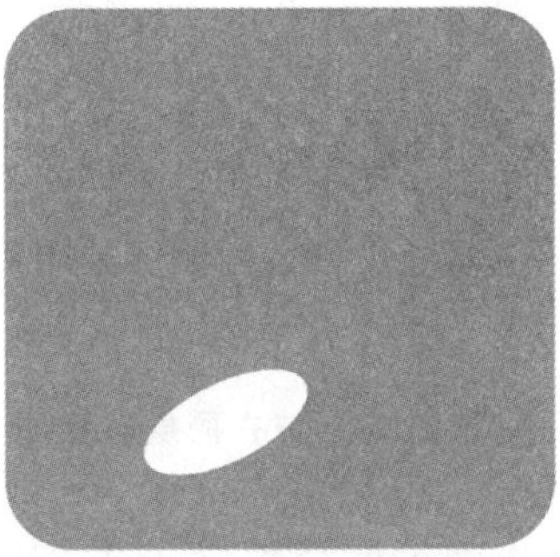

图 3.2.16　绘制椭圆

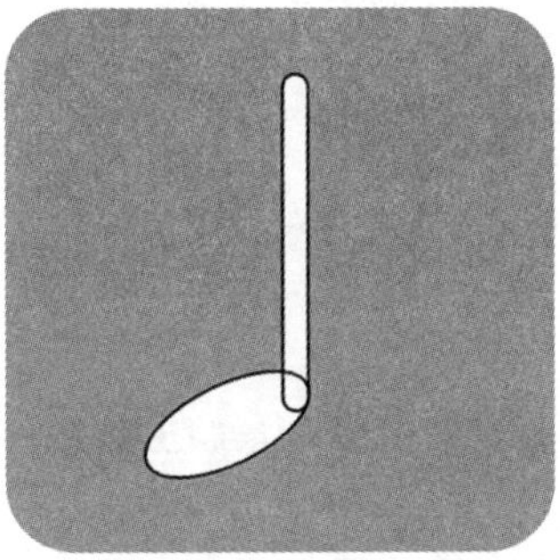

图 3.2.17　绘制圆角矩形三

(5)选择【椭圆工具】,按 Shift 键绘制一个合适大小的正圆,椭圆大小决定了音符尾巴的大小(位于新的图层),如图 3.2.18 所示。

(6)选择【椭圆工具】,然后在属性栏“路径操作”中选择“减去顶层形状”,然后绘制一个圆形(跟前面的正圆在同一图层),如图 3.2.19 所示。

(7)选择【椭圆工具】,然后在属性栏“路径操作”中选择“与形状区域相交”,然后绘制一个圆形(跟前面的正圆在同一图层),如图 3.2.20 所示。

图 3.2.18 绘制正圆二

图 3.2.19 减去顶层形状三

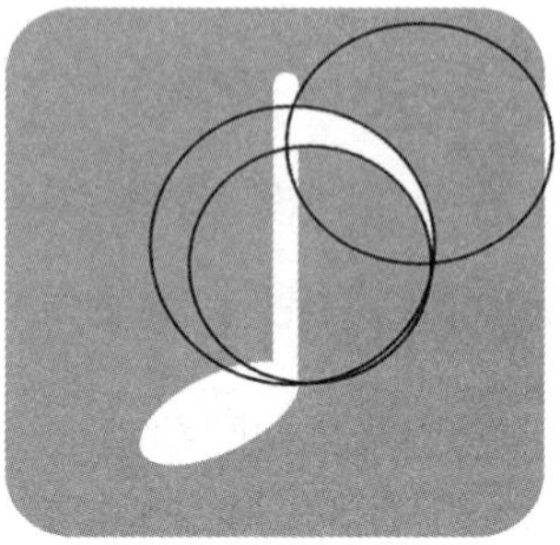

图 3.2.20 与形状区域相交

(8)选择【椭圆工具】,然后在新的图层中绘制一个正圆,如图 3.2.21 所示。

(9)选择【椭圆工具】,然后在属性栏“路径操作”中选择“减去顶层形状”,然后绘制一个圆形[与步骤(8)的圆形在同一图层],如图 3.2.22 所示。

图 3.2.21 绘制正圆三

图 3.2.22 减去顶层形状四

(10)使用【路径选择工具】选择路径,微调各个图形的位置和大小,得最终效果如彩色附图 24 所示。

任务三 矢量工具与路径

案例一:日历图标

日历图标设计制作最终效果见彩色附图 25。

知识链接

1. 认识路径

使用【钢笔工具】绘制出来的矢量图形称为路径。路径可以是开放的，也可以是封闭的。无论哪种路径都是由锚点、曲线段、方向点和方向线组成的，如图 3.3.1 所示。

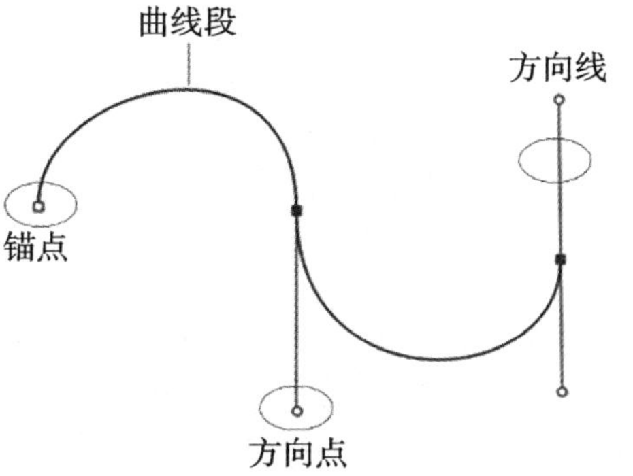

图 3.3.1　路径的组成

【锚点】：路径由一个或多个直线段或曲线段组成，锚点是这些线段的端点。

【曲线段】：每两个锚点间的线段。

【方向点】：通过拖动方向点，可以改变方向线的角度和长度。

【方向线】：由锚点延伸出的两条线段，用来控制路径的形态。

2. 认识锚点

锚点分为两种，一种是平滑点，另外一种是角点。平滑点连接可以形成平滑的曲线，如图 3.3.2 所示。角点连接可以形成直线，如图 3.3.3 所示。

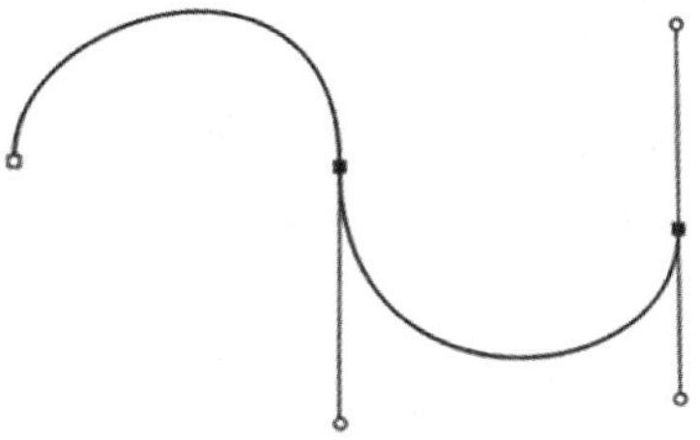

图 3.3.2　平滑点

图 3.3.3　角点

3. 路径选择工具

使用【路径选择工具】在路径上单击，即可选择路径，如图 3.3.4 所示。按 Shift 键单击其他路径，可以将其一并选取，如图 3.3.5 所示。单击并拖曳出一个选框，则可将选框范围内的所有路径都选取，如图 3.3.6 所示。

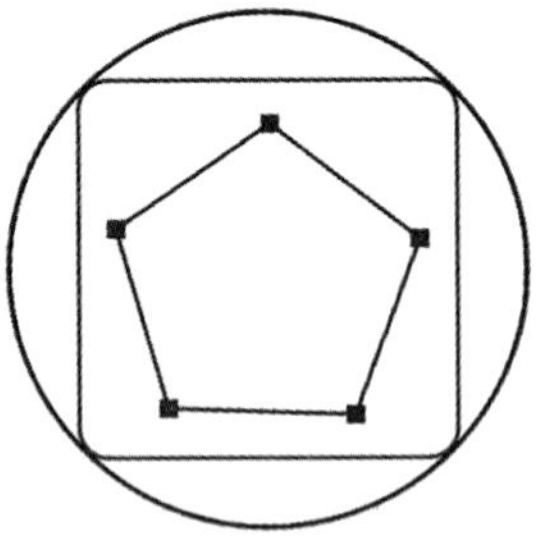

图 3.3.4　选取单条路径

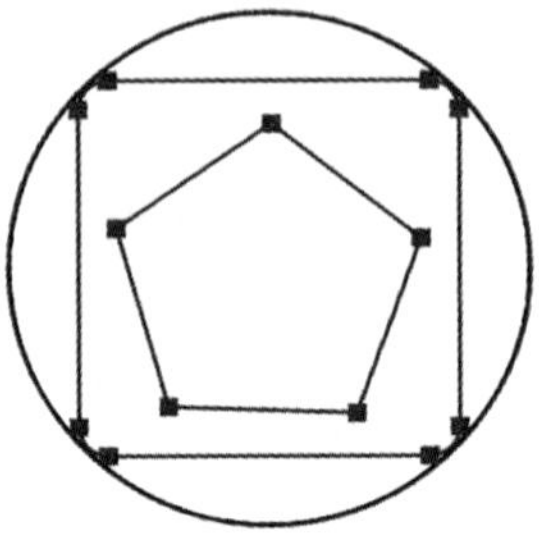

图 3.3.5　选取多条路径

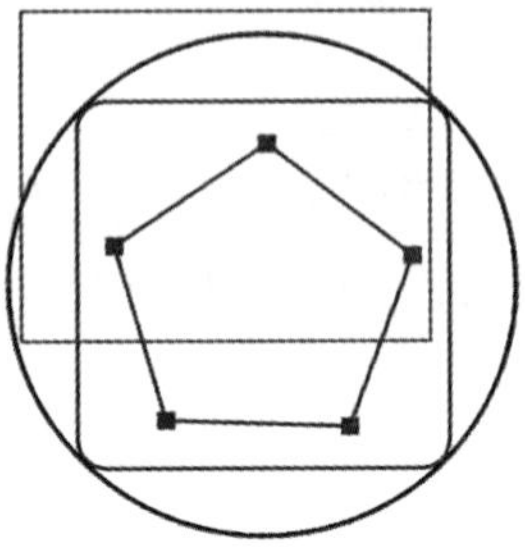

图 3.3.6　框选路径

4. 直接选择工具

如果要选择或移动锚点，首先要让锚点显示出来，使用【直接选择工具】，将鼠标放在路径上，单击选择路径段并显示其两端的锚点，如果单击它，便可将其选取（选取的锚点为实心方块，未选取的锚点为空心方块），如图 3.3.7 所示。如果单击它并拖曳鼠标，则可将其移动，如图 3.3.8 所示。

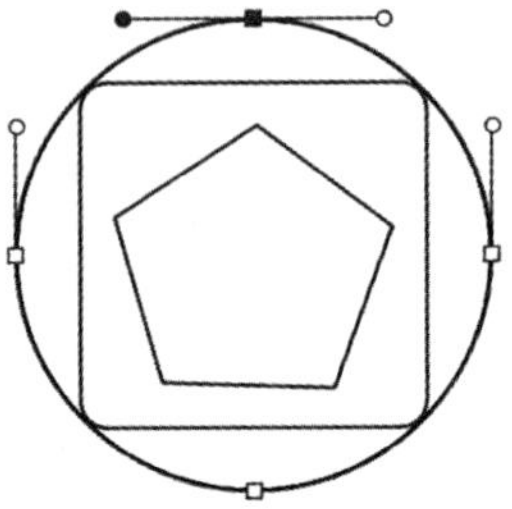

图 3.3.7　选取锚点

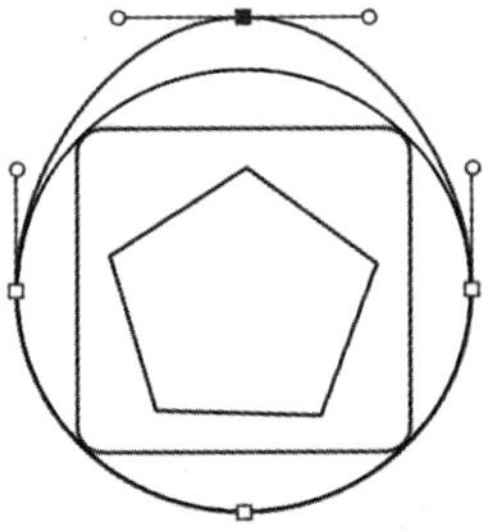

图 3.3.8　移动锚点

路径段的选取方法比锚点简单，使用【直接选择工具】单击路径即可，如图 3.3.9 所示。在路径段上单击，并拖曳鼠标，则可将其移动，如图 3.3.10 所示。

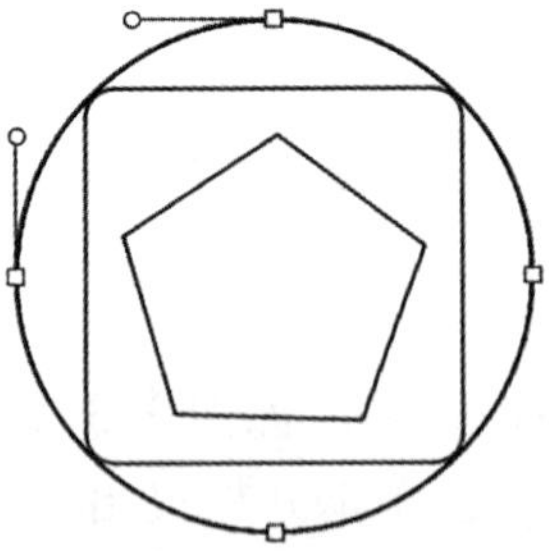

图 3.3.9　选取路径段

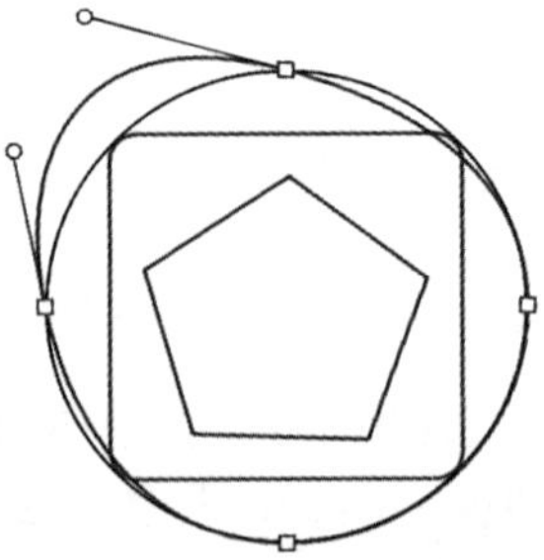

图 3.3.10　移动路径段

如果想要选取多个锚点（或多条路径段），可以使用【直接选择工具】按 Shift 键逐个单击锚点(或路径段)。或者单击并拖曳出一个选框,将需要选取的对象框选。如果要取消选择,在画面空白处单击。

技能点拨

彩色附图 25 日历图标制作过程中主要通过使用【直接选择工具】调整锚点的位置和【转换点工具】调整锚点类型制作“日历上”和“日历下”两个形状,再通过“添加透视”为日历制作立体效果。

任务实施

(1)执行【文件】|【新建】命令,在打开的“新建”对话框中设置参数(宽度 500 像素,高度 500 像素,分辨率 72,颜色模式 RGB),然后单击“确定”按钮,新建一个文档。

(2)制作背景。双击前景色,设置 RGB 数值为 R230,G230,B230,点击 Alt+Delete 键为背景层填充前景色。

(3)单击工具箱中的【圆角矩形工具】,在画布空白处进行单击,新建一个圆角矩形。在属性面板中对圆角矩形的颜色以及描边进行设置,如图 3.3.11 所示。

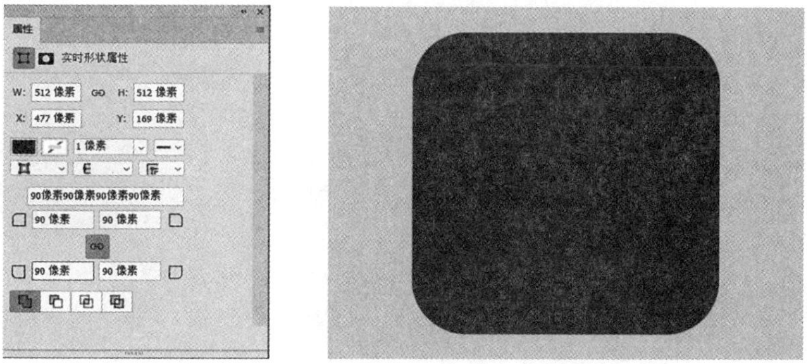

图 3.3.11　绘制“圆角矩形”及参数设置

(4)单击工具箱中的【圆角矩形工具】,在画布空白处拖曳鼠标,新建一个合适大小的白色圆角矩形,如图 3.3.12 所示。

图 3.3.12　绘制“圆角矩形”

(5)选中白色圆角矩形图层,点击 Ctrl+J 组合键将其复制两次,分别命名为“阴影”“日历上”“日历下”。并隐藏“阴影”图层,如图 3.3.13 所示。

(6)【视图】菜单下选择【新建水平参考线】,如图 3.3.14 所示。

图 3.3.13 图层

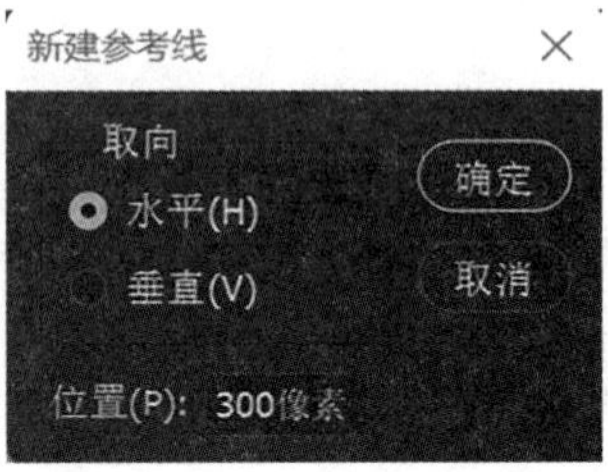

图 3.3.14 新建水平参考线

(7)选中“日历上”图层,双击图层缩略图,更改颜色为 R217,G217,B217。单击【删除锚点工具】,单击“日历上”图层最下面的两个锚点进行删除。单击【转换点工具】,单击最下面的两个锚点,将弧形路径转换为直线路径,如图 3.3.15 所示。

(8)单击【直接选择工具】,移动下面两个锚点向上移至中间位置,如图 3.3.16 所示。

(9)选择“日历下”图层,暂时隐藏“日历上”图层,执行上述操作,最后再显示“日历上”,如图 3.3.17 所示。

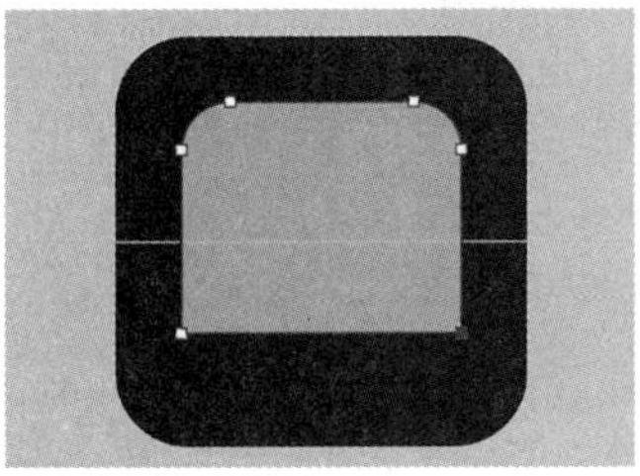

图 3.3.15 调整锚点

图 3.3.16 移动锚点

图 3.3.17 制作“日历下”

(10)选择“日历上”图层,然后使用【直接选择工具】,选中将上方 4 个锚点并向下移动,如图 3.3.18 所示。

(11)选择“日历上”图层,然后执行【编辑】|【变换】|【透视】命令,将左上和右上的锚点向外移动至合适位置,如图 3.3.19 所示。

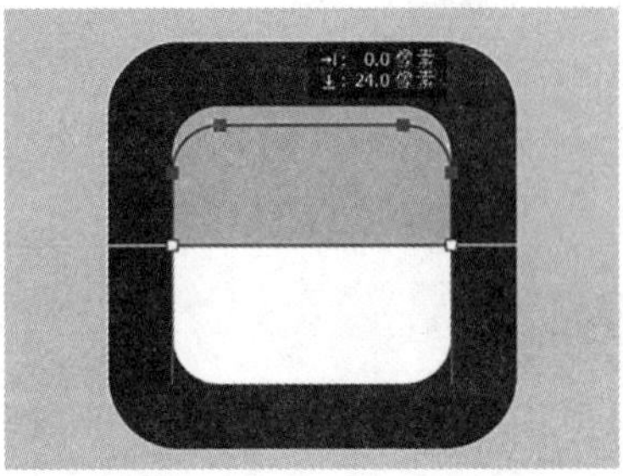

图 3.3.18 调整锚点位置

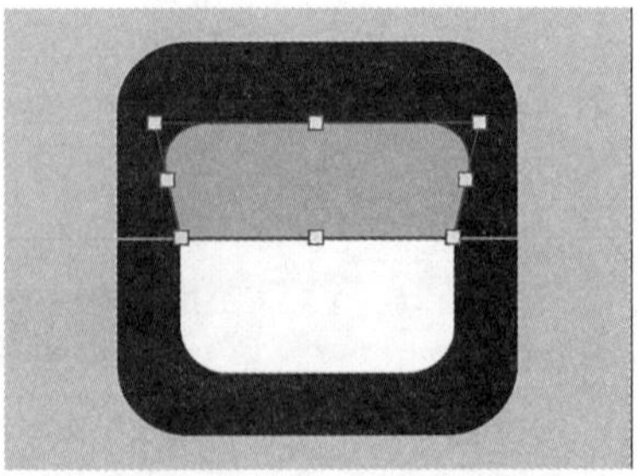

图 3.3.19 添加透视

(12)选择“日历上”图层,然后按 Ctrl+J 组合键将其复制一次,将下面的图层命名为“日历-厚度”,双击缩略图,更改它的颜色为(R83,G83,B83),接着向上移动至合适的位置,如图 3.3.20 所示。

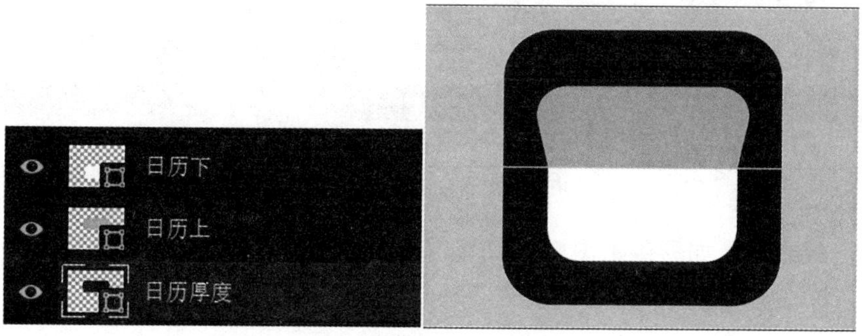

图 3.3.20　制作“日历厚度”

(13)显示隐藏的“阴影”图层,然后更改它的颜色为黑色,不透明度为 20% ,图略。

(14)单击“横排文字工具”,然后在画布上输入文本,在属性栏中设置其字体、字号,并填充前景色 R61,G61,B61,如图 3.3.21 所示。

(15)选择文字图层,按 Ctrl+J 组合键将其复制一次,将两个图层分别命名为“8 上”“8 下”,如图 3.3.22 所示。

图 3.3.21　输入文字

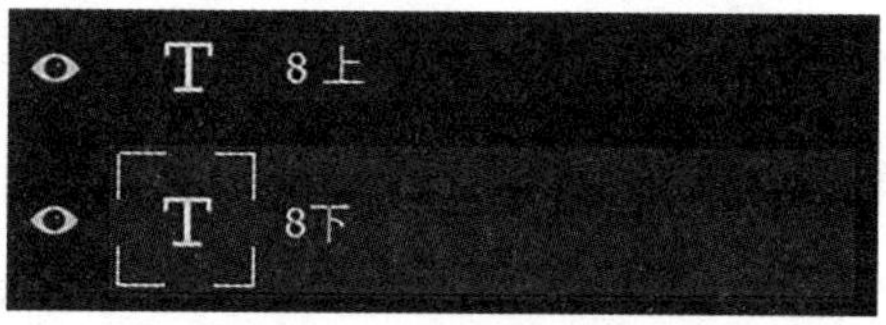

图 3.3.22　复制文字图层

(16)隐藏“8 下”图层,选中“8 上”图层,右键—栅格化文字,选择矩形选框工具,在文字下半部分绘制矩形选区,按 Delete 键删除,如图 3.3.23 所示。

(17)隐藏“8 上”图层,选中“8 下”图层,右键—栅格化文字,选择矩形选框工具,在文字上半部分绘制矩形选区,按 Delete 键删除,如图 3.3.24 所示。

(18)显示“8 上”“8 下”图层,选中“8 上”图层,然后按 Ctrl+T 组合键,将其向下稍微缩小,单击右键选择“透视”命令,将左上和右上的锚点向外移动至合适位置,如图 3.3.25 所示。

图 3.3.23 制作“8 上”

图 3.3.24 制作“8 下”

图 3.3.25 添加透视

(19)得最终效果如彩色附图 25 所示。

案例二:加速图标

加速图标设计制作效果见彩色附图 26。

知识链接

一、钢笔工具组

1. 钢笔工具

在绘制形状时,对于一些没有规则的形状,就需要使用【钢笔工具】来进行绘制。【钢笔工具】可以绘制出任意形状的路径,也可以对原来的路径进行更改。钢笔工具的参数设置与其他绘图工具类似,如图 3.3.26 所示。

图 3.3.26 【钢笔工具】属性栏

【钢笔工具】是最强大的绘图工具,它既可以绘图,也可以抠图(在 UI 图标设计中主要用的是绘图)。

(1)绘制直线。选择【钢笔工具】,在属性栏中选取“路径”选项。在画布上(鼠标变为状)单击鼠标左键,创建锚点。放开鼠标左键,在下一位置按 Shift 键(锁定水平方向)并单击,创建第 2 个锚点,两个锚点会连接成一条由角点定义的直线路径。在其他区域单击可继续绘制直线路径,如图 3.3.27 所示。操作时按 Shift 键还可以锁定垂直方向,或以 45°角为增量进行绘制。

如果要闭合路径,将鼠标指针放在路径的起点,当鼠标指针变为状时,如图 3.3.28 所示,单击即可。如果要结束一段开放式路径的绘制,可以按 Ctrl+I 组合键(临时转换为【直接选择工具】)并在画面的空白处单击。单击其他工具或按 Esc 键也可以结束路径的绘制,如图 3.3.29 所示。

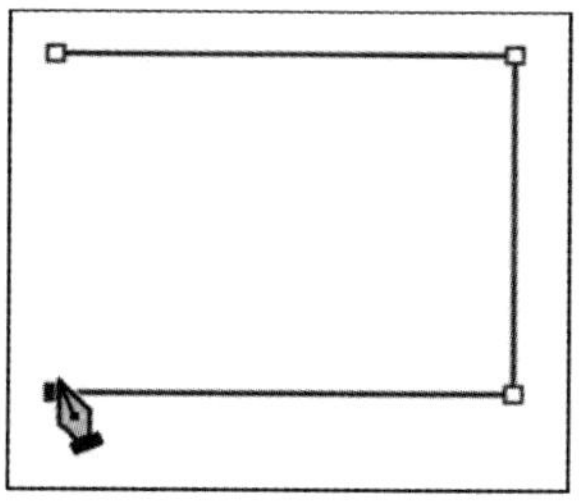
图 3.3.27　绘制直线路径

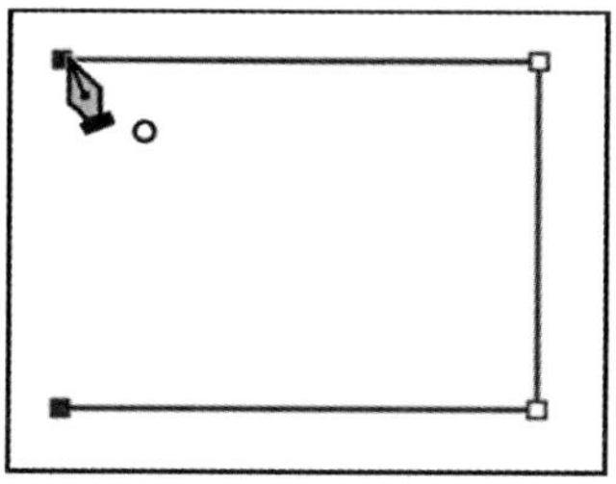
图 3.3.28　闭合路径

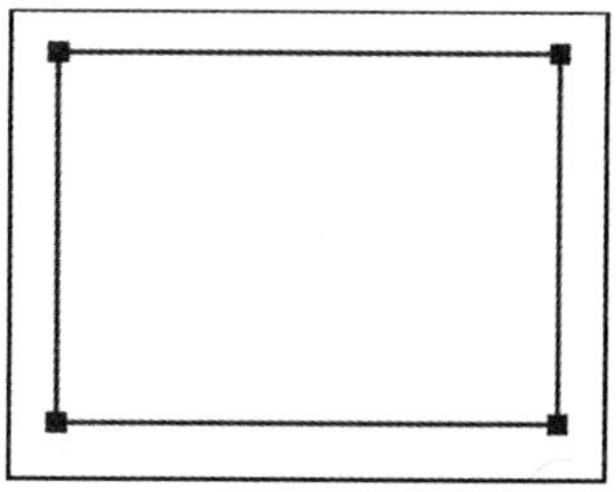
图 3.3.29　结束路径

(2)绘制曲线。选择【钢笔工具】,在属性选项栏中选取“路径”选项。单击并向上拖曳鼠标,创建一个平滑的节点,如图 3.3.30 所示。将鼠标指针移至下一个位置上,单击并向下拖曳鼠标,创建第二个平滑点,在拖曳的过程中,可以调整方向线的长度和方向,进而影响由下一个锚点生成的路径的走向。要绘制出平滑的曲线,需要控制好方向线,如图 3.3.31 所示。

继续创建平滑点,即可生成一段光滑流畅的曲线。如图 3.3.32 所示。

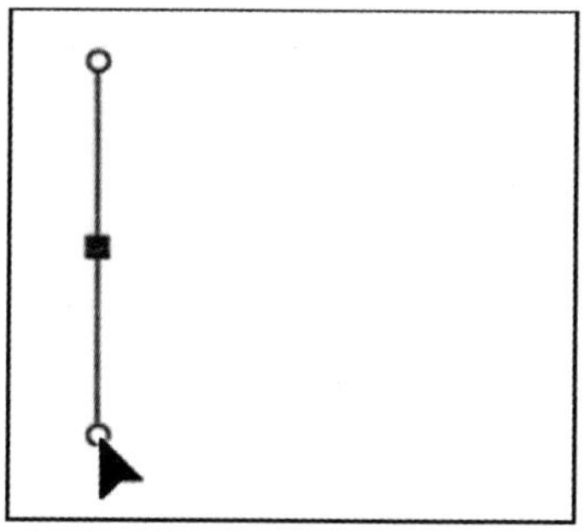
图 3.3.30　创建平滑节点

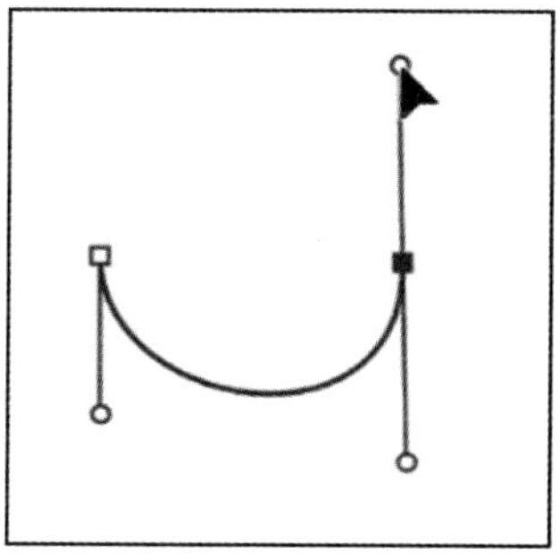
图 3.3.31　绘制第二个平滑点

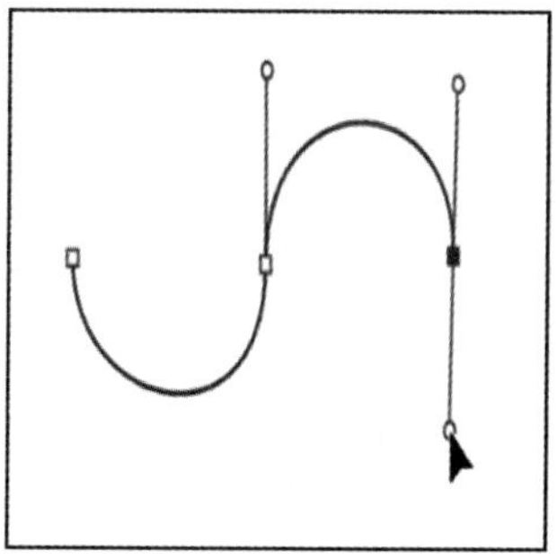
图 3.3.32　流畅曲线

(3)在曲线后面绘制直线。选择【钢笔工具】,在属性选项栏中选取“路径”选项。在画布空白处单击并拖曳鼠标,绘制一条曲线,如图 3.3.33 所示。将鼠标指针放在最后一个锚点上,按 Alt 键单击,将该平滑点转为角点,这时它另一侧方向线就会被删除,如图 3.3.34 所示。

在其他位置单击(不要拖曳)即可在曲线后面绘制出直线,如图 3.3.35 所示。

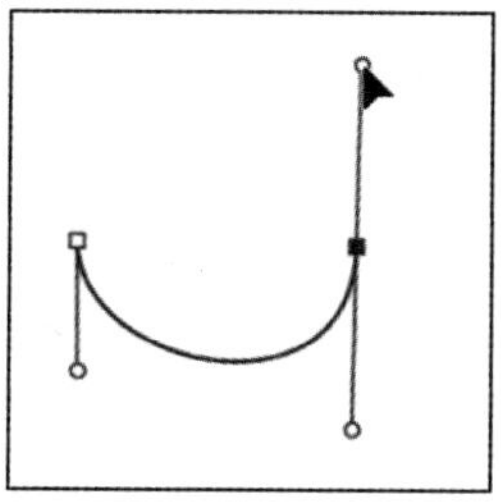
图 3.3.33　绘制曲线一

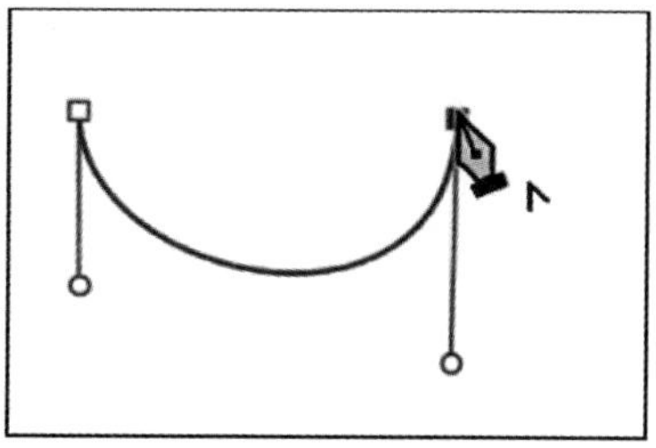
图 3.3.34　转换角点

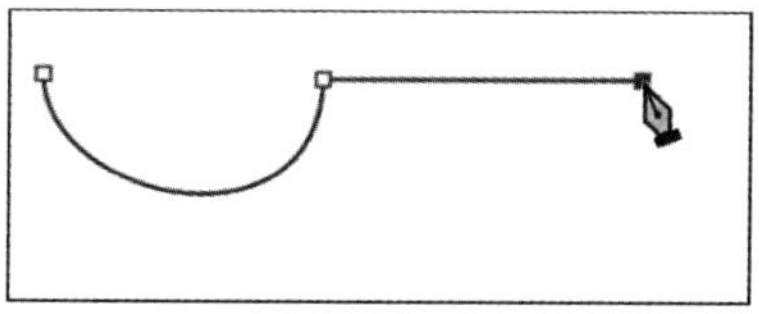
图 3.3.35　绘制直线一

(4)在直线后面绘制曲线。选择【钢笔工具】,在属性选项栏中选取“路径”选项。在画布空白处单击鼠标,绘制一条直线,如图 3.3.36 所示。在其他位置单击并拖曳鼠标,可以在直线后面绘制出曲线,如图 3.3.37 所示。

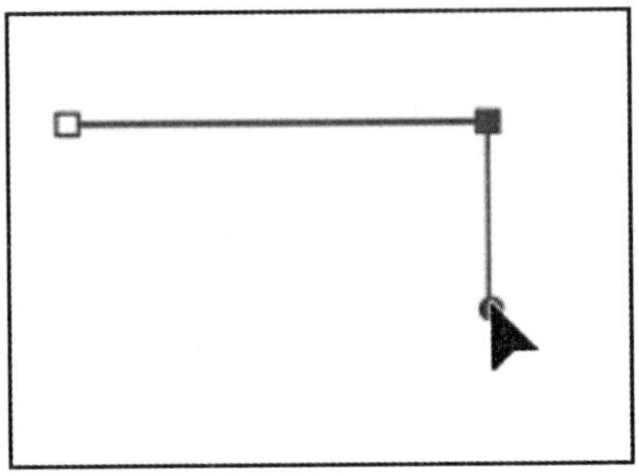

图 3.3.36 绘制直线二

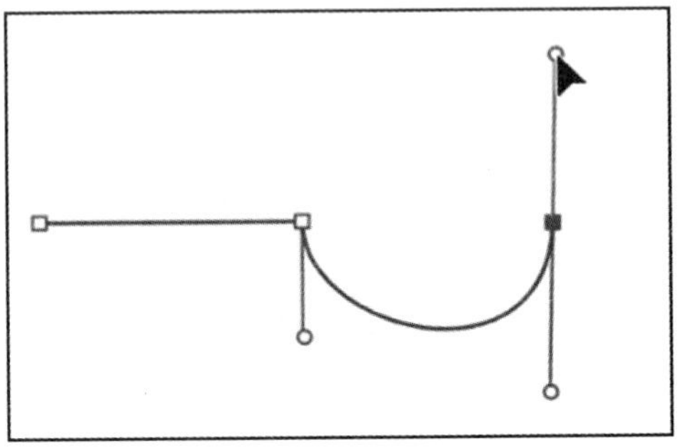

图 3.3.37 绘制曲线二

2. 自由钢笔工具

【自由钢笔工具】可以随意绘图,就像铅笔在纸上绘图一样,绘图时自由添加锚点。绘制路径是无须确定锚定位置,用于绘制不规则路径,其工作原理与【磁性套索工具】相同,区别在于前者建立的是选区,后者建立的是路径。

3. 弯度钢笔工具

使用【钢笔工具】绘图时,想要同时编辑路径,需要配合多个点击键才能完成,而【弯度钢笔工具】则可直接用于编辑路径,这是它最方便的地方。该工具特别适合绘制曲线。

选择【弯度钢笔工具】后,在画布上单击创建第 1 个锚点,在其他位置单击创建第 2 个锚点,它们之间会形成一个路径。如果想使路径发生弯曲,可在下一个位置单击。单击并拖曳鼠标可以控制路径的弯曲程度。如果想要绘制出直线,则需要双击,然后在下一个位置单击,完成绘制后可按 ESC 键。

4. 添加锚点工具

该工具可以在已建立的路径上根据需要添加新的锚点,以便更精确地设置图形的轮廓。选择工具箱中的【添加锚点工具】,在路径上单击某处,可以添加新锚点。

5. 删除锚点工具

使用【删除锚点工具】单击路径线段上已经存在的锚点,点击 Delete 键可以将其删除。

6. 转换点工具

【转换点工具】可以转换锚点的类型,选择该工具后,将鼠标指针放在锚点上方,如果这是一个角点,单击并拖曳鼠标,可将其转换为平滑点,如果这是一个平滑点,则单击可将其转换为角点。

二、【路径】面板

Photoshop 2020 提供了一个编辑路径的控制面板。执行【窗口】|【路径】命令可以打开该面板,如图 3.3.38 所示。

【路径】面板的功能按钮如下。

(1)【用前景色填充路径】:单击该按钮,可以使用前景色填充路径。

(2)【用画笔描边路径】:单击该按钮,可以使用画笔对路径进行描边。

(3)【将路径作为选区载入】:单击该按钮,可以将当前路径转换为选区。

(4)【从选区生成工作路径】:单击该按钮,可以从选区建立工作路径。

(5)【创建新路径】:单击该按钮,可以新建路径。

(6)【删除当前路径】:单击该按钮,可以删除路径。

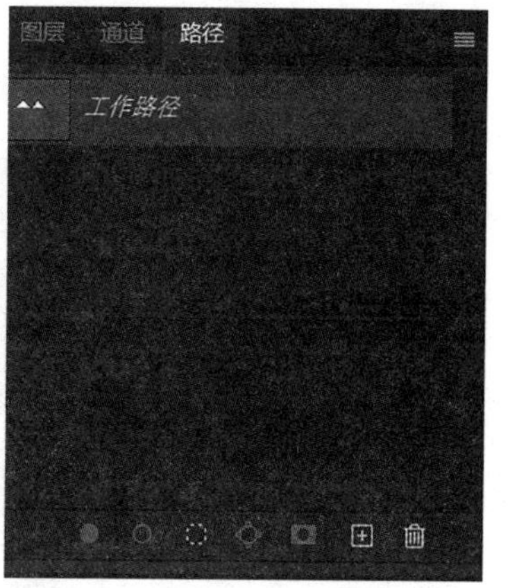

图 3.3.38　【路径】面板

技能点拨

附图 26 加速图标通过【钢笔工具】绘制完成,在使用【钢笔工具】绘制完一段路径,按 Alt 键转换成【转换点工具】改变锚点的类型(实现直线曲线自由转换),也可以按 Ctrl 键转换成【直接选择工具】调整锚点位置。

任务实施

(1)执行【文件】|【新建】命令,在打开的“新建文档”对话框中设置宽、高、分辨率、颜色模式,然后单击“确定”按钮,新建一个文档。

(2)双击前景色,设置 RGB 数值为 R67,G67,B67,按 Alt+Delete 组合键为背景层填充前景色。

(3)选择【视图】|【新建参考线】,设置水平参考线 300 像素,垂直参考线 300 像素。

(4)选择【椭圆选框工具】,按 Shift 键绘制一个合适大小的正圆,选择【渐变工具】,在属性栏中选择线性渐变,打开渐变编辑器,编辑渐变颜色,如图 3.3.39 所示。

(5)选择【钢笔工具】,在合适位置单击绘制第一个锚点,接着确定第二个锚点位置并拖曳鼠标绘制曲线,按 Alt 键切换【转换点工具】,单击第二个锚点(可以删除锚点一侧的手柄),同样的方法绘制下面的锚点,最后闭合路径,使用【直接选择工具】调整锚点位置使路径对称。如图 3.3.40 所示。

图 3.3.39　绘制正圆

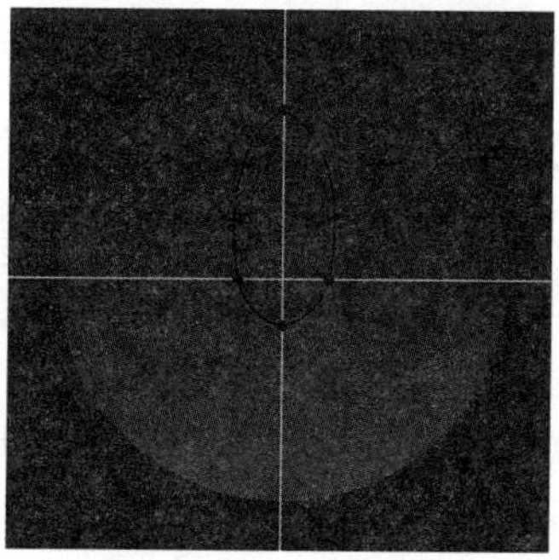
图 3.3.40　绘制路径

(6)单击【路径】面板,选中路径,右键—建立选区,在【图层】面板中新建图层,设置前景色,为图形填充颜色,如图 3.3.41 所示。

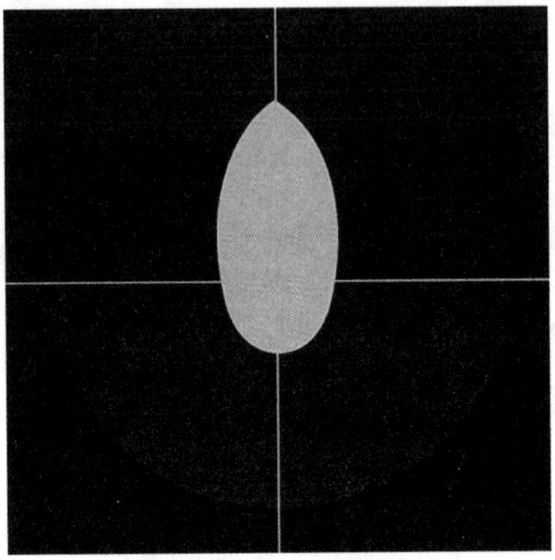

图 3.3.41 填充颜色

(7)选择【钢笔工具】,参照上述步骤,同样的方法绘制其他部分,最后调整图层顺序,得最终效果图附图 26 所示。

案例三:风景图标

风景图标设计制作效果见彩色附图 27。

技能点拨

彩色附图 27 风景图标通过【钢笔工具】绘制完成,在使用【钢笔工具】绘制完一段路径,按 Alt 键转换成【转换点工具】转换锚点的类型(实现直线曲线自由转换),也可以按 Ctrl 键转换成【直接选择工具】调整锚点位置。也可在完成一段路径后通过添加或删除锚点来完善形状路径。

任务实施

(1)执行【文件】|【新建】命令,在打开的"新建文档"对话框中设置宽度 500 像素,高度 500 像素,分辨率 72,颜色模式 RGB,然后单击"确定"按钮,新建一个文档。

(2)选择【椭圆工具】,按 Shift 键绘制一个合适大小的正圆,填充颜色,如图 3.3.42 所示。

(3)选择【钢笔工具】绘制海洋路径,如图 3.3.43 所示,单击【路径】面板,按 Ctrl 键,同时单击路径缩略图建立选区,在【图层】面板中新建图层,设置前景色,为图形填充颜色,并按 Alt 键为两个图层建立剪切蒙版,如图 3.3.44 所示。

图 3.3.42　绘制正圆

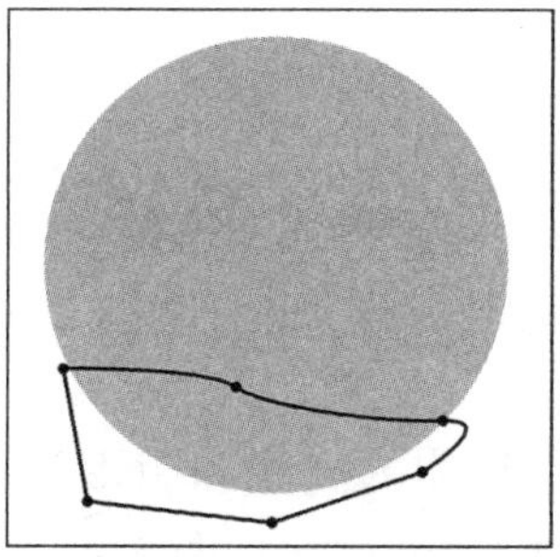
图 3.3.43　绘制路径

图 3.3.44　填充颜色

(4)选择【钢笔工具】参照上述步骤绘制海洋的其他部分,最后调整图层顺序,如图 3.3.45 所示。

(5)选择【钢笔工具】参照上述步骤绘制帆船各个部分(每个部分在不同的图层),并为帆船填充不同的颜色,最后调整图层顺序,如图 3.3.46 所示。

(6)选择【钢笔工具】参照上述步骤绘制海豚(可先大致画一个轮廓,再使用【添加锚点工具】【直接选择工具】【转换点工具】细化造型),如图 3.3.47 所示。

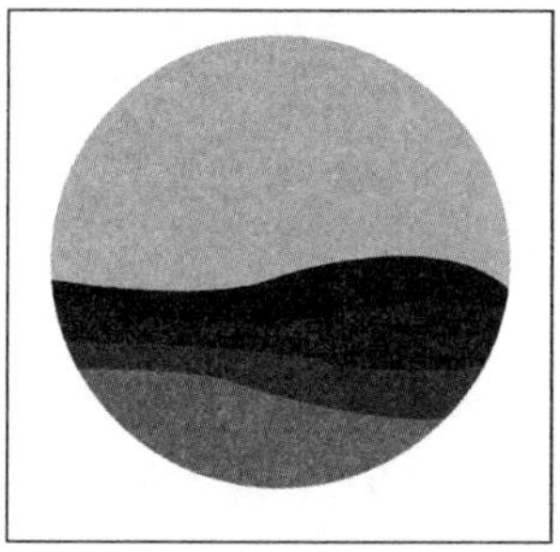
图 3.3.45　绘制海洋其他部分

图 3.3.46　绘制帆船

图 3.3.47　绘制海豚路径

(7)单击"路径"面板,按 Ctrl 键单击路径缩略图建立选区,在【图层】面板中新建图层,设置前景色,为海豚填充颜色,得最终效果如彩色附图 27 所示。

任务四　图层样式

案例一:按钮图标

按钮图标设计制作效果见彩色附图 28。

知识链接

绘制完图标的基础形状以后，可以为形状添加各种图层样式，使图标看起来更具质感。Photoshop 2020 中提供了 10 种图层样式来模拟各种效果，可以通过它们来为形状添加纹理、色彩、光泽和阴影等质感。

1. 斜面和浮雕

“斜面和浮雕”主要用于制作物体的高光和阴影效果，包括内斜面、外斜面、浮雕效果、枕状浮雕和描边浮雕表现形式，属性面板如图 3.4.1 所示。

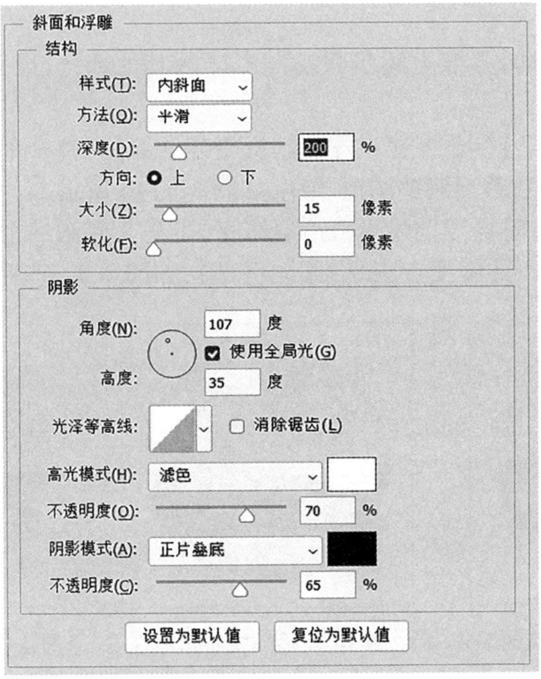

图 3.4.1 “斜面和浮雕”对话框

“斜面和浮雕”从“样式”中选择外斜面、内斜面、浮雕效果、枕状浮雕和描边浮雕 5 种类型，它们主要控制需要制作的效果的大体方向。

外斜面：从对象边缘向外创建斜面效果。

内斜面：从对象边缘向内创建斜面效果。

浮雕效果：使对象和下方图层同时产生斜面效果。

枕状浮雕：类似嵌入下方图层的效果。

描边浮雕：只有先添加了“描边”样式才能使用，该效果只影响描边中的内容，不影响其他内容。

2. 描边

“描边”就是沿着对象边缘创建轮廓，“大小”是指描边粗细，“位置”是指描边的位置，“填充类型”有 3 种，分别是颜色、渐变、图案，属性面板如图 3.4.2 所示。

3. 内阴影

“内阴影”主要是给图层内容边缘内添加阴影，用于制作凹陷效果，属性面板如图 3.4.3 所示。

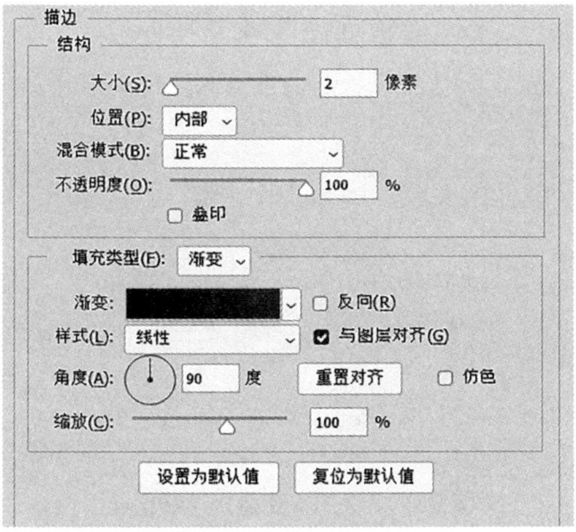

图 3.4.2　“描边”对话框

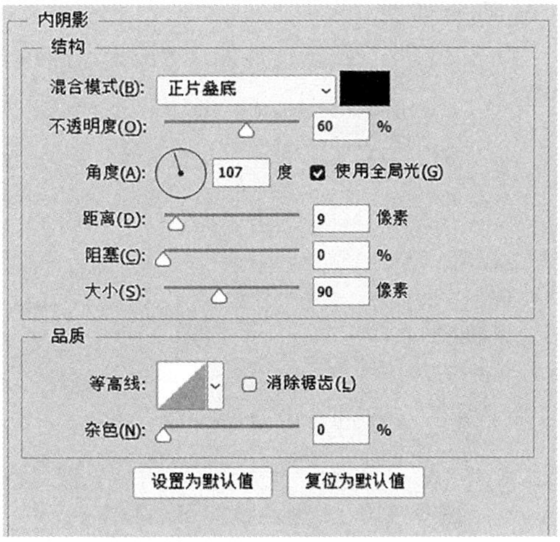

图 3.4.3　“内阴影”对话框

4. 内发光

“内发光”给对象向内添加发光效果，属性面板如图 3.4.4 所示。

5. 光泽

“光泽”主要用于创建对象的光滑表面。它可以在对象上方添加一个波浪形，类似绸缎的效果，属性面板如图 3.4.5 所示。

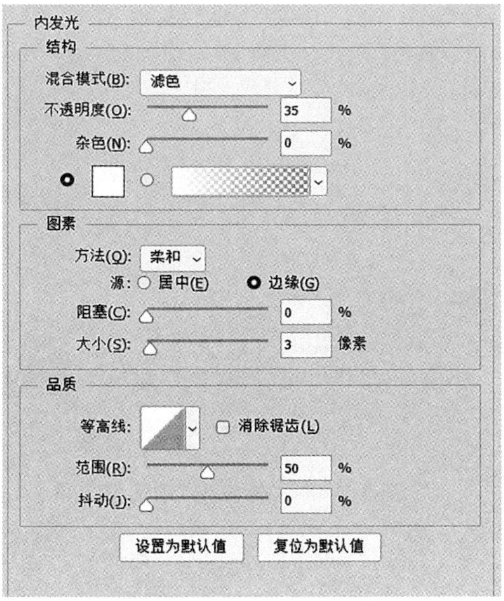

图 3.4.4　“内发光”对话框

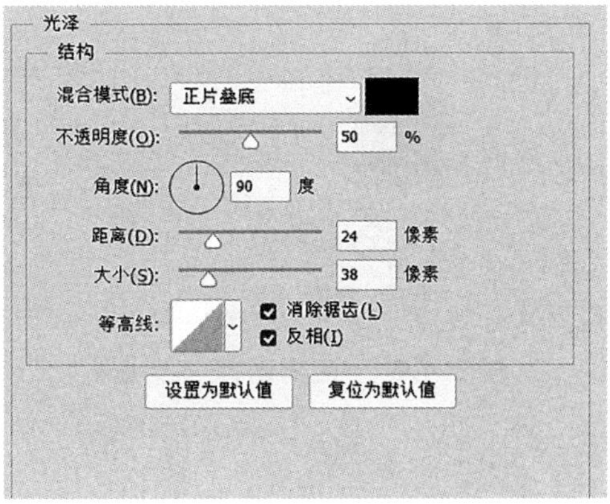

图 3.4.5　“光泽”对话框

6. 颜色叠加

“颜色叠加”在图层对象上叠加一种颜色，从设置“颜色叠加”选项中，可以通过选取“颜色叠加”对话框选取任意颜色，属性面板如图 3.4.6 所示。

7. 渐变叠加

“渐变叠加”在图层对象上叠加一种渐变颜色，属性面板如图 3.4.7 所示。

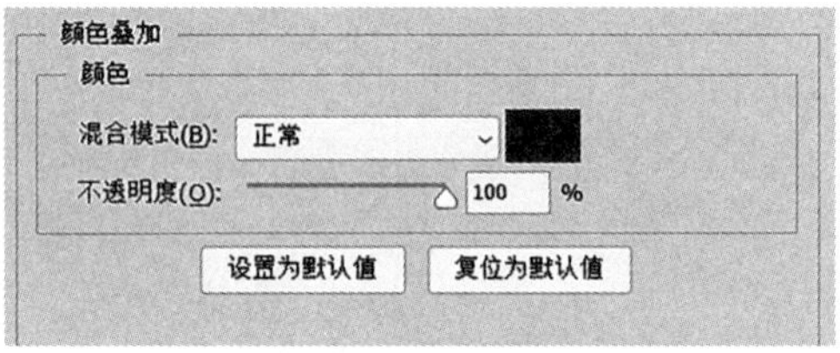

图 3.4.6 “颜色叠加”对话框

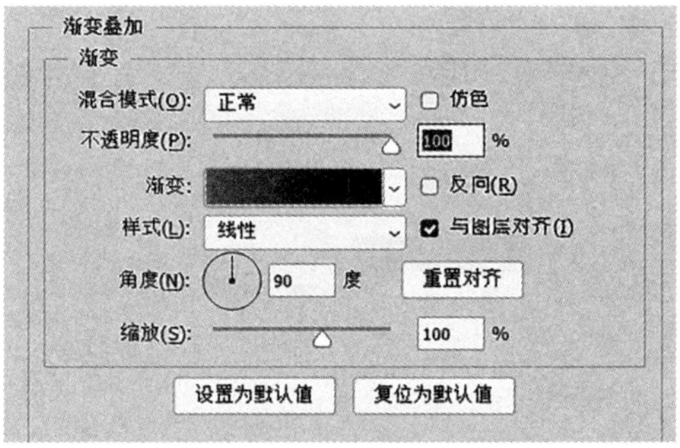

图 3.4.7 “渐变叠加”对话框

8. 图案叠加

“图案叠加”在图层对象上叠加图案，属性面板如图 3.4.8 所示。

9. 外发光

“外发光”可以增强对象外部边缘的光晕效果，属性面板如图 3.4.9 所示。

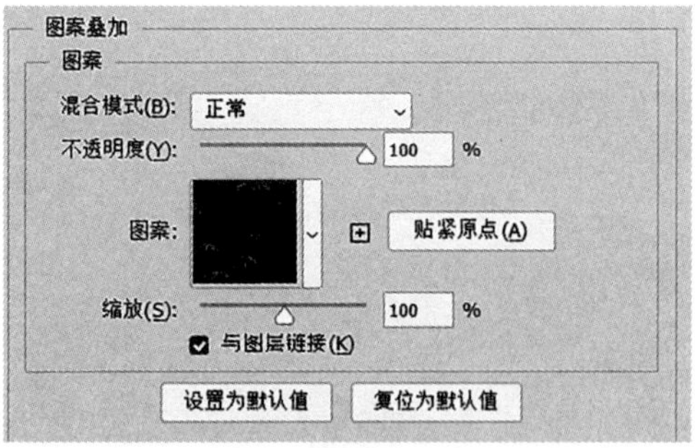

图 3.4.8 “图案叠加”对话框

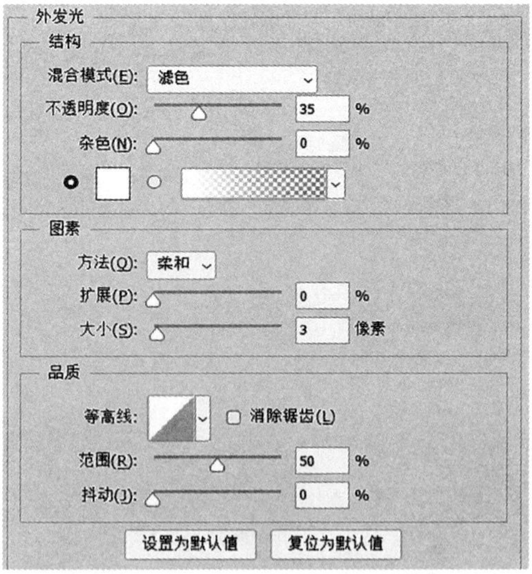

图 3.4.9 “外发光”对话框

10. 投影

“投影”为对象添加阴影效果，可以增强对象的立体质感，属性面板如图 3.4.10 所示。

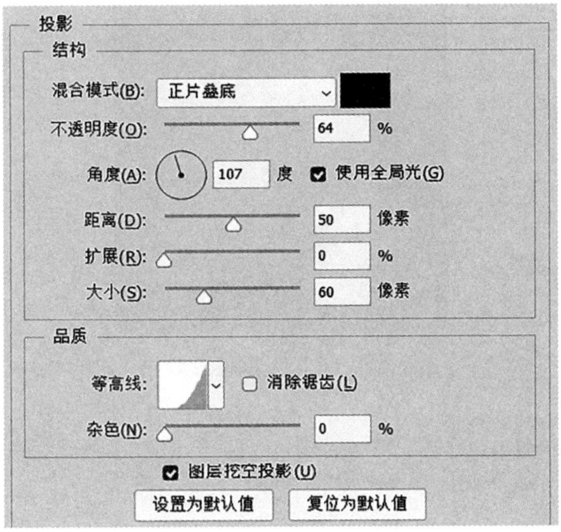

图 3.4.10　“投影”对话框

技能点拨

彩色附图 28 按钮图标通过为形状添加“斜面与浮雕”“投影”“内阴影”等图层样式，为图标添加纹理、色彩、光泽和阴影等质感。

任务实施

(1)执行【文件】|【新建】命令，在打开的“新建文档”对话框中设置宽度 500 像素，高度 500 像素，分辨率 72，颜色模式 RGB，然后单击“确定”按钮，新建一个文档。

(2)双击前景色，设置 RGB 数值为 R75，G75，B75，按 Alt+Delete 组合键为背景层填充前景色。

(3)单击工具箱中的【圆角矩形工具】，在画布空白处进行单击，新建一个 350 像素×350 像素、颜色为蓝色的圆角矩形，添加图层样式“斜面和浮雕”“投影”“内阴影”，参数设置如图 3.4.11。效果如图 3.4.12 所示。

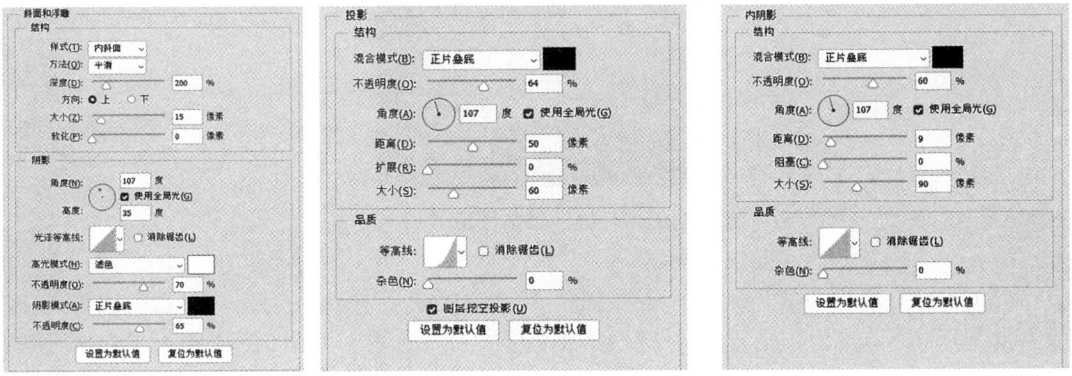

图 3.4.11　设置“图层样式”参数一

图 3.4.12　圆角矩形效果

（4）单击工具箱中的【椭圆工具】，在画布空白处进行单击，新建一个 285 像素×285 像素的圆形，并与圆角矩形居中对齐，添加图层样式“斜面和浮雕”“渐变叠加”，参数设置如图 3.4.13。效果如图 3.4.14 所示。

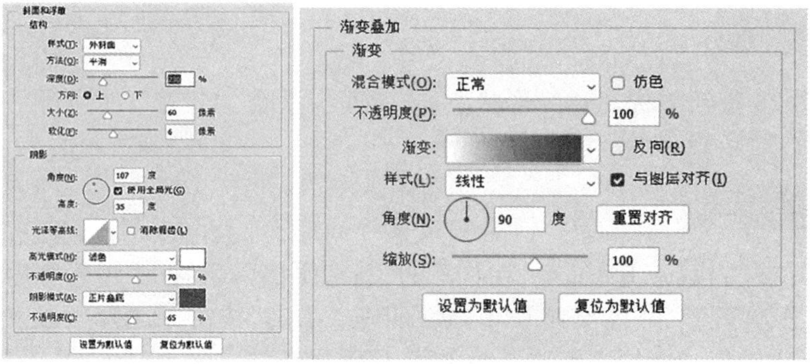

图 3.4.13　设置“图层样式”参数二

图 3.4.14　添加圆形效果

（5）单击工具栏中的【椭圆工具】，在画布空白处进行单击，新建一个 216 像素×216 像素的圆形，并与圆角矩形居中对齐，添加图层样式“内阴影”“渐变叠加”，参数设置如图 3.4.15。

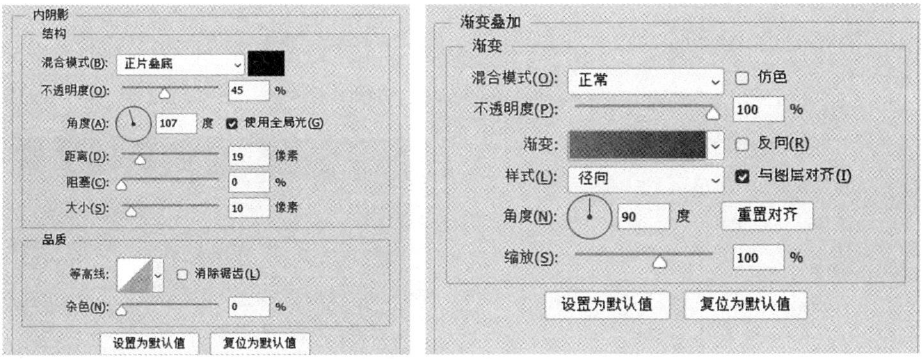

图 3.4.15　设置“图层样式”参数三

(6)单击工具箱中的【椭圆工具】，在画布空白处进行单击，新建一个 98 像素×98 像素的圆形，并与圆角矩形居中对齐，添加图层样式“斜面和浮雕”，参数设置如图 3.4.16 所示。效果如图 3.4.17 所示。

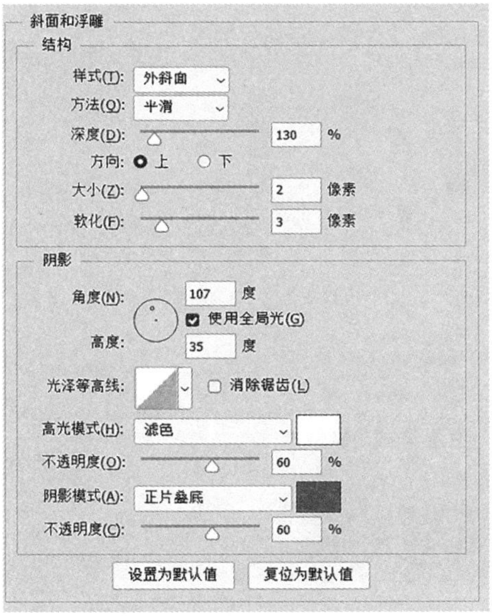

图 3.4.16　设置“图层样式”参数四

图 3.4.17　中间按钮效果

(7)按 Alt 键移动“椭圆 3”，执行两次移动复制，并把复制的椭圆调整至合适位置，调整图层顺序。

(8)修改椭圆颜色，调整“斜面和浮雕”方向为“下”，参数设置如图 3.4.18 所示。最终效果如图 3.4.19 所示。

(9)单击工具箱中的【椭圆工具】，在画布空白处进行单击，新建一个圆形，并与“椭圆 3”居中对齐，添加图层样式“渐变叠加”，参数设置如图 3.4.20 所示。得最终效果如彩色附图 28 所示。

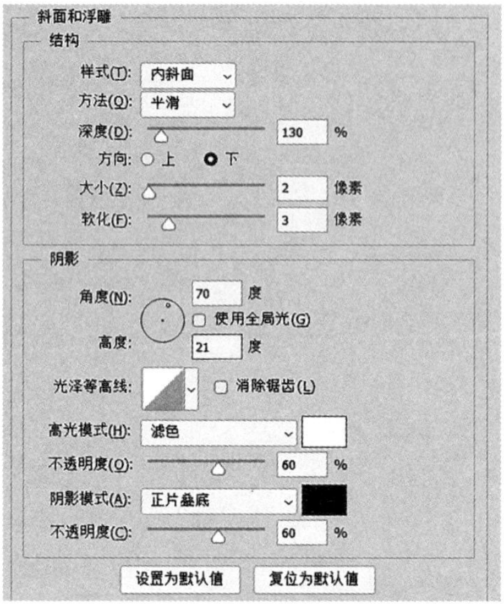

图 3.4.18 设置“图层样式”参数五

图 3.4.19 点击按钮效果

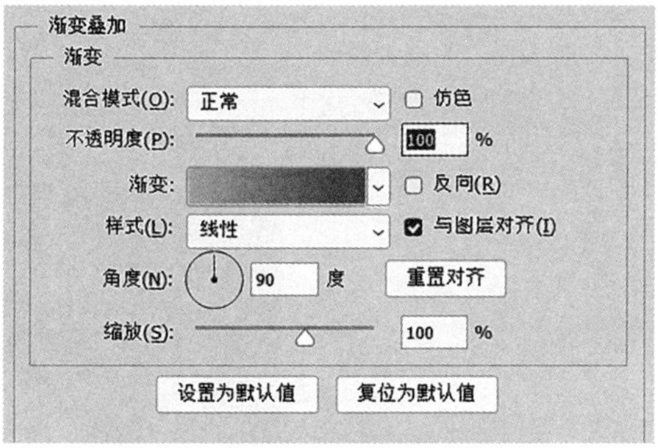

图 3.4.20 设置“图层样式”参数六

案例二：时钟图标

时钟图标设计制作效果见彩色附图 29。

技能点拨

彩色附图 29 时钟图标通过为形状添加“斜面和浮雕”“投影”“内阴影”等图层样式，为图标添加纹理、色彩、光泽和阴影等质感。

任务实施

(1)执行【文件】|【新建】命令，在打开的“新建文档”对话框中设置宽度 500 像素，高度 500 像素，分辨率 72，颜色模式 RGB，然后单击“确定”按钮，新建一个文档。

(2)双击前景色,设置 RGB 数值为 R47,G46,B46,点击 Alt+Delete 组合键为背景层填充前景色。

(3)单击工具箱中的【圆角矩形工具】,在画布空白处进行单击,新建一个 385 像素×385 像素的圆角矩形,添加图层样式“斜面和浮雕”“投影”“内阴影”“渐变叠加”,参数设置如图 3.4.21 所示。最终效果如图 3.4.22 所示。

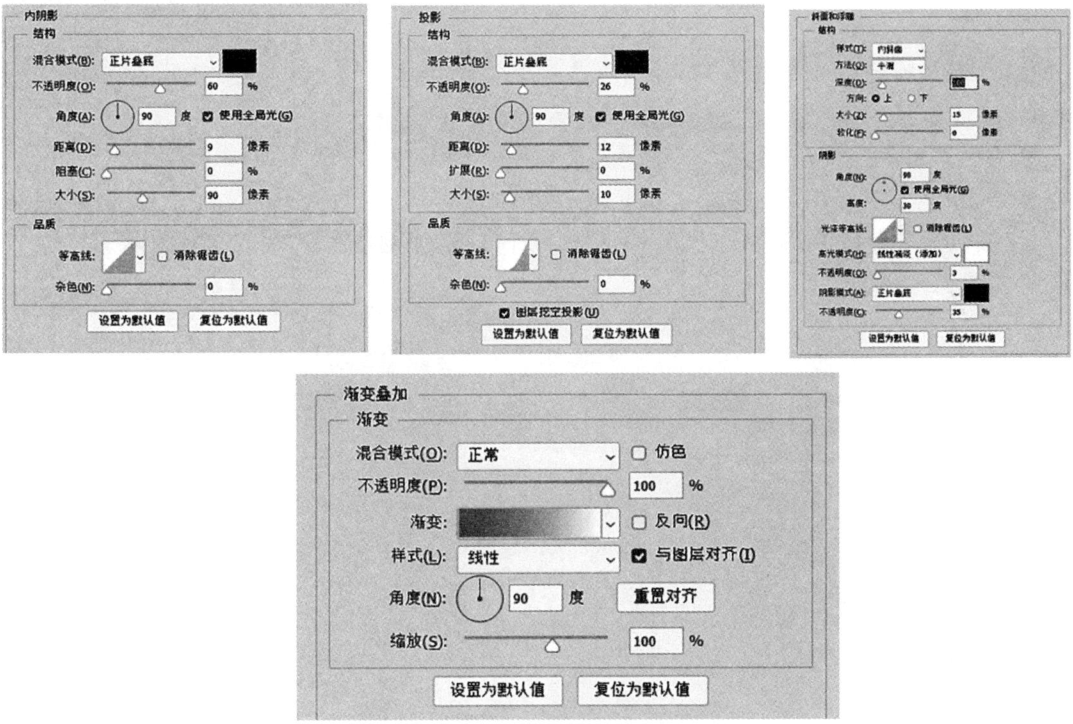

图 3.4.21　设置“图层样式”参数一

图 3.4.22　“圆角矩形”效果

(4)单击工具箱中的【椭圆工具】,在画布空白处进行单击,新建一个 270 像素×270 像素的圆形,并与圆角矩形居中对齐,添加图层样式“投影”“内阴影”“渐变叠加”,参数设置如图 3.4.23 所示。

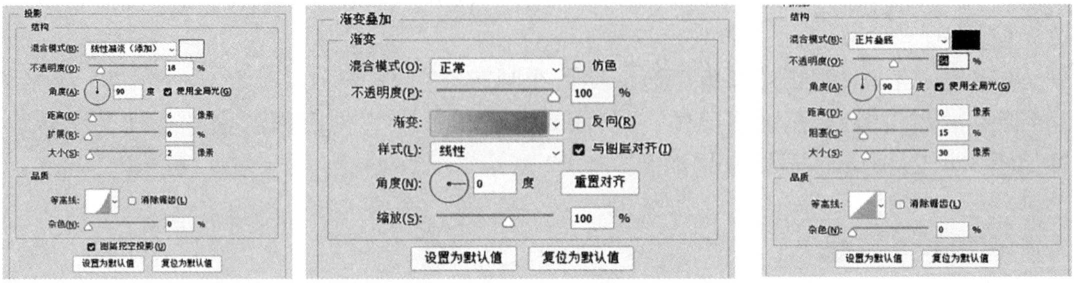

图 3.4.23 设置“图层样式”参数二

(5)单击工具箱中的【椭圆工具】,在画布空白处进行单击,新建一个 186 像素×186 像素、颜色为灰色的圆形,并与圆角矩形居中对齐,添加图层样式“投影”“内阴影”,参数设置如图 3.4.24 所示。

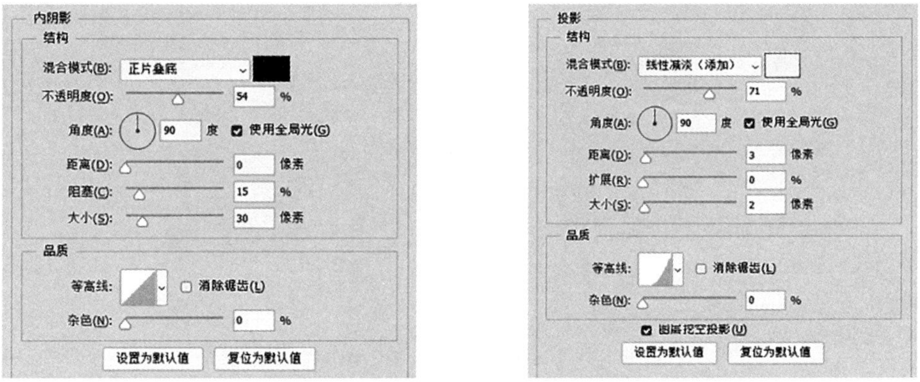

图 3.4.24 设置“图层样式”参数三

(6)单击工具箱中的【椭圆工具】,在画布空白处进行单击,新建一个 128 像素×128 像素的圆形,并与圆角矩形居中对齐,添加图层样式“投影”“内阴影”“渐变叠加”,参数设置如图 3.4.25 所示。最终效果如图 3.4.26 所示。

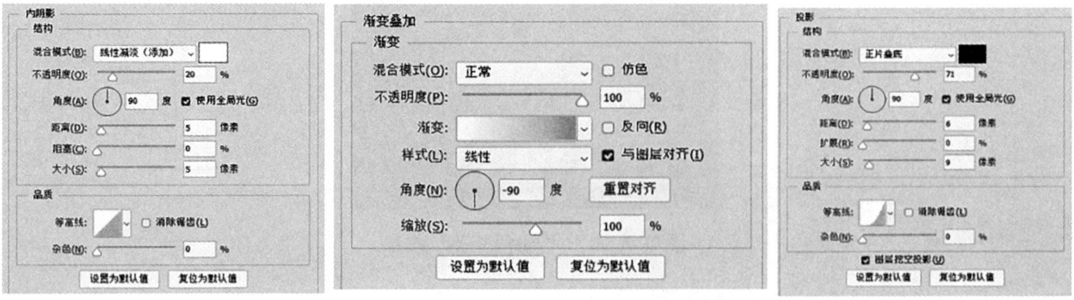

图 3.4.25 设置“图层样式”参数四

图 3.4.26 “圆形”效果一

(7)单击工具箱中的【椭圆工具】,按 Shift 键绘制一个合适大小的圆形,并与圆角矩形居中对齐,添加图层样式“投影”“内阴影”“渐变叠加”,参数设置如图 3.4.27 所示。

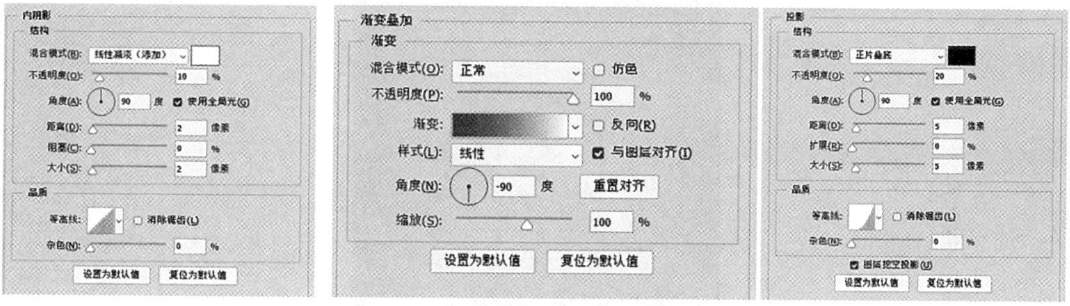

图 3.4.27 设置“图层样式”参数五

(8)单击工具箱中的【椭圆工具】,按 Shift 键绘制一个合适大小的圆形,并与圆角矩形居中对齐,添加图层样式“投影”“内阴影”“渐变叠加”“光泽”,参数设置如图 3.4.28 所示。最终效果如图 3.4.29 所示。

(9)单击工具箱中的【圆角矩形工具】,在画布空白处进行单击,新建一个合适大小的圆角矩形,然后按 Ctrl+T 组合键自由变换,右键选择变形,在属性栏中选择“扇形”,弯曲 0.5%,放至合适位置,添加图层样式“投影”,参数设置如图 3.4.30 所示。最终效果如图 3.4.31 所示。

(10)按 Ctrl+J 组合键复制两次“秒针”图层,调整大小和颜色,放至合适位置,得最终效果图如附图 29 所示。

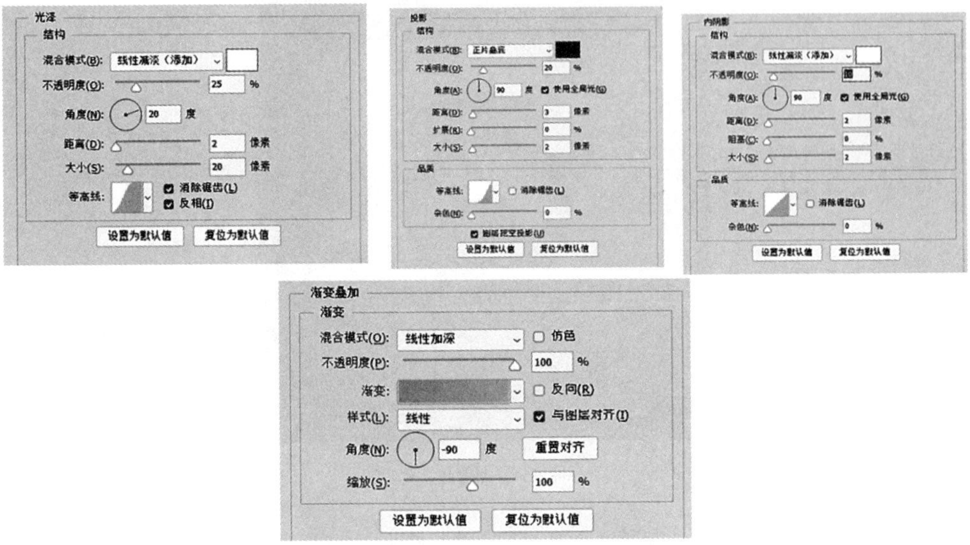

图 3.4.28 设置“图层样式”参数六

图 3.4.29 “圆形”效果二

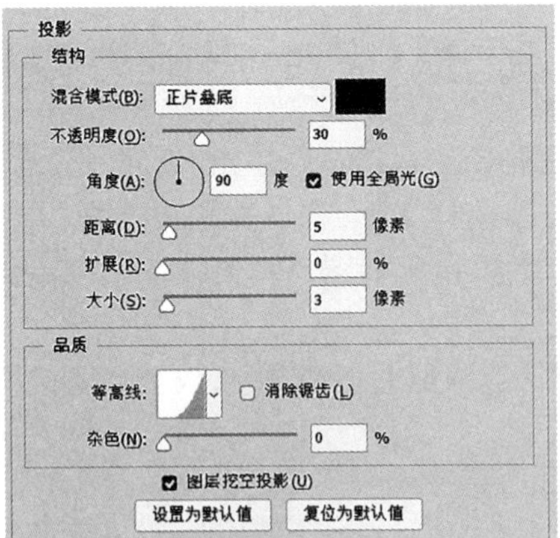

图 3.4.30 设置“图层样式”参数七

图 3.4.31 秒针图层效果

项目四　网店美工

随着电子商务的快速发展，网店美工的作用越来越重要，甚至已成为关乎电商企业和网上店铺成败的重要因素之一。网点美工顺其自然地发展成为一个新兴的职业，需求量也越来越大。

项目导读

在淘宝美工项目中，以大量的实例介绍了文字工具、修复类工具等的使用，比如，如何制作网店的优惠券、Banner 图、店标和商品宣传海报，以及如何进行批处理和简单动态图片的制作，实用性非常强。

任务一　文字的输入和排版

任务简介

Photoshop 2020 中共有 4 种处理文字的工具，分别是【横排文字工具】【直排文字工具】【横排文字蒙版工具】和【直排文字蒙版工具】，可以实现文字的输入以及对文字的排版。

案例一：制作店铺优惠券

利用文字工具制作如彩色附图 30 所示。

知识链接

1. 文字工具

【横排文字工具】：可以沿水平方向输入文字。

【直排文字工具】：可以沿垂直方向输入文字。

【横排文字蒙版工具】：可以创建沿水平方向的文字选区。

【直排文字蒙版工具】：可以创建沿垂直方向的文字选区。

2. 文字输入

使用【横排文字工具】,在图像窗口中单击,当文档中出现闪烁的光标时,即可输入文字。同时可以在【横排文字工具】属性栏中设置文字属性,如图 4.1.1 所示。

图 4.1.1 【横排文字工具】属性栏

(1)【切换文本取向】:单击该按钮,可将文本的方向在“水平”和“垂直”间切换。

(2)【设置字体系列】华文隶书:单击下拉按钮可以为文字选择需要的字体。

(3)【设置字体大小】40 点:单击下拉按钮可以设置字体大小,也可以直接输入数字。

(4)【设置消除锯齿的方法】锐利:该下拉列表中共有“无”“锐利”“犀利”“浑厚”“平滑”5 个选项,用户可以根据需要选择消除锯齿的方式。

(5)【设置文本的对齐方式】:可以设置文本对齐方式,分别为“左对齐”“居中对齐”和“右对齐”。

(6)【设置文本颜色】:设置字体颜色。

(7)【创建文字变形】:单击该按钮会弹出“变形文字”对话框,可以根据需要选择变形的样式设置参数。

(8)【切换字符和段落面板】:单击该按钮可以显示或隐藏【字符】面板和【段落】面板,分别如图 4.1.2 和图 4.1.3 所示。

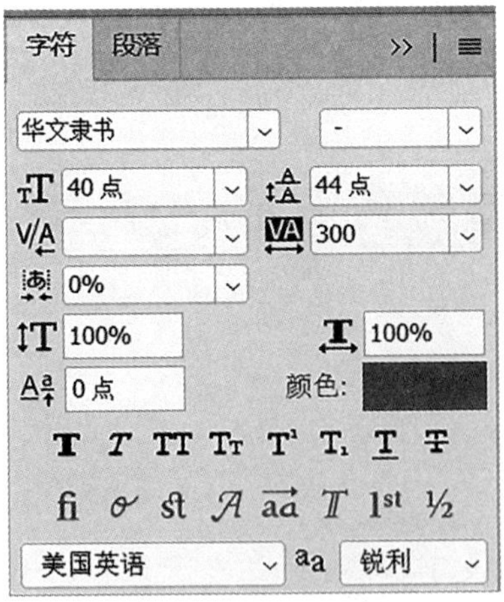

图 4.1.2 【字符】面板

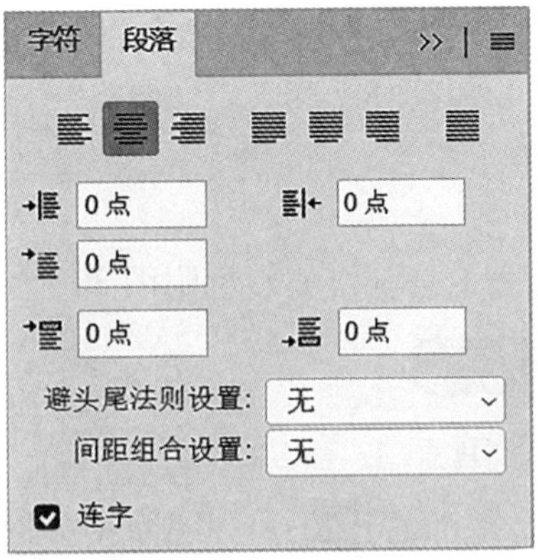

图 4.1.3 【段落】面板

技能点拨

优惠券，也称促销券。在排版的时候，注意要简单明了，价格、优惠力度、时间要清清楚楚，设计时要突出满减的面额，弱化满减的门槛，设计时，可以通过颜色直接对比引导消费者按“立即领取”。每种类型的优惠券都有做得比较好的地方，可以将两个或者多个优惠券的特色部分进行整合借鉴。

任务实施

（1）打开 Photoshop 2020 软件，新建画布，宽 650 像素，高 300 像素。填充颜色：RGB（255，209，71）。

（2）绘制半径为 20 的圆角矩形，利用参考线，放于中间的位置，并填充红色：RGB（177，0，0）。

（3）为圆角矩形添加“斜面与浮雕”“投影”“外放光”的图层样式效果。参数和效果如图 4.1.4～图 4.1.7 所示。

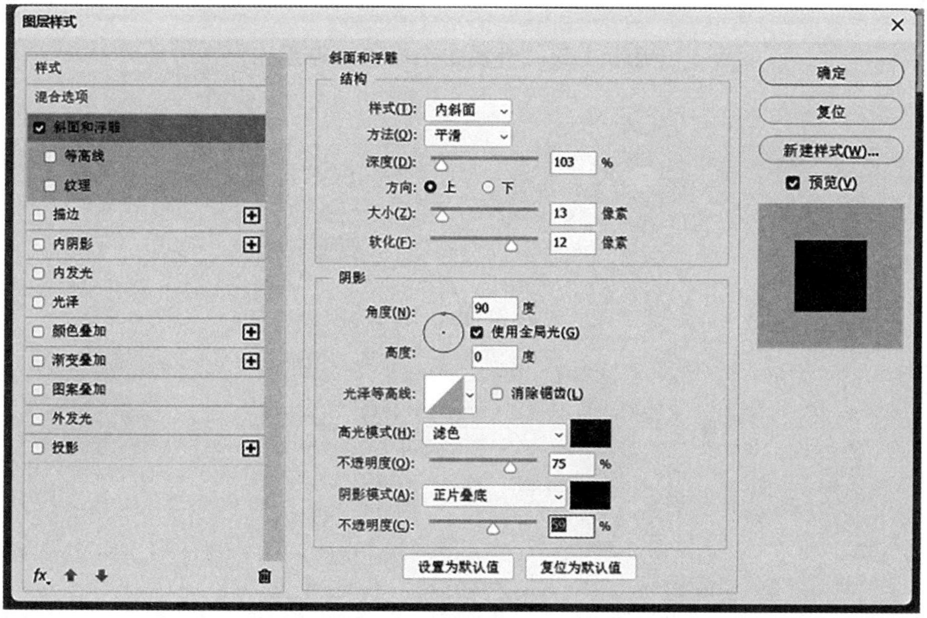

图 4.1.4　“斜面和浮雕效果”参数设置

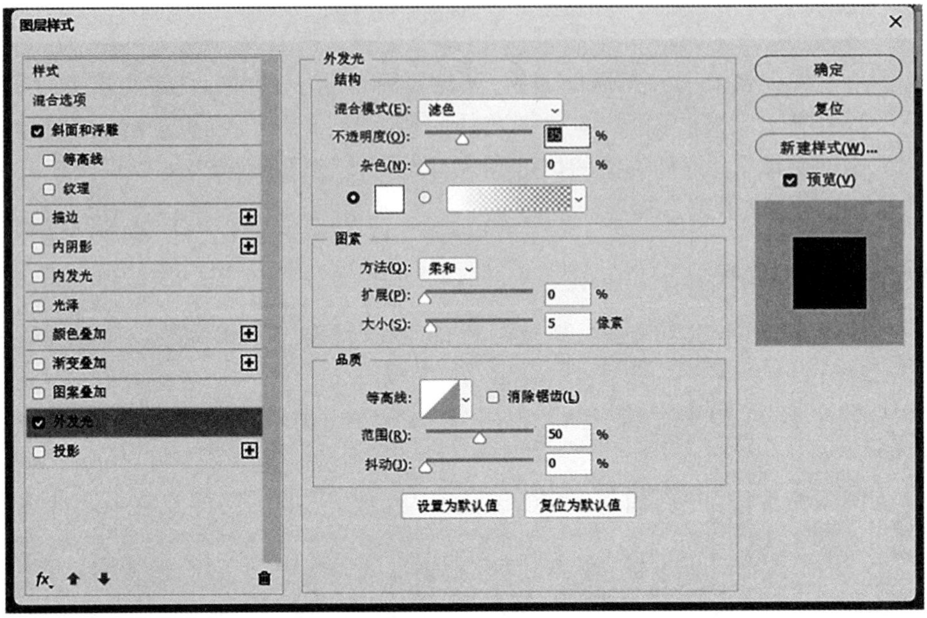

图 4.1.5 “外发光效果”参数设置

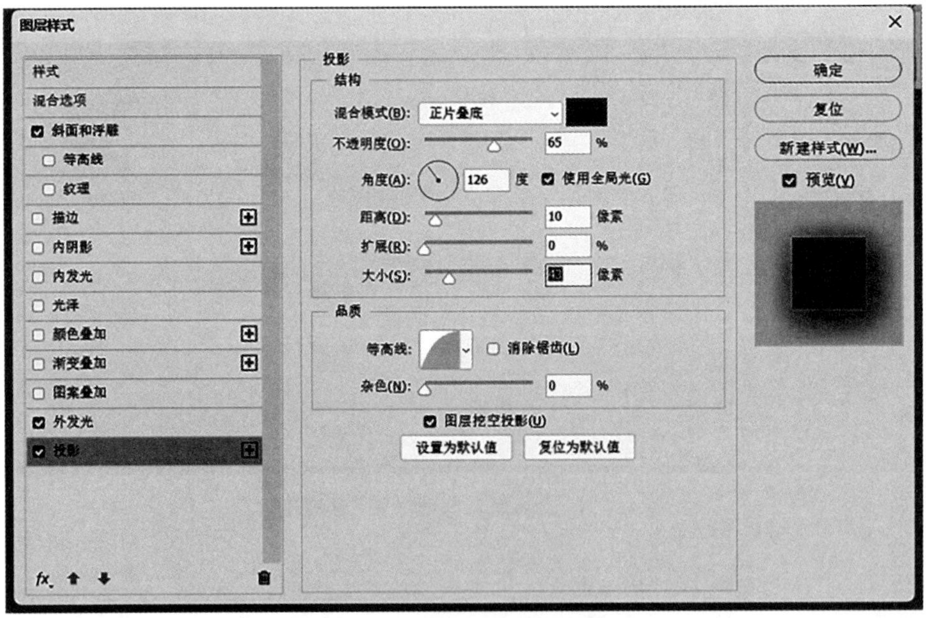

图 4.1.6 “投影效果”参数设置

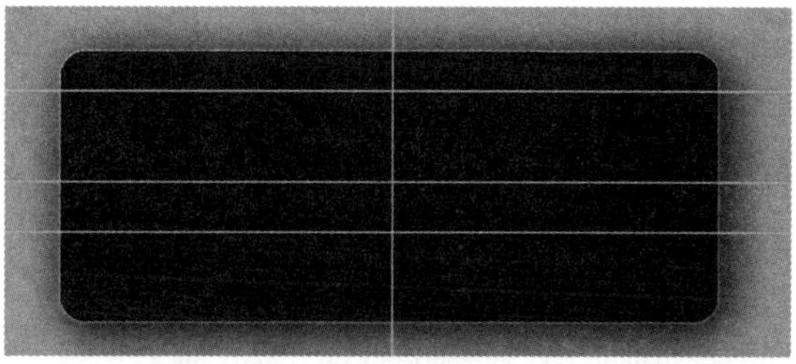

图 4.1.7　添加样式效果

（4）点击【横版文字工具】，输入“20”，设置字体大小为 150 点，颜色为 RGB（255，209，71），字体为 Adobe 黑体 Std。

（5）再次点击【横版文字工具】，出现新的文字图层，输入“人民币”三个字，选择人民币符号“￥”，设置字体大小为 72 点，颜色为 RGB（255，209，71），字体为 Adobe 黑体 Std，放到“20”的左下角，与之底端对齐。

（6）输入“优惠券”三个字，设置大小为 50 点，颜色为 RGB（255，209，71），字体为 Adobe 黑体 Std。

（7）输入“满 200 元使用”，设置大小为 22 点，颜色为 RGB（255，209，71），字体为等线。

（8）对文字进行合理的排版，效果如图 4.1.8 所示。

图 4.1.8　添加文字效果

（9）绘制半径为 20 的圆角矩形，利用参考线，放于中间的位置，并填充蓝色 RGB（57，86，188），作为“点击领取>”的底纹。

（10）利用文字工具，输入“点击领取>”，设置大小为 24 点，颜色为 RGB（249，233，221），字体为 Adobe 黑体 Std。

（11）再次对文字进行微调，完成效果如彩色附图 30 所示。

案例二：制作店铺 Banner 图

根据所给素材，制作店铺 Banner 效果图见彩色附图 31。

技能点拨

Banner 图一般由构图、配色、图片元素、字体、辅助图形等元素构成。在本案例中，采用十字构图的方法，给人平稳庄重的感受，能够体现出健康向上的感受；在配色方面，采用了绿色的同色系进行搭配，既突出了春装的特点，又营造了舒适和谐的范围；图片采用高清、能表现商品的典型图片；效果图中采用了多种字体的综合，既突出了文字层次，又体现了秩序感；一些辅助图形的应用，让整个画面灵动、丰富。

任务实施

（1）打开 Photoshop 2020 软件，新建宽为 1 920 像素、高为 800 像素的画布，填充白色。

（2）打开所给素材，放入到新建的画布中，放大图片，找到合适的一部分，填充整个画布，并设置图片层的透明度为 20%，作为整个 Banner 图的底纹。效果如图 4.1.9 所示。

图 4.1.9 设置透明度

（3）绘制两个矩形，填充颜色分别为 RGB（241，253，235）和 RGB（138，166，123），然后再次放入模特图片，截取合适的大小，使这个图片具有层次感，效果如图 4.1.10 所示。

图 4.1.10 增加图像的层次感

（4）输入英文“NEW ARRIVAL”和“春装出行”，字体颜色为 RGB（43、54、38），字体大小分别为 80 点和 40 点，字形为“微软雅黑”和“等线”，注意让文字左对齐。

（5）利用椭圆选框工具绘制小一点的正圆形，然后进行复制，三个一组，改变每个圆形的颜色，使之成为同色系，位于图片的左右两侧，增加整体效果的丰富性。效果如图 4.1.11 所示。

图 4.1.11　添加文字和装饰物

(6)绘制红色的矩形,并在上面输入“20-22 点”,选择合适的字体和字号。

(7)绘制矩形选区,并对此进行描边,颜色为红色,并在红色的框中输入文字“满 2 件 9 折/3 件 8 折”,调整合适的大小和字体。

(8)输入“3 月 21 日 20 点开售”和“HERE WE INTRODUCE A FEW POPULAR DRESS STYLES THIS SEASON WHY NOT TAKE INSPIRATION FOR THEM”英文,设置字体为楷体和 Arial;大小分别为 20 点和 18 点。并为“3 月 21 日 20 点开售”绘制下画线。效果如图 4.1.12 所示。

图 4.1.12　添加文字效果

(9)输入“春装首秀/SPRING NEW ARRIVAL FASHION FIRST”,设置字号为 18 点,字体为“黑体”。

(10)最终效果如彩色附图 31 所示。

任务二　文字沿路径输入和变形

案例一:绘制花喜花店的 LOGO

输入文字并对其变形,制作如彩色附图 32 所示的花店 LOGO。

技能点拨

在美工工作中,经常会遇到要对文字进行个性化的设置,让它具有更好的视觉效果和营销效果。这时候我们就需要利用文字蒙版工具,产生文字选区,再利用“路径”面板,使选区变为路径,随后就可以使用增加【锚点工具】【删除锚点工具】【转化点工具】等路径编辑工具对其进行变形和分离,制作出满意的具有创意的文字。

任务实施

(1)在素材文件夹里复制所提供的字体文件 jdjyhzhong. ttf,粘贴到 C:\Windows\Fonts 文件夹下。安装完毕,将会在 Photoshop 中的字体下列表中找到相应的字体。

(2)打开 Photoshop 2020,新建宽为 500 像素、高为 500 像素的画布,填充白色。

(3)选择【横排文字蒙版工具】,设置字形为“经典中圆简”,字体大小 90 点,输入“花喜花店”,点击“确定”按钮,出现如图 4.2.1 所示的文字选区。

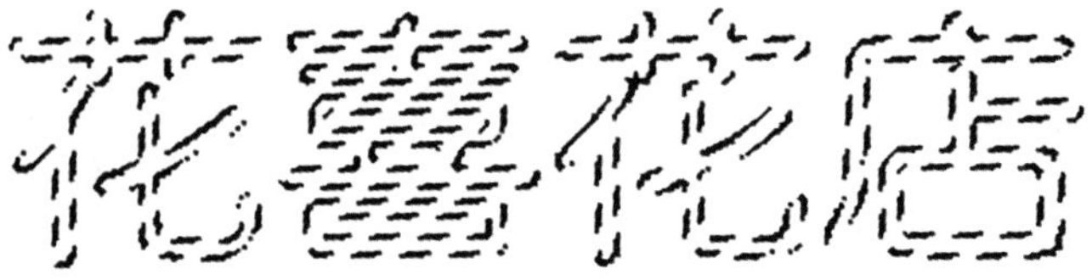

图 4.2.1　文字选区

(4)打开路径面板,选择  中的第四个按钮“将选区生成工作路径”,如图 4.2.2 所示。

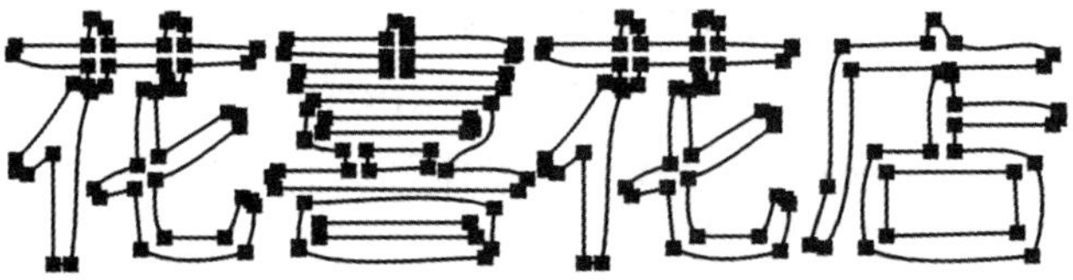

图 4.2.2　文字路径

(5)变为路径以后,可以利用【直接选择工具】【路径选择工具】【删除锚点工具】【转换点工具】等对文字进行部分的移动和局部的变换,也可以删除某一部分,如“店”字中的“占”。效果如图 4.2.3 所示,大家也可以自行进行创作。

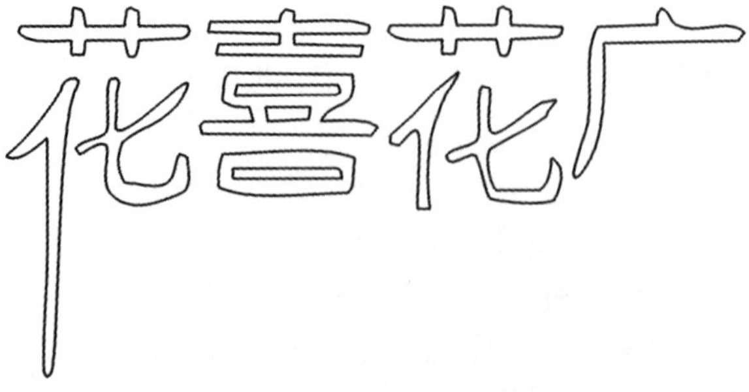

图 4.2.3　变形后的路径

(6)在“路径”面板中,选择“将路径作为选区载入”按钮,把上面的路径变为选区,如图 4.2.4 所示。

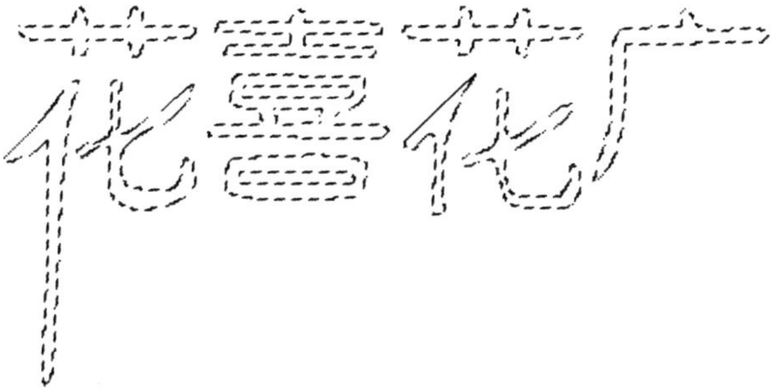

图 4.2.4　变为选区

(7)在“图层”面板菜单中,新建图层,为选区填充粉红色,RGB(253,101,100)。

(8)利用钢笔工具,绘制花盆的形状,填充粉红色,RGB(253,101,100)。

(9)选择自定义形状工具,在上方的属性框中,点击形状下列列表,选择“花卉”文件夹,如图 4.2.5 所示。选择喜欢的形状,新建图层,绘制一朵花,颜色依旧设置为 RGB(253,101,100)。

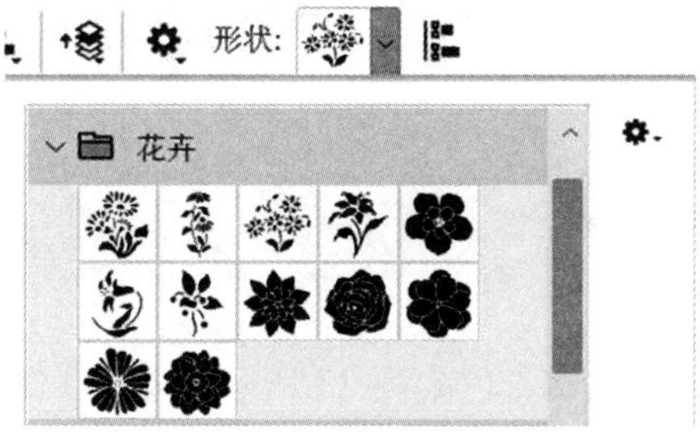

图 4.2.5　花卉形状下拉图

(10)效果如图 4.2.6 所示。

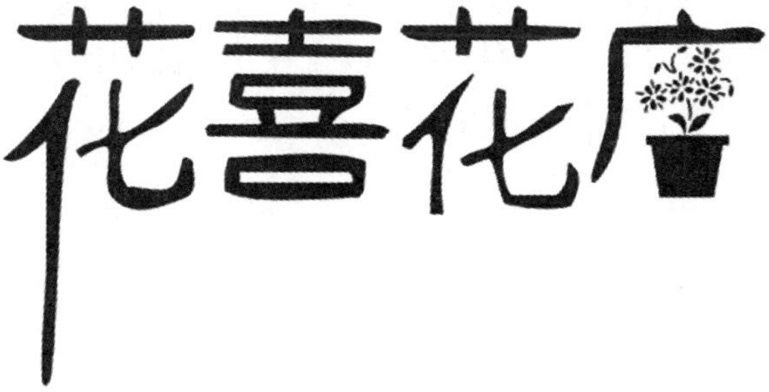

图 4.2.6　填充颜色后效果

(11)利用横排文字分别输入“FLOWER”“WEDDING”“PHOTO”，字形为“Arial Rounded MT Bold”，字体大小为 18 点；输入“花艺”“婚礼”“摄影”，字形为“微软雅黑”，字体大小为 22 点。调整它们的位置，注意对齐和间隔。效果如彩色附图 32 所示。

课堂练习

根据已学过的文字输入和文字的变形，制作如图 4.2.7 的花店 LOGO。

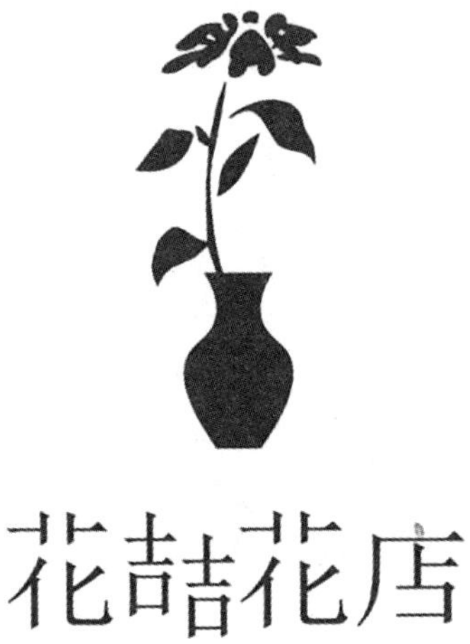

图 4.2.7 花喆花店效果

案例二：制作花店 LOGO

输入文字并对其变形，制作如彩色附图 33 所示的花店 LOGO。

知识链接

(1)沿路径输入文字：用钢笔工具或者自由形状工具建立路径后，使用路径选择工具可以选择整条路径，这时候可以选择【横排文字工具】，设置合适的字体大小，移动鼠标指针到路径上的任意位置，当数据指针变为波浪形状时点击，即可输入沿路径排列文字。

(2)在路径区域中输入文字：把鼠标指针放置在整个路径区域中，当鼠标指针变为虚框的圆圈形状时单击，可以在路径区域中输入文字。

技能点拨

在本案例中，可以先绘制一个圆形的路径，然后沿着路径可以输入文字，改变了文字的方向，增加了美感。

任务实施

(1)打开 Photoshop 2020，新建宽为 500 像素、高为 500 像素的画布，填充白色。

(2)在横标尺和竖标尺的250像素处各建立一条参考线,确定画布的中心位置。效果如图4.2.8所示。

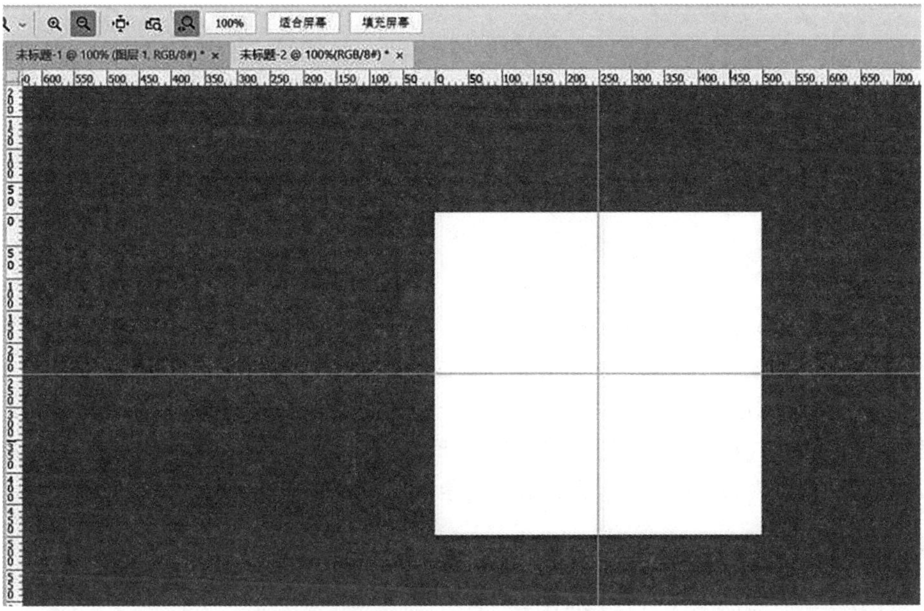

图4.2.8　新建正方形画布

(3)选择椭圆工具,在属性栏的“选择工具模式”选项中,选择“路径”选项,如图4.2.9所示。

图4.2.9　选择“路径”选项

(4)按Alt+Shift组合键,建立一个正圆的路径。

(5)选择文字工具,把鼠标移动到路径上,当鼠标呈波浪状时,输入文字“FLOWER WEDDING PHOTO”,字形为Berlin Sans FB Demi,字体大小为36点,颜色为RGB(253,101,100),如图4.2.10所示。

(6)利用【椭圆选框工具】,绘制小圆点放置在每个单词的中间,作为分割的装饰。

(7)选择【自由形状工具】,在属性栏的“选择工具模式”设置中,选择“像素”选项,形状下拉列表中选择“花卉”文件夹,添加自己喜欢的花卉形状。效果如图4.2.11所示。

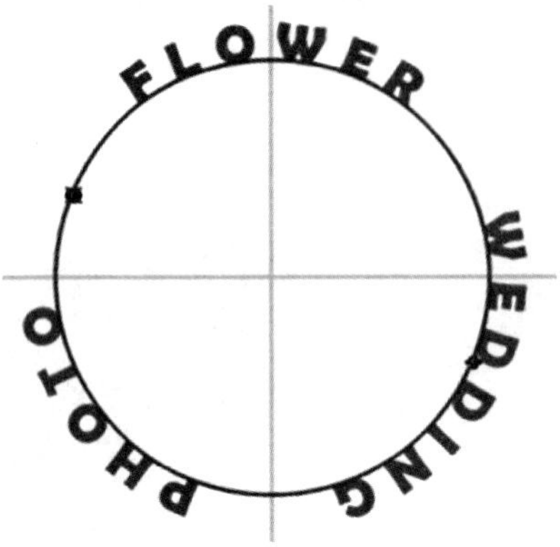

图 4.2.10 输入环形文字

图 4.2.11 添加花卉形状

(8)选中所有图层,调整整体位置和大小,为店铺名称留出位置。

(9)在画布下方输入文字“花喜花店”,字形为经典中圆简,字体大小为 50 点,颜色为 RGB(253,101,100),按 Ctrl+H 组合键,隐藏参考线,效果如彩色附图 33 所示。

课堂练习

根据所学内容制作图 4.2.12 的店标 LOGO。

图 4.2.12 店标 LOGO 图

任务三 图像的修复和修饰

任务简介

在进行图像设计时,图片素材有时候并不能满足我们的需求,例如拍摄的商品有瑕疵,以前的商品图片有水印等,这时候可以使用 Photoshop 2020 中的图像修饰工具对图像进行修复。

案例：去除图片中的水印

根据要求去除原图中的水印，原图及去除水印后效果图如彩色附图 34 所示。

知识链接

1. 修复画笔工具

【修复画笔工具】

：可以利用图像自身的样本像素进行复制绘图，将样本像素的纹理、光照、透明度和阴影与所修复的像素进行匹配，使修复后的像素不留痕迹地融入图像的其余部分。

【修复画笔工具】的属性栏如图 4.3.1 所示。它有两种取样方式：一种是选择图案，利用该图案对画面进行修复；另一种是在图片上取样，选择【修复画笔工具】，同时按住 Alt 键，在图片的某一位置单击，再在污点上单击，就把刚才取样区域的内容修复到当前这个污点了。

图 4.3.1 【修复画笔工具】属性栏

【画笔】：可创建较柔和的笔触，单击【画笔】按钮可以编辑画笔的属性。

【模式】：使【修复画笔工具】画出的图像产生特殊效果。

【源】："取样"是取图中的某部分进行修改。

【图案】：取选择的图案在图像中进行修改。

【对齐】：勾选该复选框后，【修复画笔工具】多次画出来的图像是一个共同的整体。

2. 修补工具

【修补工具】

：会将样本像素的纹理、光照和阴影与源像素进行匹配，可以使用该工具来修补选中的图像区域。【修补工具】可以处理 8 位通道或者 16 位通道的图像。【修补工具】具有自动匹配颜色的功能，复制出的效果与周围的色彩较为融合，其属性如图 4.3.2 所示。

图 4.3.2 【修补工具】属性栏

具体的操作：使用【修补工具】，在属性栏中选择修补项为"源"，不勾选【透明】选项；然后选择要修补的图像区域，拖动该区域到无瑕疵的区域中，释放鼠标即完成复制。

3. 仿制图章工具

【仿制图章工具】

：对于复制对象或修复图像中的缺陷部分非常有用，其属性栏如图 4.3.3 所示。使用该工具可以方便地将图像的一部分绘制到图像的另一区域中，或是绘制到打开的具有相同颜色模式的任何文档中。

图 4.3.3 【仿制图章工具】属性栏

【仿制图章工具】的使用方法与【修复画笔工具】的使用方法类似，即按住 Alt 键(定义【仿制图章工具】的源)，对需要复制的图像区域进行取样，然后在需要被复制的区域进行涂抹，这样就能将图片修饰成所需要的样子。

针对不同的仿制图像，可以根据具体情况来设置仿制图像源的大小、模式、通透度、流量等，使修饰后的图像更加自然。

4. 图案图章工具

绘制图案，除了用【仿制图章工具】以外，还可以使用【图案图章工具】来仿制图像。但其绘制出来的是指定的图案，而不是图像上已有的区域。在该工具属性栏中设置图案，可以在画面上直接绘制。

5. 红眼工具

红眼是由于相机闪光灯在主体视网膜上反光而引起的，在光线比较暗的时候拍摄，容易出现红眼。【红眼工具】

的属性栏如图 4.3.4 所示。使用【红眼工具】可以轻松地去除眼睛内的红色区域，使眼睛回复原始状态。可以通过调整"瞳孔大小"和"变暗量"的数值，在红眼处单击，即可将红眼去除。使用【红眼工具】时，注意十字光标与红眼位置的对齐，否则将出现错误。

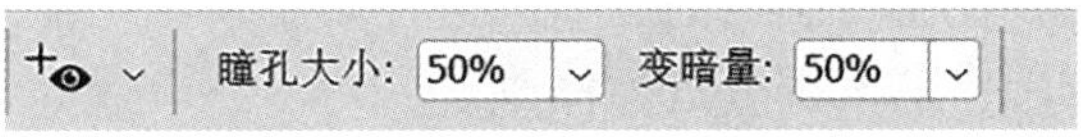

图 4.3.4 【红眼工具】属性栏

【瞳孔大小】：增大或减少受【红眼工具】影响的区域。

【变暗量】：设置校正的暗度。

技能点拨

图像的修复是一项极为枯燥和琐碎的工作，需要一定的耐心，在制作过程中，还要根据具体的情况选择不同的修复工具，细心观察。

任务实施

(1) 打开需要修复的素材，并对背景图层进行复制。

(2) 选择【修补工具】，选中需要修补的较为平整的部分，这时候会出现虚框，如果选择错误可以按住 Ctrl+D 组合键取消选择，如图 4.3.5 所示。

(3) 移动选择的部分到不需要修补的地方。效果如图 4.3.6 所示。

图4.3.5 选中需要修复的内容

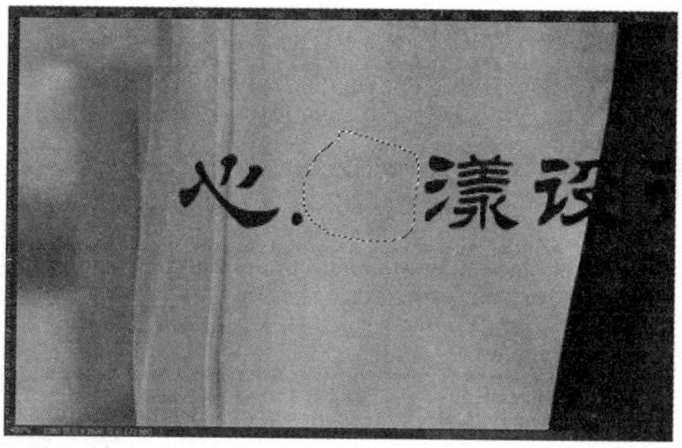

图4.3.6 修复后的效果

（4）用同样的方法，针对原修补对象较为平整的地方进行修补，效果如图4.3.7所示。

（5）对于一些细微的地方，可以利用【修复画笔工具】，具体方法为按着Alt键，点击一下，然后在需要修补的地方用鼠标滑动，确定的时候需要点击，注意衣服的纹理一定要对齐。效果如图4.3.8所示。

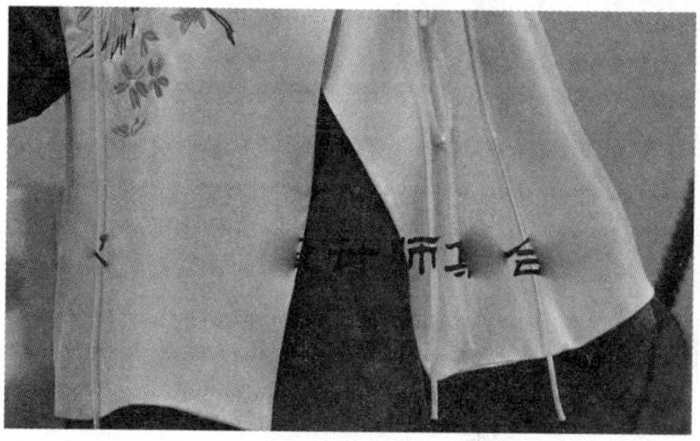

图4.3.7 【修补工具】处理后的效果

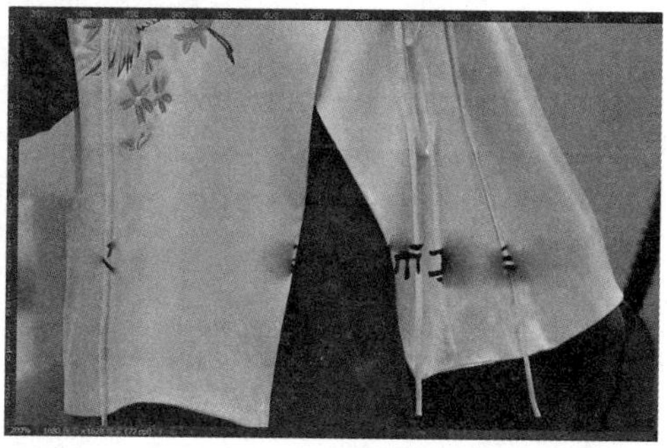

图4.3.8 【修复画笔工具】使用后的效果

（6）由于【修补工具】和【修复画笔工具】是将样本像素的纹理、光照和阴影与源像素进行了匹配，因此污点元素特别多的时候会出现模糊的情况，如图4.3.9所示，这时候可以选择【仿制图章工具】。

（7）利用【仿制图章工具】，按住Alt键，在不需要修复的地方取样，在需要修复的地方点击，注意最好选择污点附近的区域，并且仔细对纹理地方修复的时候要注意对齐，去除后效果如图4.3.10所示。

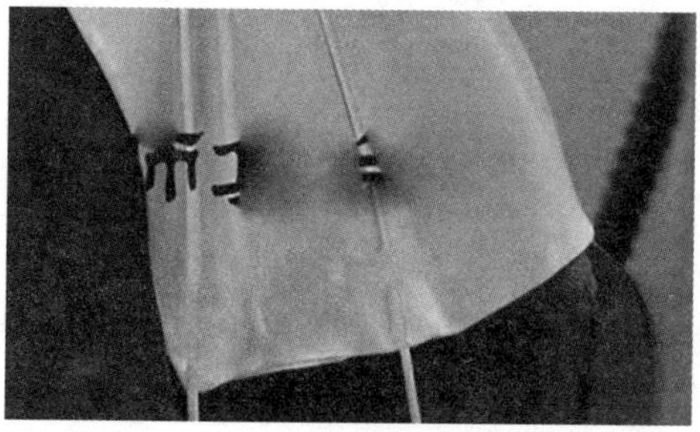

图4.3.9 污点处有晕染现象

图4.3.10 水印去除后效果

(8)在去水印的过程中,需要【修复画笔工具】和【仿制图章工具】反复交叉使用,最终的效果如图 4.3.10 所示。

课堂练习

利用图像修复工具,修复如图 4.3.11 的图片。

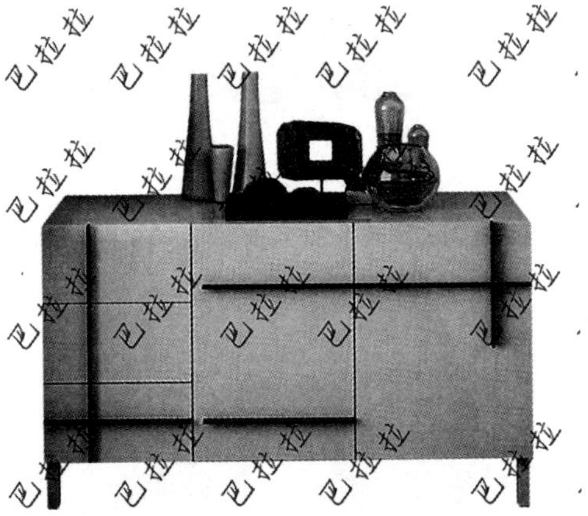

图 4.3.11　需要修复的图片

任务四　动作功能的使用

任务简介

在淘宝美工的工作中,经常会出现要对多张商品图片进行相同的操作,例如为店铺的多张图片添加店铺的 LOGO,添加相同的促销活动文字等。这时可以利用动作进行动作的录制,并通过自动批处理功能让多张图片一起处理。

案例:为图片添加 LOGO

为图片添加 LOGO,效果图如彩色附图 35 所示。

知识链接

1.【动作】面板

Photoshop 中的【动作】是将一系列命令组合为单个动作,相当于以前在 DOS 操作系统中的批处理命令,也就是一种对图像进行多重步骤的批处理操作,这样可以大大减轻用户一些需要重复操作的烦恼。

在 Photoshop 中，对【动作】的编辑用一个单独的面板来完成。使用该面板可以实现动作的记录、播放、编辑和删除等，还可以创建新序列和新动作。执行【窗口】|【动作】命令或按 Alt+F9 组合键，可以打开【动作】面板。

（1）【停止播放/记录】：当【动作】面板中正在执行记录或播放动作时，单击该按钮，可以停止记录或播放。

（2）【开始记录】：单击该按钮时将显示红色，说明已经开始录制动作。

（3）【播放】：单击该按钮，系统将自动播放录制的动作。

（4）【创建新组】：单击该按钮可以新建一个动作组。动作组如同图层中的组，也是用来管理具体的动作的。

（5）【创建新动作】：单击该按钮可以创建一个新的动作。

（6）【删除动作】：单击该按钮可以删除记录的动作或动作指令。

（7）【切换对话开/关】：此图标以黑白效果显示，在播放动作时会弹出该动作相对应的对话框，以方便我们对此动作的参数进行重新设置。如果某项动作指令前面没有该图标，说明该项操作没有可以设置的对话框；如果该图标显示为红色，说明此动作中有部分动作指令在当前条件下不可执行。单击该按钮，系统会自动将不可执行的动作指令转换成可执行的指令。

（8）【切换项目开/关】：用来控制动作指令是否被播放。

（9）【默认动作】默认动作：这是系统默认的动作选项。单击【动作】面板菜单按钮，在弹出的下拉列表中选择“复位动作”选项，即可将【动作】面板设置为系统默认的显示状态。

（10）【动作指令】：录制的操作指令，一个动作中可以包含许多动作指令。

2. 自定义批处理

执行【文件】|【自动】|【批处理】命令，弹出“批处理”对话框，如图 4.4.1 所示。

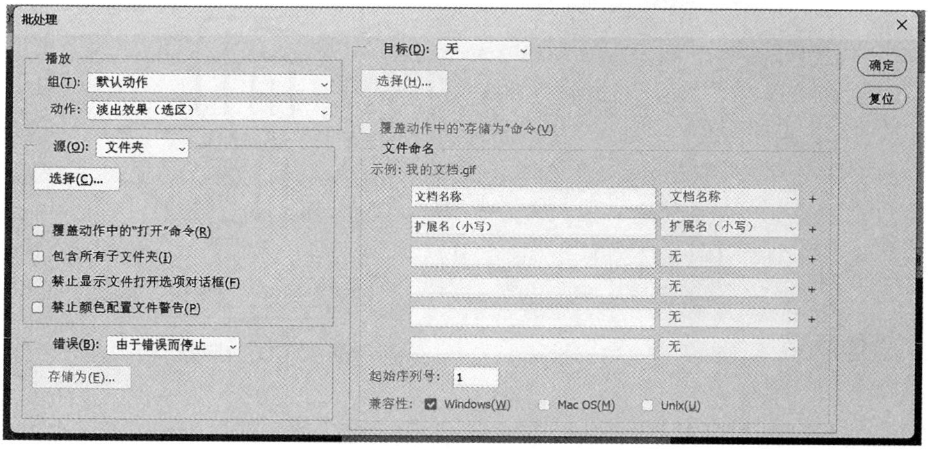

图 4.4.1　【批处理】对话框

在“批处理”对话框中设置选项，各个选项作用如下：

(1)【组】：此处包含了载入动作面板的所有组，从中选择要执行的动作所在的组。

(2)【动作】：从中选择要执行的动作。

(3)【源】：用于选择图片的来源。

(4)【覆盖动作中的“打开”命令】：勾选此复选框可以忽略动作中的“打开”命令。

(5)【包含所有子文件夹】：勾选此复选框可以对文件夹中的所有子文件执行相同的动作。

(6)【禁止颜色配置文件警告】：勾选此复选框可以禁止颜色警告。

(7)【目标】：用于设置文件处理后的存储方式。

1)【无】：对处理后的文件不进行任何保存，只将文件打开并放置在 Photoshop 界面中。

2)【存储并关闭】：将文件保存在原路径中并关闭。

3)【文件夹】：将处理后的文件保存在新的文件夹中，单击“选择”按钮指定文件存储的路径。

任务实施

(1)启动 Photoshop，打开一幅图片，如图 4.4.2 所示。

(2)打开店标图片，如图 4.4.3 所示。

图 4.4.2 打开素材

图 4.4.3 店铺店标

(3)把店标放到打开的素材之中，按 Ctrl+T 组合键，对店标进行缩放至合适的大小，放到合适的位置。如图 4.4.4 所示。

图 4.4.4 添加图标后的效果

(4)在【图层】面板中,单击“背景”图层左侧的眼睛状的“可示图层可见性”按钮,关闭其可视性,如图 4.4.5 所示。

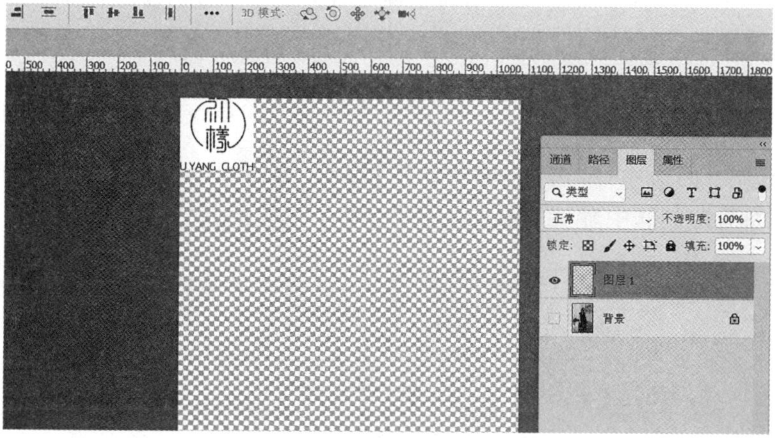

图 4.4.5 关闭“背景”图层的可视性

(5)此时窗口中只剩下水印文字了,选择【编辑】|【定义图案】菜单项,弹出“图案名称”对话框,在该对话框的“名称”文本框中输入“店标”,如图 4.4.6 所示。

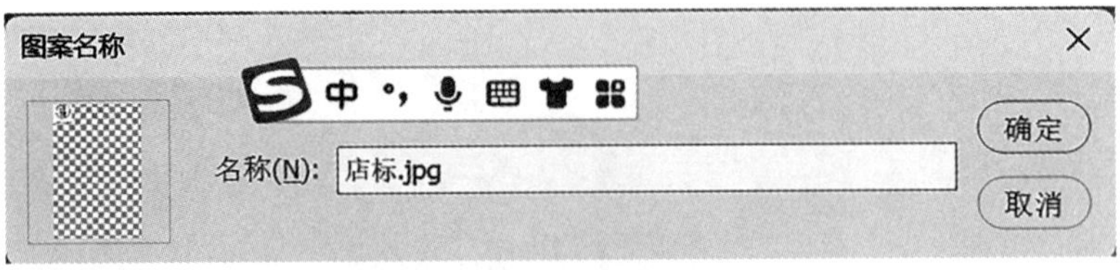

图 4.4.6　定义店标图案

(6)另外打开一张需要添加水印的图片,选择【窗口】|【动作】菜单项,弹出【动作】面板,如图 4.4.7 所示。

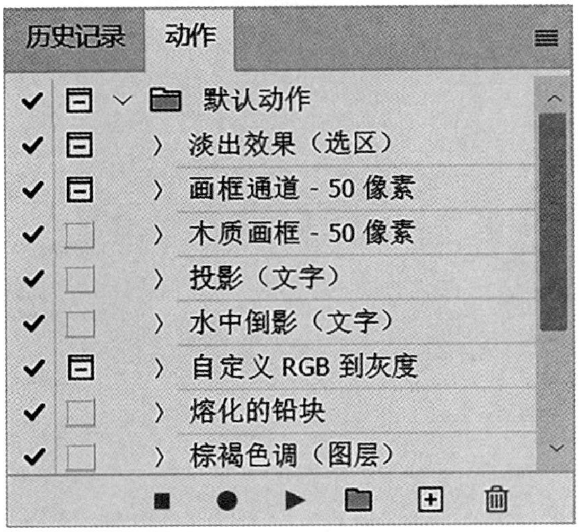

图 4.4.7　打开【动作】面板

(7)在【动作】面板中,单击【创建新动作】按钮,随即弹出"新建动作"对话框,在该对话框中的"名称"文本框中输入"添加店标",输入完成后单击"记录"按钮,如图 4.4.8 所示。

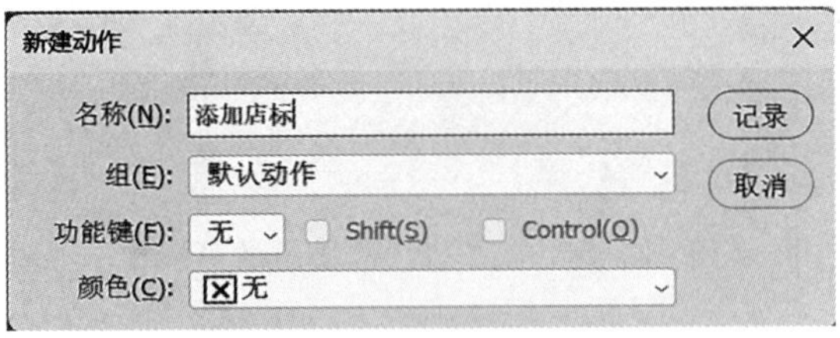

图 4.4.8　设置新动作的名称

(8)此时所有的操作都会被记录下来。选择【编辑】|【填充】菜单项。弹出"填充"对话框,在该对话框中的"选项"下拉列表中选择"图案"选项。然后单击【自定义图案】右侧的向下三角按钮,选择"店标"图案,设置完成后单击"确定"按钮。如图 4.4.9 所示。

(9)此时图片上就被填充上了水印图案。选择【文件】|【存储】菜单项。

（10）将添加上店标的图片关闭，然后在【动作】面板中单击“停止播放/记录”按钮，如图 4.4.10 所示。

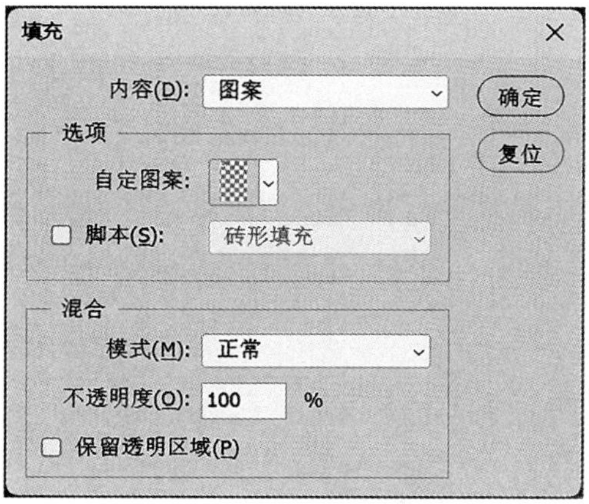

图 4.4.9 填充图案

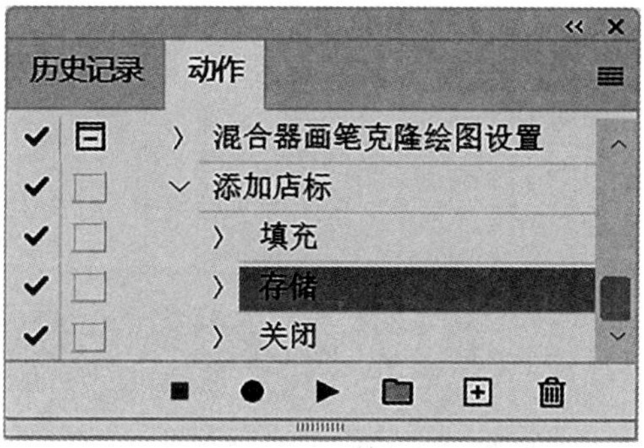

图 4.4.10 完成录制动作

（11）选择【文件】|【自动】|【批处理】菜单项。弹出“批处理”对话框，在该对话框中单击“选择”按钮，此时就会弹出“选取批处理文件夹”对话框，在该对话框中选中要进行批处理的图片，此时在“批处理”对话框中就出现了要进行批处理的图片的路径，单击“确定”按钮。如图 4.4.11 所示。

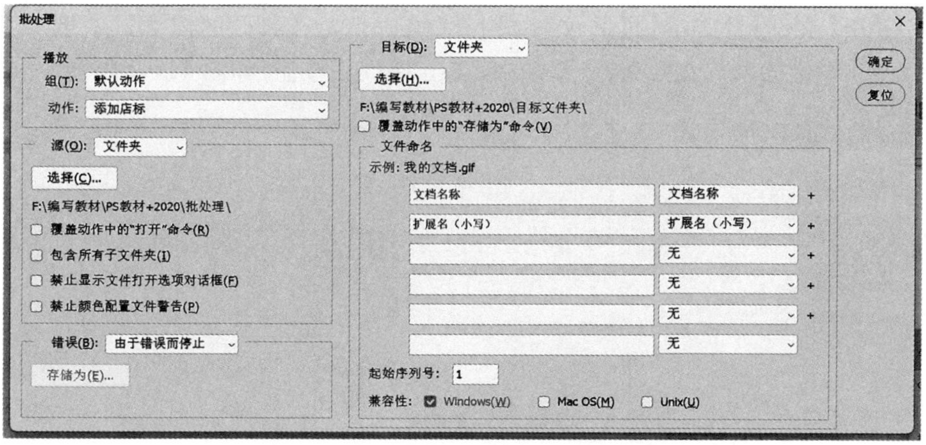

图 4.4.11 设置需要批处理文件的路径

（12）此时所有的图片都被添加上了店标（图略）。

课堂练习

结合所给的素材，为苏泊尔电饭锅制作一个水印，并把水印定义为图案，然后录制为动作，利用批处理添加到每张图片中。

任务五　制作 GIF 动图

任务简介

如今在各个电商平台，经常会看到利用 GIF 动图来对商品进行展现，吸引消费者的眼球，达到营销的目的。

案例一：制作淘宝美工中 GIF 动图

根据所给素材，制作淘宝美工中 GIF 动图，制作效果如彩色附图 36 所示。

知识链接

GIF 的原意为“图像互换格式”，可以存放多幅彩色图像，如果把这些多幅图像数据逐幅读出并显示到屏幕上，就可构成一种最简单的动画。

任务实施

(1)执行【文件】|【脚本】|【将文件载入堆栈】命令，在打开的对话框中选择“文件”选项，打开本案例的素材文件夹，全部选中，点击“确定”按钮，如图 4.5.1 所示。

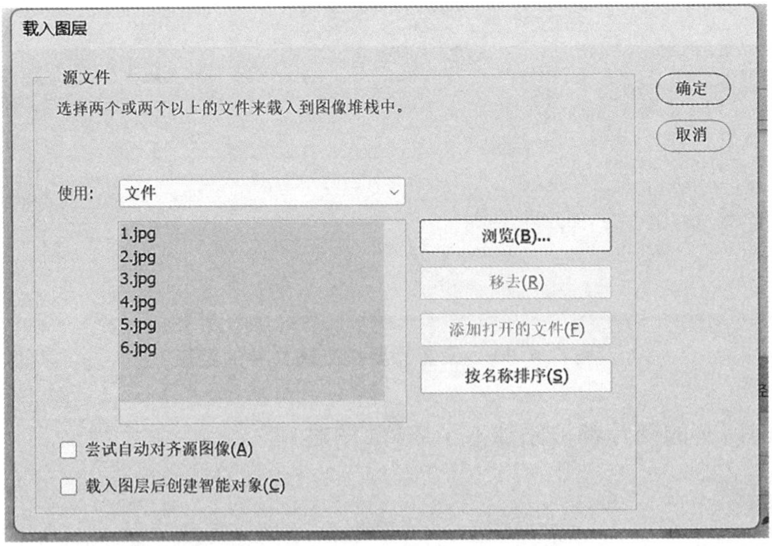

图 4.5.1　“载入图层”对话框

(2)打开【图层】面板，可以看到所有的图片都以图层的形式展现在图层面板中。

(3)执行【窗口】|【时间轴】命令,便会在画布中出现时间轴的面板,如图 4.5.2 所示。

图 4.5.2　【时间轴】对话框

(4)点击面板中的“创建帧动画”。这时候便会发现,图层 1 出现在时间轴上,如图 4.5.3 所示。

图 4.5.3　图层 1 出现在“时间轴”上

(5)点击面板中右上角的按钮,便会出现下拉菜单,选择“从图层建立帧”,如图 4.5.4 所示。

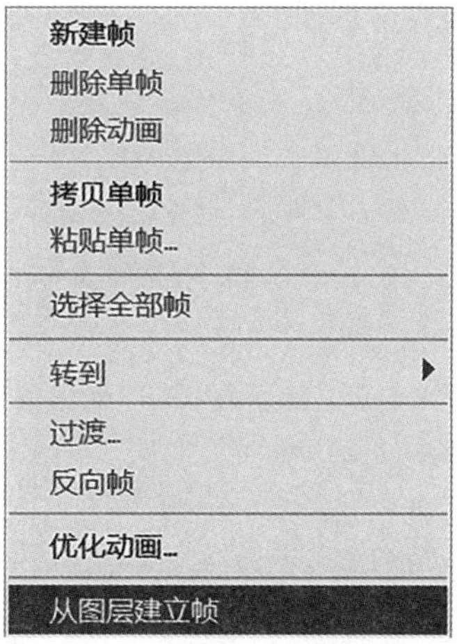

图 4.5.4　选择“从图层建立帧”

(6)这时候,所有图层的图片就会出现在时间轴上,效果如图 4.5.5 所示,在时间轴上也可以通过移动图片调整各个图片的顺序。

图 4.5.5　所有图片出现在“时间轴”上

(7)在时间轴上,选中全部图片,设置每一张图片的延时时间为 0.5 秒,循环次数为“永远”,如图 4.5.6 所示。

图 4.5.6　设置为“永远”模式

(8)制作完毕以后,选择【文件】|【导出】|【存储为 Web 所用格式】,选择“GIF”输出格式,最后,点击“存储”按钮,放到目标文件夹,如图 4.5.7 所示。

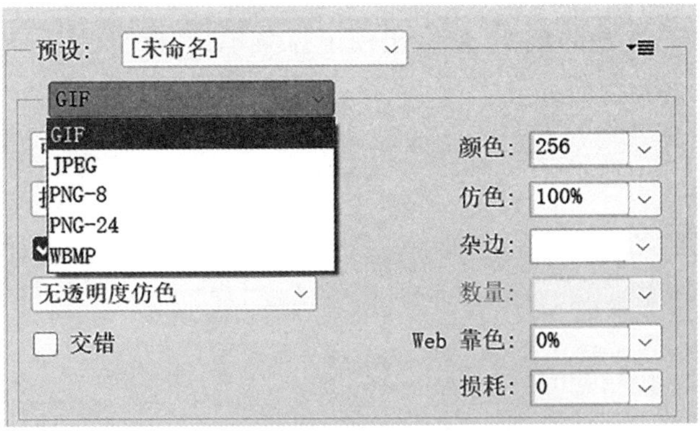

图 4.5.7　设置为“GIF”输出格式

案例二:制作茶杯气泡动效

制作茶杯气泡动效,制作效果如彩色附图 37 所示。

任务实施

(1)打开 Photoshop 2020 软件,新建画布宽 800 像素,高 600 像素。填充颜色 RGB

(255,241,206)。

(2)利用圆形矩形工具绘制茶杯的托盘,钢笔工具绘制茶杯,茶杯的主体填充颜色RGB(255,241,206),方便后期建立剪切蒙版,如图 4.5.8 所示。

(3)利用【钢笔工具】绘制波浪形状,注意要有一定的长度,并填充橙汁的颜色 RGB(25,84,0),复制橙色的波浪形状,改变填充的颜色为浅橙色 RGB(255,133,109),调整图层位置,让浅橙色图层位于橙色图层的下面,如图 4.5.9 所示。

图 4.5.8　绘制茶杯路径

图 4.5.9　绘制波浪区域

(4)执行【窗口】|【时间轴】命令,便会在画布中出现时间轴的面板,如图 4.5.10 所示,点击"创建视频时间轴"。

图 4.5.10　点击"创建视频时间轴"

(5)便会在时间轴中出现所有的图层,通过拖动设置时间轴的时间为"02:00f",效果如图 4.5.11 所示。

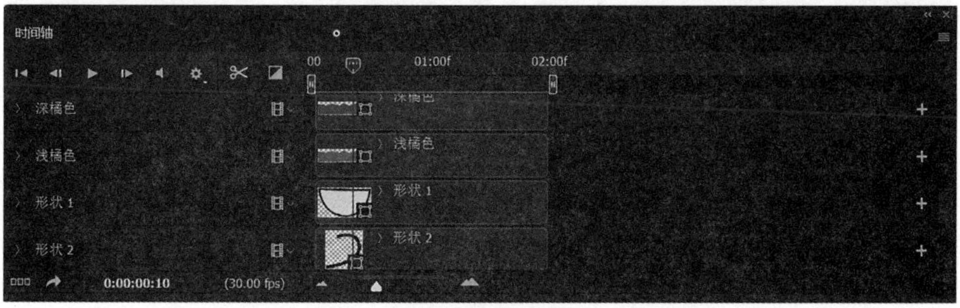

图 4.5.11　设置时间轴的时间为"02:00f"

(6)选择深橙色的时间轴图层,选中【矢量蒙版位置】在时间轴的起始位置,加入一个关键帧(黄色棱形),拖动深橙色的波浪形,放置于图 4.5.12 的位置。

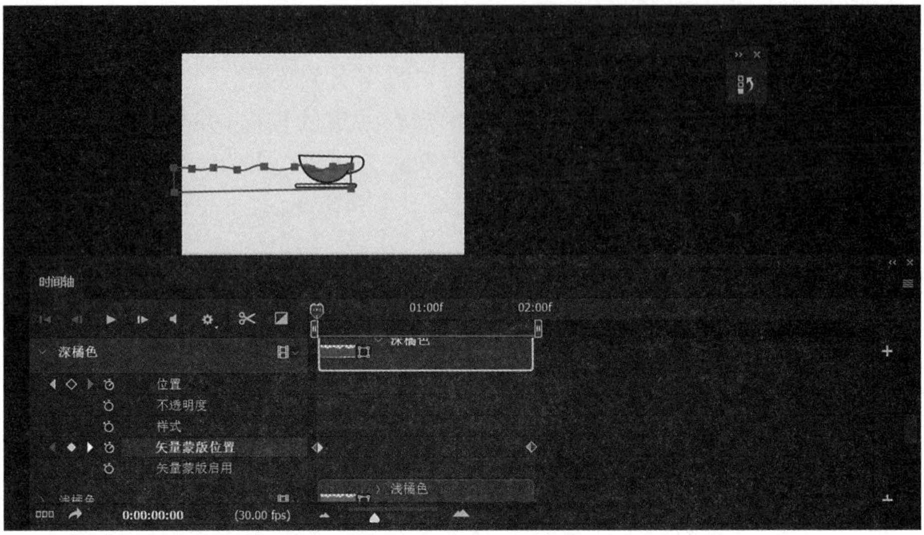

图 4.5.12　拖动深橙色波浪形

（7）继续拖动播放头，移动到最后一帧，添加关键帧，并移动橙色波浪形状位置如图 4.5.13，点击“播放”按钮，可以看到橙汁在移动。

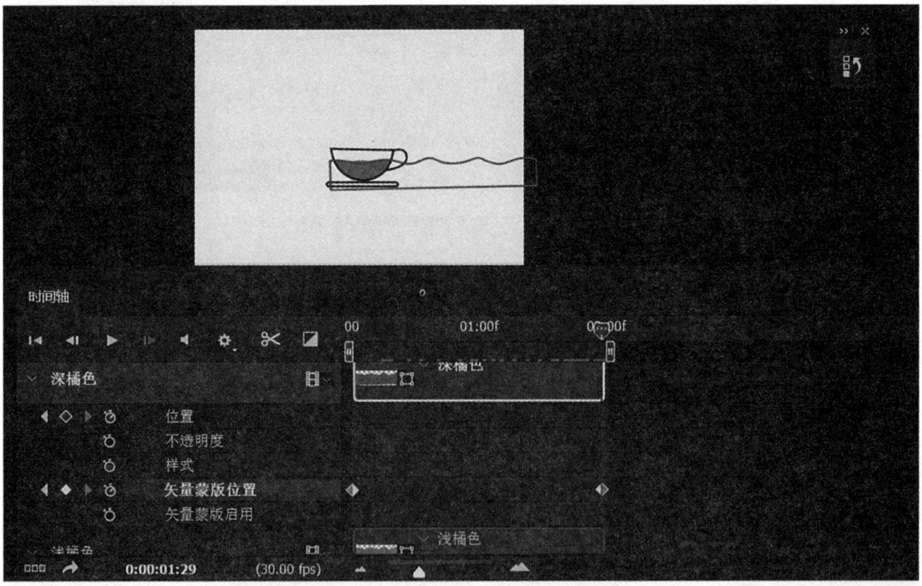

图 4.5.13　点击“播放”按钮

（8）同理，设置浅橙色的时间轴，注意深橙色和浅橙色要有一定的错位。

（9）新建图层，绘制浅色的气泡三个，可以改变其大小的不同，填充颜色为 RGB(250，205，137)。并和下面图层建立剪切蒙版，如图 4.5.14 所示。

图 4.5.14 建立剪切蒙版

(10)打开时间轴面板,选中气泡 1 的图层,可以在时间轴上改变气泡出现的位置,向后拖动,选中【位置】,在起始位置加入关键帧,如图 4.5.15 所示,把气泡旋转杯子底端的位置,在中间的位置可以再次加入关键帧,移动气泡位于杯子的中间,在时间轴最后位置再次加入关键帧,把气泡移动到杯子上边,使气泡消失。点击“播放”按钮,便会呈现气泡快速上升消失。

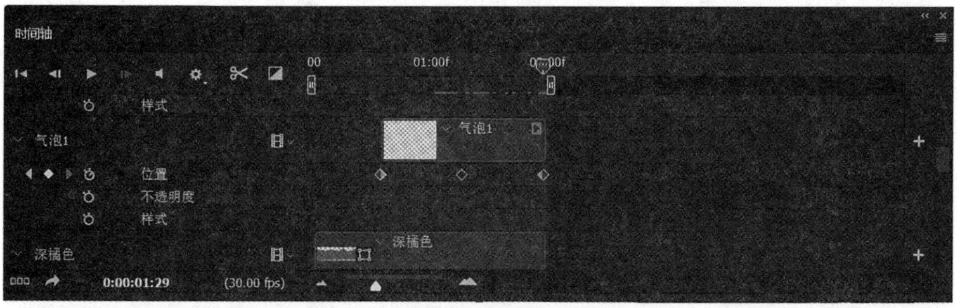

图 4.5.15 为不同气泡设置关键帧

(11)同理设置气泡 2 和气泡 3,可以改变每个气泡的大小和起始位置,并点击设置图标,设置为“循环播放”,如图 4.5.16 所示。

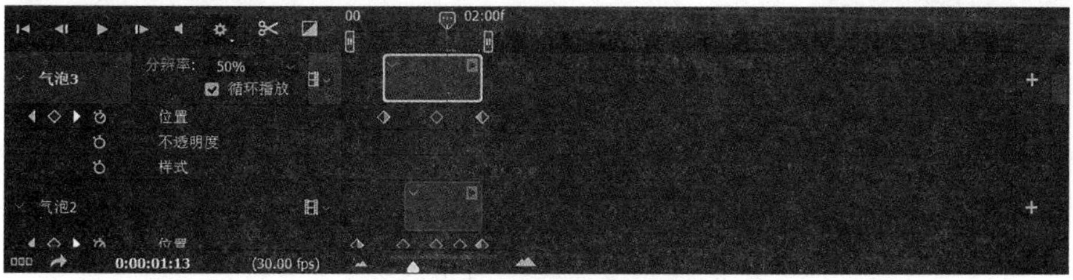

图 4.5.16 设置“循环播放”

(12)点击“播放”按钮,效果如彩色附图 37 所示。

(13)执行【文件】|【导出】|【存储为 Web 所用格式】命令,选择“GIF”输出格式,点击“存储”按钮,放到目标文件夹。

任务六 综合实例——“恋上好物”梦幻美妆宣传海报

案例:制作“恋上好物”梦幻美妆宣传海报

根据所给素材,制作“恋上好物”梦幻美妆宣传海报,效果如彩色附图 38 所示。

技能点拨

本任务的内容为一款化妆品海报,整张海报以粉红色为主,用鲜花环绕了四周贴合了女孩子们的少女心,更好地融入了主题。

任务实施

(1)打开 Photoshop 2020 软件,新建画布大小 1 860 像素×680 像素,填充前景色,RGB(255,226,230)。

(2)利用【矩形工具】绘制 630 mm×370 mm 矩形,按住 Alt 键减去顶层矩形,填充白色,【直接选择工具】选择两个矩形进行“水平对齐”“垂直对齐”,再“合并形状组件”。效果如图 4.6.1所示。

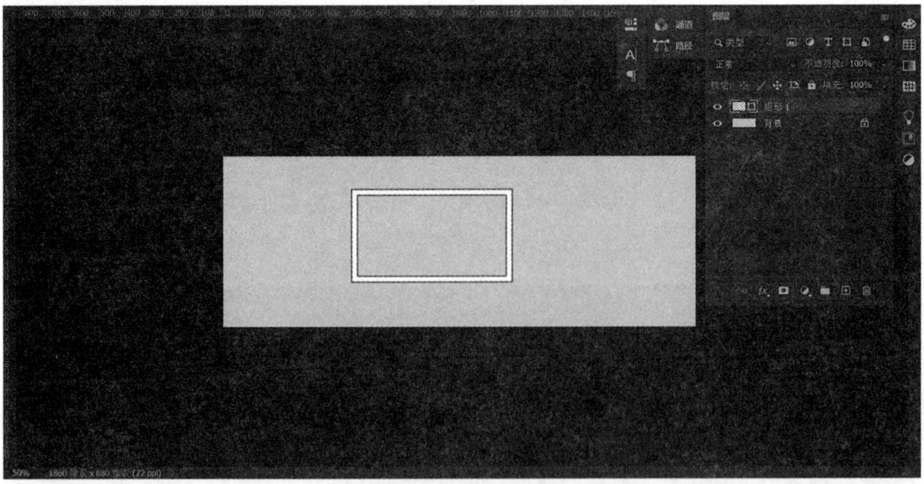

图 4.6.1 绘制矩形框

(3)复制一层矩形框,填充一个粉色,RGB(248,236,236),按住 Ctrl+T 组合键将矩形框缩小,与大矩形框贴合,将图层移至大矩形框之下,为了凸显效果给大矩形框添加一个浮雕效果，其中，高光的颜色值为 RGB(255，247，247)，阴影颜色为一个比环境色较深的颜色，RGB(242，197，204)，具体参数设置如图 4.6.2 所示。

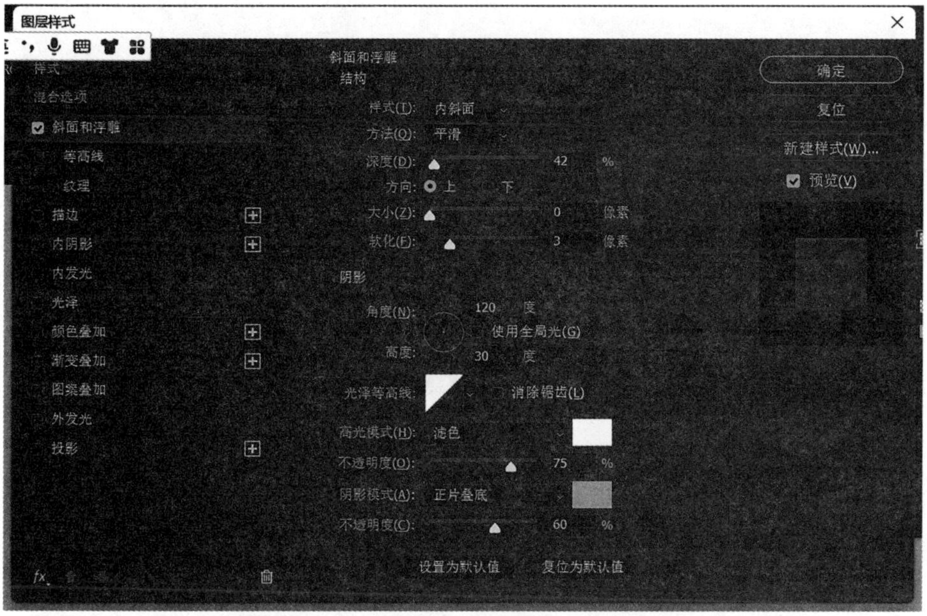

图 4.6.2　设置“斜面和浮雕”对话框参数

(4)新建一个图层，位于矩形框的下方，选择【画笔工具】，硬度为 0%，大小为 40 像素，颜色为 RGB(230，129，143)，为矩形框画一个边框，并降低透明度，效果如图 4.6.3 所示。

图 4.6.3　用画笔绘制内外边框

(5)把“长城大标宋体”按照前面的方法安装到字体库中。

(6)输入文字“恋上好物”，颜色 RGB(241，87，127)，字形为长城大标宋体，大小分别为：“恋”75 点，“上”115 点，“好物”96 点。

(7)利用【自定形状工具】,添加一朵小花,如图 4.6.4 所示。

图 4.6.4 绘制小花

(8)在文字下方,用【直线工具】绘制两条直线,并输入英文“Hello Beauty FestIve”,设置字体大小为 24 点,颜色同上,字形为“Arial”,位于两条横线中间的位置,如图 4.6.5 所示。

图 4.6.5 输入英文

(9)用【矩形工具】绘制矩形,【添加锚点工具】在两侧线条中间添加锚点,再使用【转换点工具】使锚点变成角点,再使用【直接选择工具】选中锚点移动。利用【文字工具】输入文字“2023.5.1 10:00 开抢”,字体为白色,字形为微软雅黑,大小为 24 点,如图 4.6.6 所示。

图 4.6.6　制作“2023.5.1 10:00 开抢”文字

(10)输入英文“love in”,字形为 Vivaldi,字号为 40 点,颜色同上,位于矩形相框的左上位置,如图 4.6.7 所示。

图 4.6.7　设置“love in”文字

(11)下面开始摆放鲜花素材,位置为矩形框的底部。

(12)首先拖入花边素材,利用【图层样式】,在【颜色叠加】中为它叠加红色,RGB(241,87,127)。

(13)打开素材文件,把各种花材和化妆品放置到合适的位置,注意鲜花的多样性以及颜色和造型的搭配,并利用【曲线】命令,调亮图像的亮度,如图 4.6.8 所示。

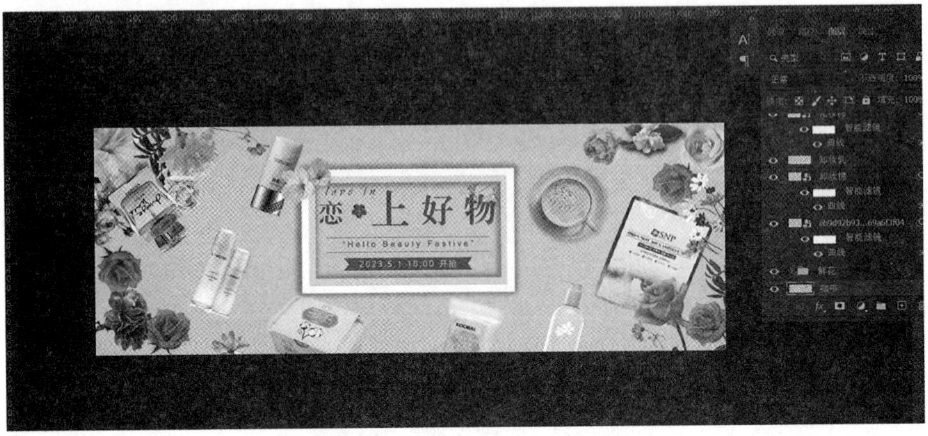

图 4.6.8　放入花材和化妆品

(14)把鲜花和化妆品图层按 Ctrl+G 组合键进行分组。

(15)分别对鲜花和化妆品图层增加【投影】的图层样式,参数如图 4.6.9 所示,其中【混合模式】的颜色为 RGB(255,168,180)。

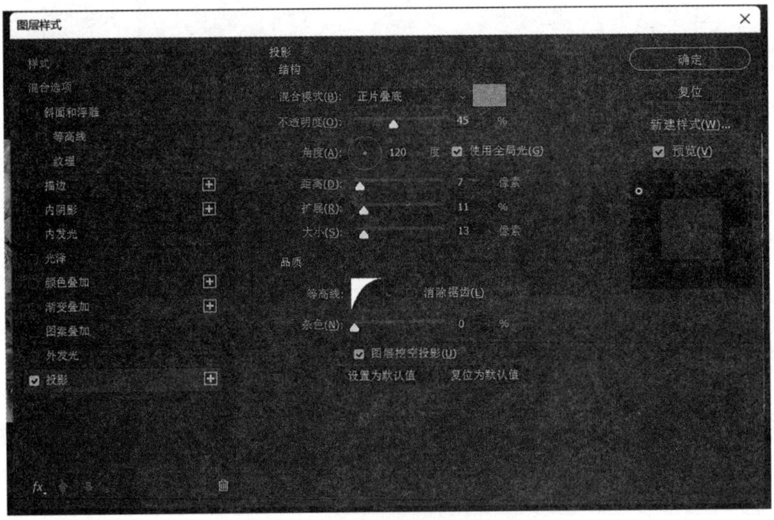

图 4.6.9　添加【投影】图层样式

(16)制作一个矩形作为装饰。用【矩形工具】绘制矩形,用【添加锚点工具】在底侧线条中间添加锚点,再用【转换点工具】使锚点变成角点,再使用【直接选择工具】选中锚点向上移动,颜色为 RGB(255,0,0)。

(17)最终效果如彩色附图 38 所示。

任务七 综合实例——纸杯蛋糕甜品宣传海报

案例：制作纸杯蛋糕甜品宣传海报

根据所给素材，制作纸杯蛋糕甜品宣传海报，效果如彩色附图 39 所示。

技能点拨

本次任务的内容是一款甜品的宣传海报，设计采用较为简洁的布局，将视觉集中在画面中部，运用了饱和度较高的色彩，通过强烈的视觉效果，使海报最终达到调动食欲、突出主题的效果。

任务实施

(1)打开 Photoshop 2020 软件，新建大小为 1 000 像素×500 像素的画布。

(2)新建图层，填充一个为红色到暗红色的径向渐变，即红色为 RGB(227,43,29)，暗红色为 RGB(184,16,16)，如图 4.7.1 所示。

图 4.7.1 绘制渐变背景图

(3)新建图层，使用【矩形工具】，【颜色】为白色，绘制合适大小的矩形，右击图层，选择【栅格化图层】。执行【滤镜】|【变形】|【波浪】命令，具体参数如图 4.7.2 所示。

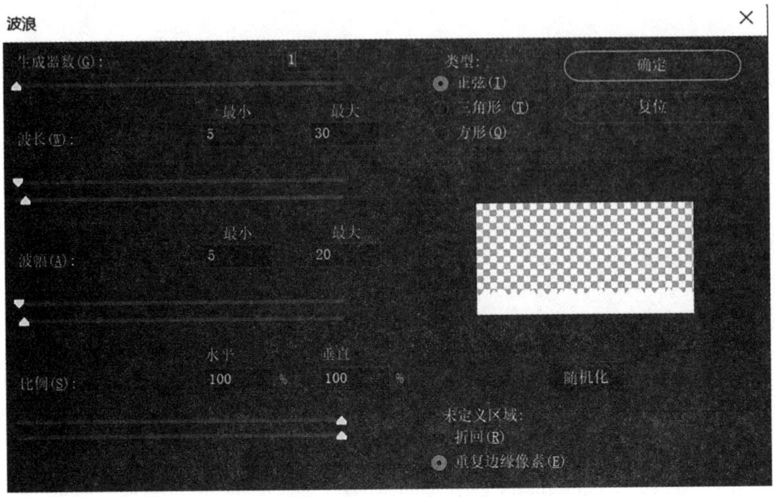

图 4.7.2　设置【波浪】滤镜参数

(4)执行后效果如图 4.7.3 所示。

图 4.7.3　添加【波浪】效果

(5)为图层添加【内阴影】图层样式效果,【阴影颜色】为深红色,RGB(93,8,7);其他参数如图 4.7.4 所示。

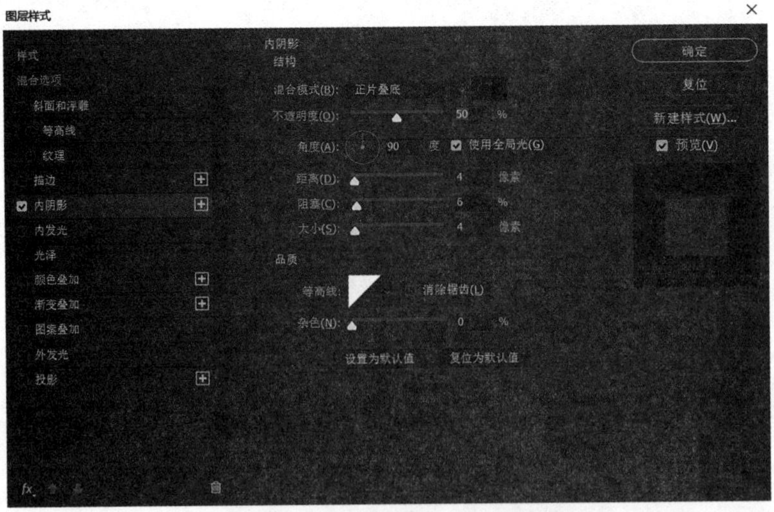

图 4.7.4　设置【内阴影】图层样式参数

(6)分别导入素材牛奶 1 和牛奶 2,并分别复制,调整它们的大小和位置,并调整牛奶 1 和牛奶 1 副本图层的透明度为 30%,改变牛奶 2 和牛奶 2 副本的颜色为黑色,并添加【图层混合模式】为【叠加】,效果如图 4.7.5 所示。

图 4.7.5　添加牛奶图片并设置

(7)导入蛋糕素材,利用 Ctrl+T 组合键改变蛋糕的大小和位置,复制图层为蛋糕副本,并对蛋糕副本进行垂直翻转,进行变形,与蛋糕图层的蛋糕衔接自然。为蛋糕副本添加【图层蒙版】,建立径向渐变,效果如图 4.7.6 所示。

图 4.7.6　设置蛋糕副本

(8)【新建】图层,使用【画笔工具】,选择【柔边缘画笔】,【颜色】为深红色,在蛋糕下方涂抹,执行【滤镜】|【模糊】|【高斯模糊】命令,参数为 4.6,具体效果如图 4.7.7 所示。

图 4.7.7 添加【高斯模糊】效果

(9)安装“showcard gothic”字库。

(10)利用【横排文字工具】输入“GOSSIP”，字形为“showcard gothic”，字号为 126 点，颜色为白色。效果如图 4.7.8 所示。

图 4.7.8 添加“GOSSIP”文字效果

(11)利用【横排文字工具】继续输入文字“流言碎语”“味在其中”，字形为微软雅黑，字号为 35 点；“TASTE THEREIN”字形为 showcard gothic，字号为 27 点；“Secret backing method，enjoy healthy and delicious”，字形为微软雅黑，字号为 10 点；输入“秘制烘焙方法尊享健康美味”，字形为微软雅黑，字号为 13 点；输入“促销价”和“38”，字形为“微软雅黑”，大小分别为 16 点和 30 点。颜色均为白色，调整各个文字的位置。效果如图 4.7.9 所示。

图 4.7.9　添加文字后效果

(12)打开素材文件,从中选择各种糖果,装饰画面,调整合适的大小和位置,效果如图 4.7.10 所示。

图 4.7.10　添加糖果装饰物效果

(13)为强化主题,在红色背景上方新建图层,利用【画笔工具】,设置【硬度】为 0,按 Ctrl+T 组合键对形状进行变形,添加【高斯模糊】效果,最终效果如彩色附图 39 所示。

项目五　影楼美工

平面设计专业的影楼美工设计岗位要求精于修图技术和技巧，即精于平面设计中的某项技能——“图像处理”技能。美工设计师日常的工作当中，主要需要运用一些技巧修正因摄影角度、光线等原因造成的图片缺陷，增强修图能力，高效高质量完成任务。

项目导读

在进行图像设计时，我们拿到的照片素材有时候不能满足我们的需要，这时就需要对图像进行抠取，合成新的图像效果。这也是影楼美工的主要工作范围。

影楼美工是平面设计专业的一个重要的工作岗位，主要工作范围是修正图片中的瑕疵，对照片进行横竖版式的修改，照片色调、明暗等的美化和修正，抠取杂乱和透明的图像内容，更换背景，以及相册内页的制作合成。在 Photoshop 2020 中，可以通过多种工具和方法对图像进行修饰。

任务一　内容识别填充/内容识别缩放——照片的修饰

在 Photoshop 2020 版本中，对照片的修饰可以使用内容识别填充和内容识别缩放工具。内容识别填充可以快速地将图像中的瑕疵和污渍使用图像中相似像素填充，而内容识别缩放工具可以识别保护部分区域，同时实现图像内其他部分的缩放。

案例一：内容识别填充——清明牧童图去杂物

原图及最终效果如彩色附图 40 所示。

知识链接

内容识别填充是一种填充方式，可以根据整体的选择区域，自动识别颜色内容补充到所选择的区域中。

内容识别填充使用方法是利用套索或其他选取工具，把需要填充的部分套选出选区，选择选区附近内容相似的区域像素进行内容识别填充。内容识别填充主要用于修复污点或者水印等，去除大环境中“格格不入”的部分，使用后我们可以看到选区里的内容就被相邻区域像素取代，这就是计算相邻内容自动识别填充原理。

技能点拨

实例中的清明牧童图素材想要去掉多余的文字部分，实现如彩色附图40的效果，可以选中文字部分，使用已学过的修补工具可以解决，这样做步骤比较复杂，需要手动寻找填充内容，并且边缘容易出现模糊。本案例中使用内容识别填充工具，先选中需要填充的部分，再手动选中相似像素区域作为填充计算的范围，就可以通过计算自动填充完成。

任务实施

(1)打开 Photoshop 2020 软件，打开“清明牧童图. jpg”素材，并按 Ctrl+J 组合键复制一层。

(2)使用【套索工具】选取图片右上方的白色细线条，得到如图 5.1.1 所示的选区。(注：不需要特别精确，粗略选取即可。)

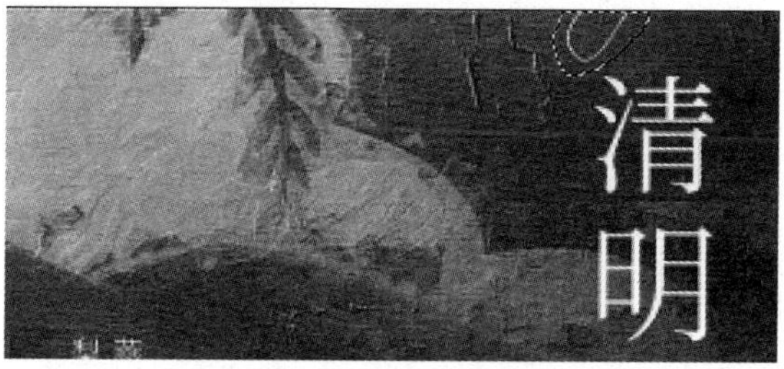

图 5.1.1　套索白色细线条

(3)使用【编辑】菜单中的【内容识别填充】，这时会弹出【内容识别填充】的面板，在菜单栏下方会出现操作属性栏。

(4)在弹出的【内容识别填充】面板中将“取样区域选项”中设置“自动”模式，“输出到”选项选择“新建图层”，方便稍后修改。使用属性栏的工具，修改图像中出现的绿色区域，使绿色区域接近填充选区的图像内容，如图 5.1.2 所示。

(5)单击【内容识别填充】面板下方的“确定”按钮，按 Ctrl+D 组合键取消选区(效果如图 5.1.3 所示)。效果符合要求即可将新图层与下方图层合并，如效果不理想可删除填充新图层，重新制作。(注：此过程中【内容识别填充】工具的作用是利用白色线条要填充的像素来填充白色线条所在的选区。操作过程中可以通过预览窗口预览效果。)

图 5.1.2　选择合适取样区域

图 5.1.3　去除线条效果

（6）重复（2）~（5）步骤，多次使用【内容识别填充】工具去除杂物，即可得到最终效果如彩色附图 40。按 Ctrl+S 组合键，保存图像。

案例二：内容识别缩放——竖版照片变横板

根据素材合成最终效果图见彩色附图 41。

知识链接

内容识别填充能够在图片进行拉伸或压缩的时候，起到保护选区内图像的作用，使之不受拉伸或压缩变形的影响。

例如图 5.1.4 中，左图想要竖幅照片改为横幅右图效果，但是不想改变小桥的形状，就可以使用选区选中小桥，将其保存为选区，使用【编辑】|【内容识别填充】功能，在属性栏中保护该选区，就可以在保护小桥形状的同时改变图像的宽度。

图 5.1.4　保护小桥，改变图像宽度

技能点拨

案例中的人物背影照片，如果按 Ctrl+T 组合键直接拉宽图像时，人物的背影会拉宽变形，如果使用【内容识别缩放】就不会如此。使用内容识别缩放时需要使用套索工具，将要保护的内容选取出来并单击右键存储为选区，对图片进行内容识别缩放时，即可保证被保护内容的形状。内容识别缩放应用前后对比效果如图 5.1.4 所示。

任务实施

（1）打开 Photoshop 2020 软件，打开“内容识别缩放.jpg”素材，按 Ctrl+J 组合键复制出“背景 拷贝”图层。

（2）在“背景 拷贝”图层中，使用【磁性套索工具】将画中的女孩选中，效果如图 5.1.5 所示。

（3）单击鼠标右键，在弹出的对话框(如图 5.1.6)中选中“存储选区”选项，如图 5.1.6 所示，在弹出的对话框中，在“名称”栏中，输入“123”，点击“确定”按钮，如图 5.1.7 所示。

图 5.1.5　选中女孩

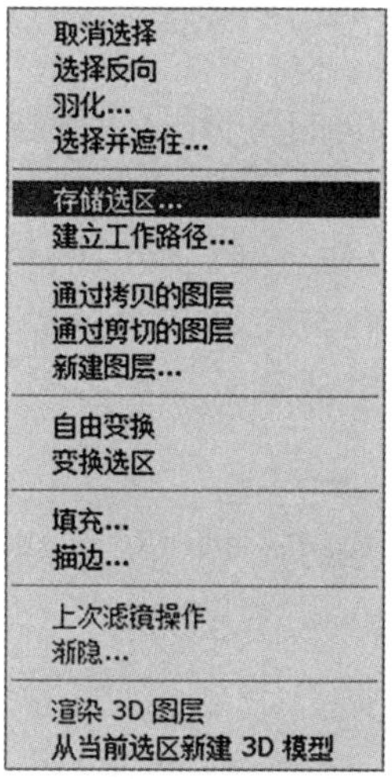

图 5.1.6　“存储选区”选项

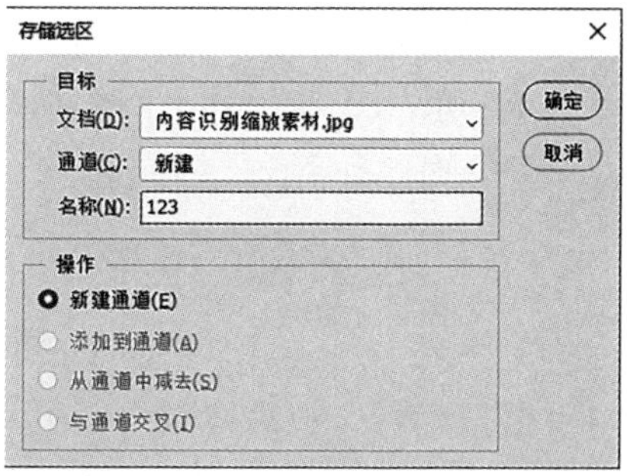

图 5.1.7　“存储选区”对话框

（4）按 Ctrl+D 组合键，取消选区。

（5）使用【裁剪工具】，按住鼠标左键向左右拖曳裁剪框拉宽画布，使之形成想要的图像尺寸，如图 5.1.8 效果。点击 Enter 键确认操作。

（6）使用【编辑】菜单中的【内容识别缩放】，在属性栏中，“保护”选项选择保护选区名称“123”。（注：设定保护区域的目的是在整体图像拉伸缩放时，被保护区域不变形。）

（7）按住 Shift 键，鼠标选中图像左右两边的小方框，将图像向左右两边拖曳，即可实现最终效果，如图 5.1.9 所示。

图 5.1.8 使用【裁剪工具】

图 5.1.9 向左右拉伸图片

任务二 色彩初认识

生活中多姿多彩的颜色，丰富了我们的生活，不同的颜色给人的感受是不同的。比如红色，人们看到红色会联想到温暖、热情、奔放；绿色往往是希望的象征，看到绿色会联想起万物复苏的春天，小草破土，柳树萌芽，生机勃勃；白色则代表纯洁，所以婚纱普遍是白色的，象征纯洁无比的爱情；黑灰色给人高级庄严的感觉；蓝色则代表着冷静、理智。看到不同的颜色联想到不同的寓意，为生活赋予了更多更深的意义。

案例一：图片的明度调整

根据素材合成最终效果图见彩色附图 42。

知识链接

1. 色彩三要素：人眼看到的任意彩色光都是这三个特性的综合效果，这三个特性是指色彩三要素，分别为色相、饱和度、明度。

（1）色相：色相即各类色彩的相貌称呼。色相是色彩的首要特征，是区别各种不同色彩的最准确的标准。如红色、绿色、橙黄等，图 5.2.1 为十二色相色环图。

（2）饱和度：即色彩的纯度。可以通俗地理解为颜色的鲜艳程度。图片饱和度较高时一般呈现出生动艳丽、活力满满的状态，而饱和度较低的颜色好像被加入一层灰调，较为柔和、暗淡。

（3）明度：即色彩的亮度。人眼所感受到的亮度是对物体和光源明暗程度的感受。

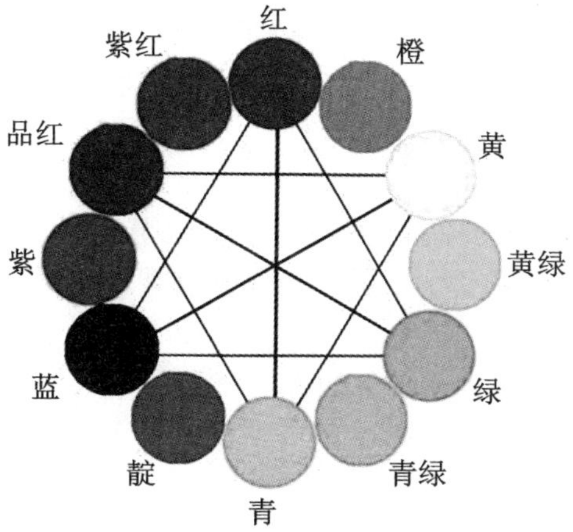

图 5.2.1　十二色相色环图

2. 直方图

亮度直方图可以直观地观察图像的明暗分布，方法是【窗口】菜单下的【直方图】|【明度】查询。

亮度直方图横轴代表亮度，从左到右表示亮度从低到高；直方图纵轴表示像素数量，从下到上表示像素从少到多；直方图某个亮度区间凸起越高，表示这个亮度区间内像素越多，图 5.2.2 左图中直方图凸起主要集中在右侧，说明照片亮度整体偏高，而图 5.2.2 右图中直方图凸起主要集中在左侧，说明照片亮度整体偏低。

图 5.2.2　直方图观察样图

3. 亮度调整方法

明度高的图片一般会显得比较轻快，摄影图片一般都需要调节明度。调整明度的工具经常会用到【图像】|【调整】菜单下的【亮度/对比度】、【色阶】、【曝光度】命令。

(1)【亮度/对比度】：单击亮度的按钮向左拖动可将图片整体亮度调暗，向右可将图像亮度调亮。

(2)【色阶】：使用【图像】|【调整】|【色阶】命令可以调整图像的高光、中间调、暗调的强度级别，使用【色阶】命令可以对图像整体亮度进行操作，也可以对图像的某一范围、某一图层、某一颜色通道进行调整。

(3)【曲线】:使用【图像】|【调整】|【曲线】命令也可以调整图像的亮度、对比度,以及纠正偏色等,但与【色阶】命令相比,【曲线】命令的调整更为精确,是选项最丰富、功能最强大的颜色调整工具。它允许调整图像色调曲线上的任意一点,对调整图像色彩的应用非常广泛。

4. 纯度调整方法

(1)【自然饱和度】:针对图像整体的纯度进行调节,调节过程会自动保护已经饱和的颜色,只调整图中饱和度低的部分,可以理解成更智能的调节,适合于初学者使用,易上手。

(2)【色相/饱和度】:调整的是图像颜色的鲜艳程度。调整对象是全图的所有像素,更适合专业人士使用。

技能点拨

通过观察明度直方图,我们可以通过亮度直方图看到案例素材中最大的问题,就是像素集中在暗部,缺乏高光。要想解决这个问题,可以将暗调滑块向右滑动,这样整个图像的亮度分布就比较合理了,图像也在一定范围内明度得到了调整。再次观察图像,发现巷道中间的天空的明度还是不够,显得黯淡,我们就可以使用【套索工具】选中天空,再次使用调整图层对其调整。

任务实施

(1)打开 Photoshop 2020 软件,打开“巷道. jpg”素材,按 Ctrl+J 组合键复制出图层。

(2)使用【磁性套索工具】,将两个建筑物之间的天空选中,按 Ctrl+C 组合键和 Ctrl+V 组合键将天空复制出一个新的图层。

(3)选中“背景 拷贝”图层,点击“图层”面板下方的【创建新的填充或调整图层】命令按钮选中【色阶】命令,在图层上方会出现一个调整图层。

(4)单击调整图层的“色阶”调整按钮,在弹出的对话框中,向左拖曳亮部和中间调,调整色阶如图 5.2.3 所示,图像效果如图 5.2.4 所示。

(5)鼠标指向“色阶调整”图层和“背景 拷贝”之间,按住 Alt 键,使调整图层只对“背景 拷贝”图层有效,如图 5.2.5 所示。

(6)选择复制出的“天空”图层,点击图层面板下方的【创建新的填充或调整图层】命令按钮选中【色相/饱和度】命令,在图层上方会出现一个【色相/饱和度】调整图层。鼠标指向调整图层和天空图层之间,按住 Alt 键,使调整图层只对天空所在图层有效。如图 5.2.6 所示。

(7)在弹出的“色相/饱和度”调整图层中做如图 5.2.7 的修改,装扮天空较为梦幻夸张的效果,如图 5.2.8 所示。

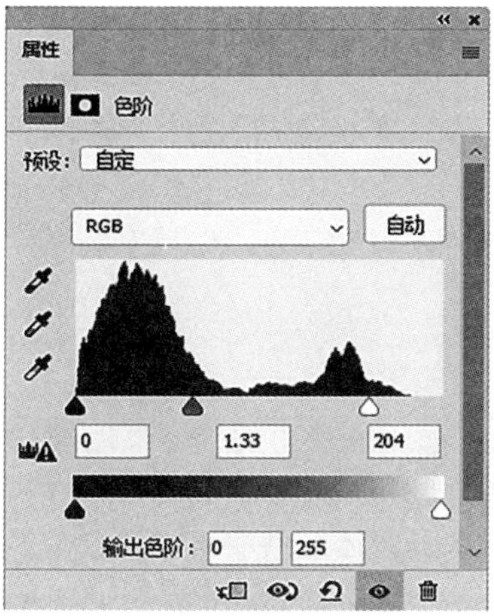

图 5.2.3　色阶

图 5.2.4　墙体色阶调整

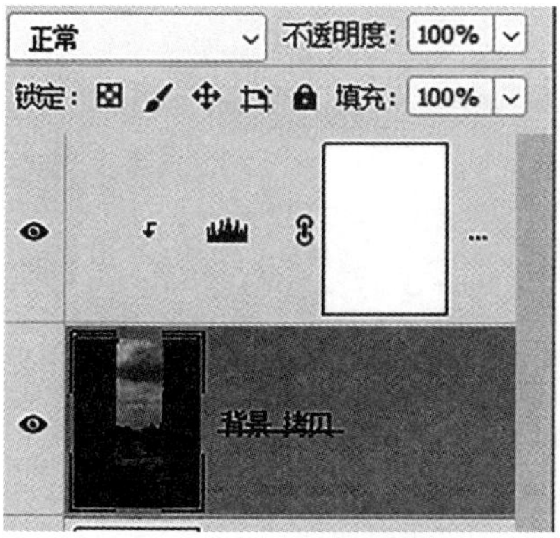

图 5.2.5　色阶调整图层

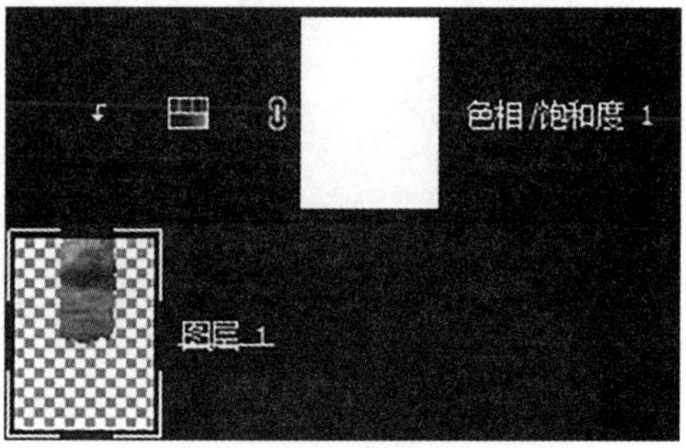

图 5.2.6　色相饱和度调整图层

图 5.2.7　调整图层

图 5.2.8　天空调整效果

(8)使用柔角，大小为 1 000 像素，颜色为白色的【画笔工具】涂抹颜色较深的云朵，使之更加自然。保存图像，即可得到最终效果。

案例二：色彩的情感

根据素材合成最终效果图见彩色附图 43。

知识链接

1. 色温与冷暖

色温是视觉冲击力与视觉效果的重要因素，如图 5.2.9 所示，色温决定了图像偏暖或是偏冷。红色、橙色、黄色常常使人联想到旭日东升和燃烧的火焰，因此有温暖的感觉；蓝青色常常使人联想到大海、晴空、冰山，因此有寒冷的感觉。

色彩的冷暖与明度、纯度也有关。高明度的颜色般有冷感，低明度的颜色一般有暖感；高纯度的颜色一般有暖感，低纯度的颜色一般有冷感。无彩色系中白色有冷感，黑色有暖感，灰色属中。

图 5.2.9　色温对图像的影响

2. 色调与曝光

色调是照片中色彩的倾向，一张图像中可以由很多颜色组成，但总体有一种倾向，偏蓝的海上风景图片，偏绿的森林图片或偏红的花海图片。

曝光过度拍摄的照片如图 5.2.10 中的左图，会表现高色调效果，人物摄影中可以使人物皮肤色彩变浅，色彩洁净，在风光摄影中可以体现强烈、醒目的气氛。

曝光不足的照片如图 5.2.10 右图呈现低色调的效果，低色调图像看起来沉稳，又有些忧伤。

图 5.2.10　色调与曝光的关系

3. 反相——转化为对比色

将图片中的颜色换成它的补色，原来的蓝色变成橙色，原来的红色变为绿色。如图5.2.11为使用【反相】命令调节前后的效果。

图5.2.11 反相调整效果

4. 可选颜色——局部色调的变换

用于图像中选择性地修改主要颜色，而不影响其他颜色。如图5.2.12为使用【可选颜色】命令，只改变了花朵的颜色，其他颜色不变的效果。

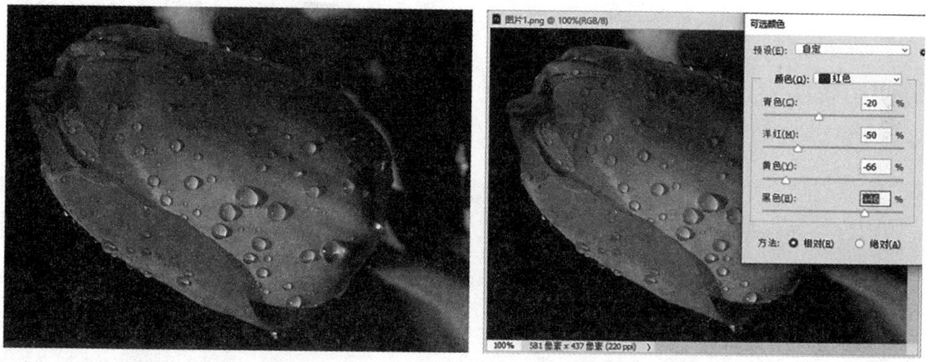

图5.2.12 可选颜色调整效果

5. 去色

使用【去色】命令可以去除图像中的所有颜色信息，从而使图像呈黑白色显示。选择【图像】|【调整】|【去色】命令或按 Ctrl+Shift+U 组合键即可为图像去色。

6. 匹配颜色

【匹配颜色】命令可匹配多个图像之间、多个图层之间或者多个选区之间的颜色。还允许通过更改亮度和色彩范围，以及中和色调来调整图像中的颜色，通俗地说，就是向另一个图层或另一个图像“借”颜色，实现与目标明度色调相同的效果。【匹配颜色】命令仅适用于 RGB 模式。必须打开多幅图像(2 幅或更多)才能进行色彩匹配。

技能点拨

本例中首先选用素材图片“云朵城市”中的“云”和“城市”素材相结合，为了营造自然的夕阳照耀的效果，使用【匹配颜色】命令向“夕阳下的城市”素材借色调。

任务实施

（1）打开 Photoshop 2020 软件，打开“城市. jpg”素材，按 Ctrl+J 组合键复制出一个图层。

（2）打开“云朵城市”素材，选择【套索工具】，将羽化值设置为 50，粗略套取天空中的云朵，操作如图 5. 2. 13 所示，并将其拖曳到“城市”素材中，调整其位置和大小，如图 5. 2. 14 所示。

图 5.2.13　套取云朵

图 5.2.14　添加云朵并调整大小和位置

（3）使用硬度为 0、大小为 1 500 像素的橡皮擦（橡皮擦属性设置如图 5. 2. 15 所示）。将云朵遮挡建筑物的部分小心地擦掉，效果如图 5. 2. 16 所示。

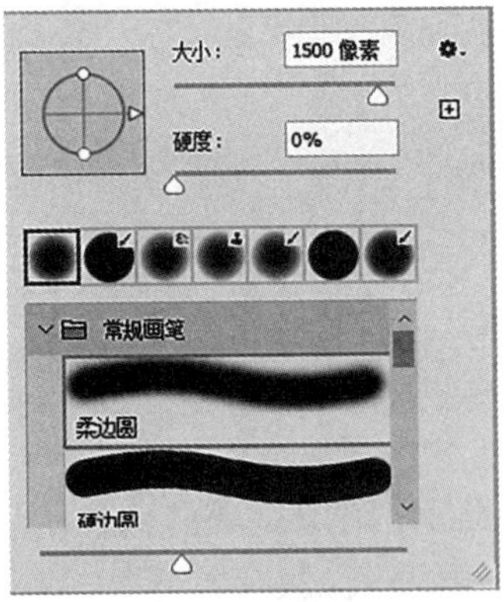

图 5.2.15　橡皮擦属性设置

图 5.2.16　擦掉云朵遮挡建筑物效果

（4）选中云朵所在图层，调整图层的透明度为 50%，使白色的云朵更加真实通透，效果如图 5. 2. 17 所示，并将云朵图层和城市图层合并在一起。

注：使用匹配颜色时，只能应用于一个图层中，为了让云朵和城市均能匹配到色调，需要将两个图层合并。

（5）使用【文件】|【打开】命令，打开“夕阳下的城市. jpg”素材。选中合并后的“城

市”图层，使用【图像】菜单下的【调整】|【匹配颜色】命令，在弹出的窗口中，参数设置如图5.2.18所示，即可得到如彩色附图43的效果图，保存图像完成操作。

图5.2.17　添加云朵效果

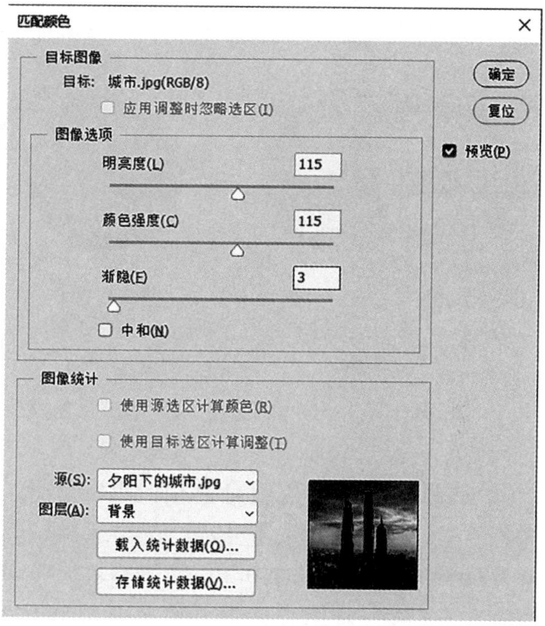

图5.2.18　【匹配颜色】参数设置

任务三　色彩的调整

色彩是影响画面效果的关键因素之一，不同的色彩给人不同的心理感受，图像的色调可以通过【颜色替换】【照片滤镜】等命令改变图像部分或整体的颜色。

案例一：颜色替换

原图及替换最终效果图见彩色附图44。

知识链接

1. 三原色

三原色指色彩中不能再分解的三种基本颜色。

在平面设计中，三原色一般指的是光学三原色（一般用于电子设备），即红、绿、蓝。三原色可以混合出所有的颜色，同时相加为黑色，黑白灰属于无色系。三原色作为光基材料，由于光的特殊属性，混合色为白色。颜色模型如图5.3.1左图所示。美术中红（品红M）、黄（柠檬黄Y）、蓝（天蓝C）定义为色彩三原色（一般打印印刷使用），颜色模型如图5.3.1右图所示。

2. 认识色相之间的关系

光学十二色相环是认识颜色的必备工具，如图 5.3.2 所示。

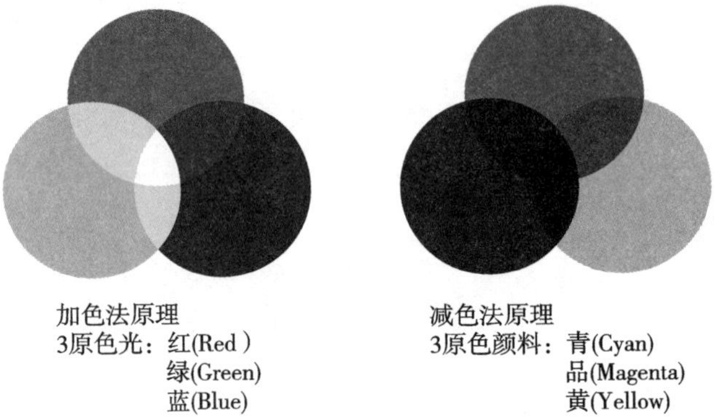

图 5.3.1 光学三原色和美术三原色模型

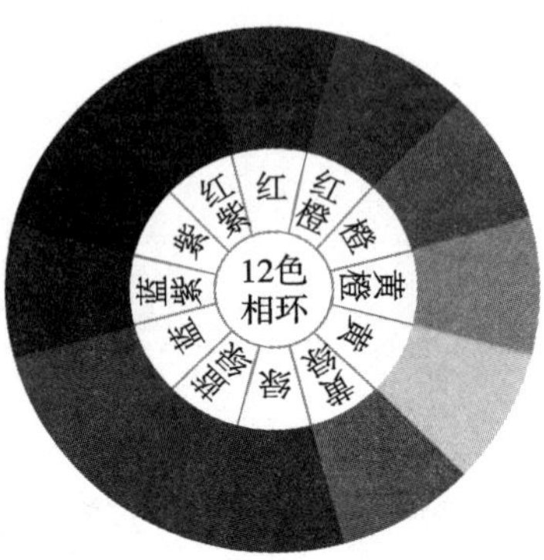

图 5.3.2 光学十二色相环

（1）邻近色。邻近色就是色相接近的颜色。

在色相环中，红与橙、橙与黄、黄与绿、绿与青、青与紫、紫与红，这些颜色在色相换种夹角为 60°，它们就称为邻近色，邻近色在一起搭配时比较和谐。

（2）对比色。对比色是指色相环上相距 120°～180°之间的两种颜色。在适当的位置恰当地运用补色，不仅能加强色彩的对比，拉开距离感，而且能表现出特殊的视觉对比与平衡效果。

（3）互补色。色彩中的互补色有红色与绿色互补，蓝色与橙色互补，紫色与黄色互补。在光学中，互补色是指两种色光以适当的比例混合而产生白色感觉时，则这两种颜色就称为“互为补色”。在设计中，两种颜色互为补色，一种颜色占的面积远大于另一种颜色的面积，就可以增强画面的对比，使画面能够很显眼。

（4）间色。间色指三原色之外其他的颜色，也就是两种原色配合成的颜色，如黄+红合成的橙色，红+绿合成黄色、橙色，红+蓝合成的紫色、品红色，绿+蓝合成的青色。

技能点拨

一束颜色鲜艳欲滴的红玫瑰通过 Photoshop 2020 工具将它调整成任意想要的颜色，可以使用【图像】菜单栏中【调整】|【替换颜色】，使用“替换颜色”对话框中的吸管工具吸取红色，要想完全选中整束花的红色，还需要使用吸管右侧的【添加到取样】工具，直到红色全部选中，通过拖曳下方的“色相”“饱和度”“明度”改变花束的颜色。

任务实施

（1）打开 Photoshop 2020 软件，打开“手拿红色玫瑰.jpg”素材，按 Ctrl+J 组合键复制出一个图层。

（2）使用【磁性套索工具】套取红花，使用【选择】菜单下的【修改】|【扩展】命令，扩展量为 1，按 Ctrl+C 组合键和 Ctrl+V 组合键，将它复制到新的图层中。

注:因为红花和手的颜色比较接近,为了防止替换颜色时,手和花容易误操作,所以将花单独抠取出来进行操作。

(3)使用【图像】菜单下的【调整】|【替换颜色】命令,在弹出的对话框中,使用吸管工具,在图像的红色处吸取颜色,这时可以通过替换颜色对话框中的选区预览图查看效果。注:也可以使用磁性套索工具选中花朵,再使用替换颜色命令。使用【添加到取样】吸管工具,不断地在花束的红色上吸取,直到将花束的红色全部吸取到选区中,预览图如图 5.3.3 所示。

(4)拖曳"替换颜色"对话框下方的"色相""饱和度""明度",即可改变花束的颜色,也可调整色相替换成自己喜欢的颜色,制作成不同颜色的玫瑰花,如图 5.3.3 所示。

(5)选中"背景 拷贝"图层,使用步骤(3)和步骤(4)的方法,选中图中的衬衣,它的颜色设置参数如图 5.3.4 所示。(注:如果操作中发现手部被选中,可以使用【从选区中减去】命令,防止手发生变色。)

(6)合并图层并保存图像,即完成案例。

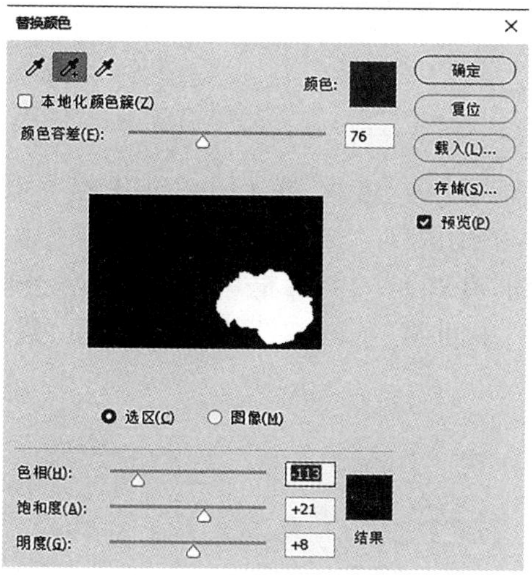

图 5.3.3　红色替换为蓝色

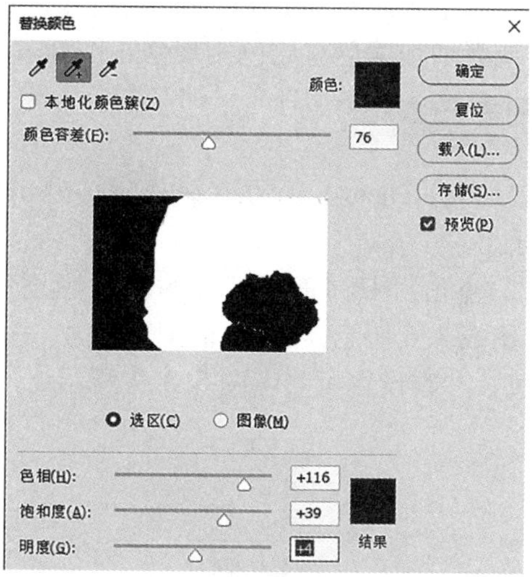

图 5.3.4　选中衬衣颜色设置参数

案例二:偏色图像的纠正

原图及纠正最终效果图见彩色附图 45。

知识链接

使用【色彩平衡】命令可以在图像原色的基础上根据需要来添加其他颜色,或通过增加某种颜色的补色以减少该颜色的数量,从而改变图像的原色彩,多用于调整明显偏色的图像。

如图 5.3.5 左图呈现明显的偏绿色效果,在色彩调整对话框中,通过阴影、中间调、高光三个色调(如中图降低绿色色阶,提高红色色阶,即可修正偏色),实现右图中正常色彩。

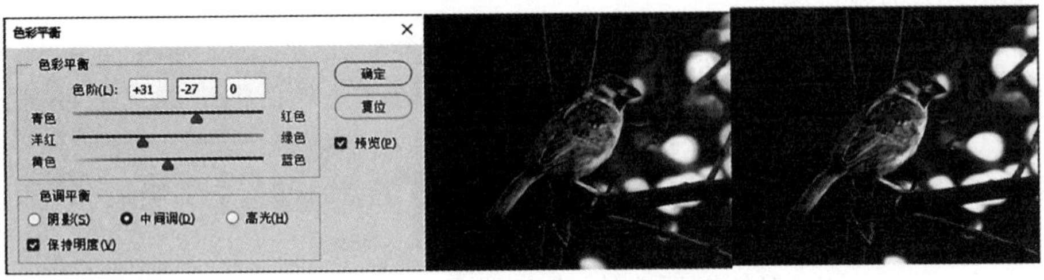

图 5.3.5 色彩平衡应用实例

技能点拨

照片偏色是因光线、拍摄角度、相机等各种自然及人为因素所导致拍摄出的照片颜色与应有的自然颜色相差过多,也就是偏色。遇到图像轻微偏色时,可以使用【色彩平衡】工具调整修正,但是局部偏色或偏色严重的图片修正起来非常复杂,案例中的素材图片,已经看不到原有的山水模样,我们首先要分析它偏色方向,然后有的放矢地减少偏色色相,或者增加偏色对比色实现修正图像。

任务实施

(1)打开 Photoshop 2020 软件,打开"调色原图. jpg"素材,按 Ctrl+J 组合键复制出一个图层。

(2)点击【图层】面板下方的调整图层按钮,在弹出的对话框中选择"色彩平衡"命令,如图 5.3.6 所示,在弹出的对话框中,选中"中间调"色调,对图像增加绿色、蓝色,减少红色。参数设置可参考图 5.3.7 所示。

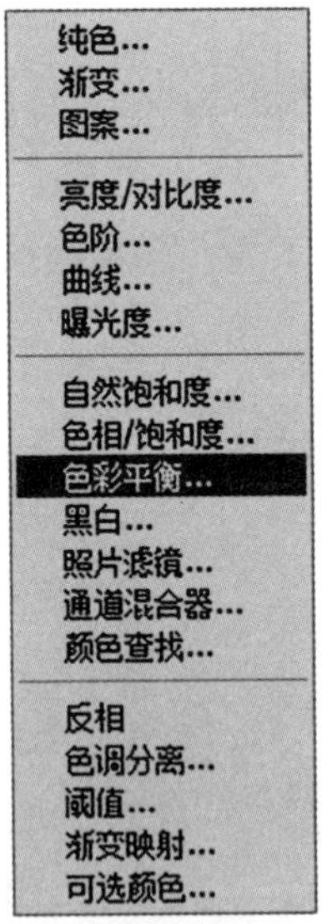

图 5.3.6 "色彩平衡"调整图层

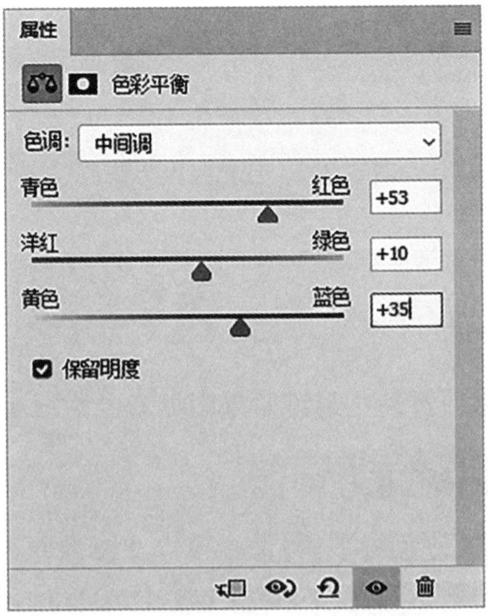

图 5.3.7 "中间调"色彩调整

（3）选中“阴影”色调，对图像增加绿色、蓝色，减少红色。参数设置如图5.3.8所示。

（4）选中“高光”色调，对图像增加红色、绿色和蓝色。参数设置如图5.3.9所示。

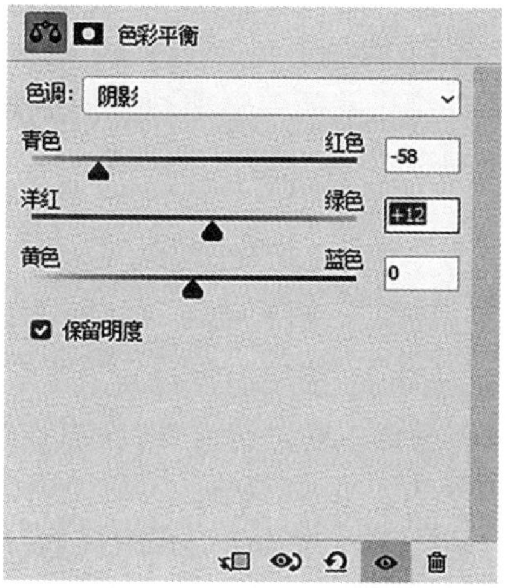

图5.3.8　“阴影”色彩调整

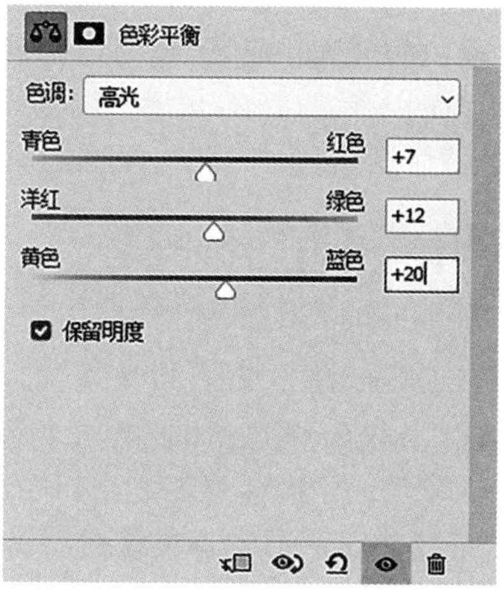

图5.3.9　“高光”色彩调整

（5）单击“确定”按钮，保存图像即可对偏色照片完成色彩校正。最终效果如彩色附图45所示。

任务四　快速蒙版的使用

蒙版并不是在图片上直接选区或擦除，而是在图片上增加一个遮挡。遮住的区域，图片就看不到了。图层蒙版就像是戴口罩、戴面具一样，希望不显示的地方就用蒙版给遮挡起来，想要它显示的时候，你还可以拿开遮挡或者减少遮挡面积。蒙版分为三种，分别为快速蒙版、形状蒙版和图层蒙版。

案例一：快速蒙版美化肌肤

根据素材合成最终效果图见彩色附图46。

知识链接

快速蒙版功能：可以自由地使用画笔，将图片中涂抹形成的区域转化为选区。就可以方便自由地在快速蒙版状态下，使用画笔在图像上涂抹，退出快速蒙版状态时，涂抹部分就变为选区。

特点：选择选区比较粗糙，选择要求较低。

技能点拨

在人物摄影中，如果遇到不完美的肌肤，根据客户需要进行修图。特别是面部肌肤，如果有较大面积的瑕疵和疤痕，我们通常使用【污点修复画笔工具】和【修补工具】。但是如果面部大面积有雀斑、不光滑、肤色不均的情况，就需要选取全脸肌肤进行美肤处理，使用快速蒙版工具，操作简单，能很快地选中除眼口鼻外的面部肌肤。

任务实施

（1）打开 Photoshop 2020 软件，打开“美化肌肤. jpg”素材，按 Ctrl+J 组合键复制出一个图层。双击工具箱最下方的【以快速蒙版模式编辑】按钮，即进入快速蒙版。

（2）使用工具箱中的画笔工具在人物面部和颈部皮肤进行涂抹，唇部和脸部细节涂抹如图 5.4.1 所示。（注：注意不要涂到皮肤以外的区域，如果多涂可以使用橡皮擦拭。）

（3）按快捷键 Q 回到“以标准模式编辑”，再按 Ctrl+Shift+I 组合键反选，得到人物脸部的选区，效果如图 5.4.2 所示，按 Ctrl+J 组合键复制选区内容到新的图层上。

图 5.4.1　画笔涂抹效果

图 5.4.2　人物脸部选区效果

（4）选中选区所在图层，执行【滤镜】菜单下的【锐化】|【USM 锐化】命令，将锐化数量设为 10% 左右，半径为 4.2 像素，阈值为 2 色阶，参数设置和效果如图 5.4.3 所示。

（5）执行【滤镜】菜单下的【模糊】|【高斯模糊】命令，将模糊半径设为 6.6 像素左右，效果如图 5.4.4 所示。

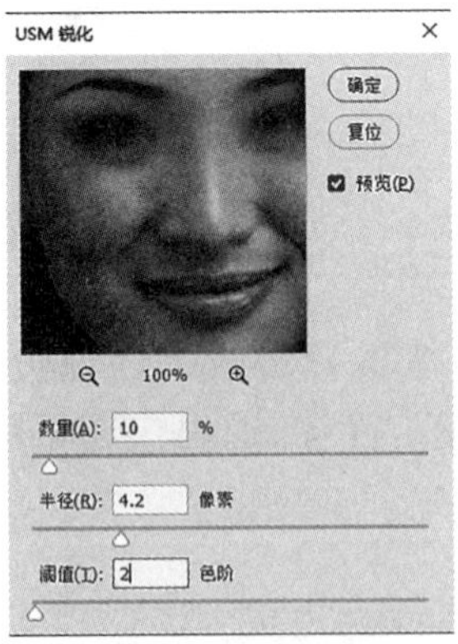

图 5.4.3　锐化参数和使用效果图

图 5.4.4　高斯模糊参数

（6）降低图层的不透明度至 85% 左右，然后再按 Ctrl+L 组合键调整色阶，参数设置如图 5.4.5 所示。

（7）向下合并图层，再按 Ctrl+J 组合键复制一层，将复制出的图层混合模式设为滤色，不透明度降至 40% 左右，再对该层执行 USM 锐化处理，效果如图 5.4.6 所示。

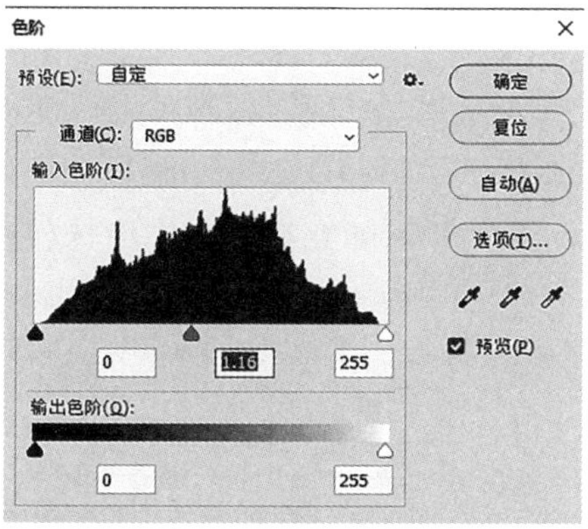

图 5.4.5　“色阶”调整参数

图 5.4.6　混合模式调整

（8）再次合并图层，然后按 Ctrl+B 组合键对色彩平衡进行调整，参数设置如图 5.4.7 所示。保存图像即得到最终效果图（皮肤光滑细腻）如彩色附图 46 所示。

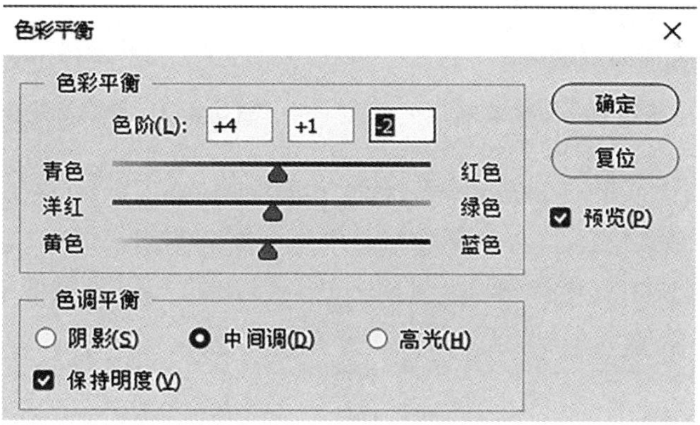

图 5.4.7　“色彩平衡”调整

案例二：快乐童年

快乐童年效果图如彩色附图 47 所示。

技能点拨

快乐童年效果图(附图47)是一幅简单的合成海报。快速蒙版使用方便,制作出的选区能实现随心所欲地涂抹效果,快速蒙版结合滤镜能出现更丰富多样的选取效果。

任务实施

(1)打开 Photoshop 2020 软件,打开“快乐童年.jpg”素材,按 Ctrl+J 组合键复制出一个图层。双击工具箱最下方的【以快速蒙版模式编辑】按钮,即进入快速蒙版。

(2)使用柔边圆的画笔,画笔的大小设置为 300,随意在素材中涂抹(注:要保证人物的完整),形成如图 5.4.8 所示的效果。

(3)使用【滤镜】|【扭曲】|【波浪】,参数设置如图 5.4.9 所示。注:可以多尝试滤镜效果,实现更加丰富的效果。

图 5.4.8 快速蒙版涂抹效果

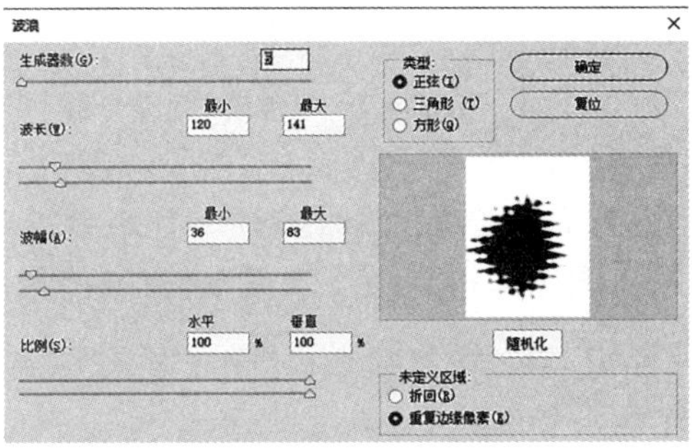

图 5.4.9 波浪滤镜参数

(4)按快捷键 Q 回到“以标准模式编辑”,再按 Ctrl+Shift+I 组合键反选,得到人物的选区,按 Ctrl+C 组合键和 Ctrl+V 组合键复制选区到新的图层上。

(5)打开素材“快乐童年背景.jpg”,将前边复制出的人物图层拖曳进来并调整到合适大小,并添加上“快乐童年”的文字即可实现最终效果。

任务五 形状蒙版的使用

知识链接

形状蒙版是使用矢量图的形状,也可以是文字的形状(如图 5.5.1 中的中图),来显示另一图层中的图片(如图 5.5.1 中的左图),就可实现形状图像效果(如图 5.5.1 中的右图)所示。

形状蒙版可以实现:形状+图片=形状中显示图片。

特点:方便,操作简单,形状可变换,图片可缩放。

图 5.5.1　形状蒙版实现效果

案例：形状蒙版的应用

皮影戏海报效果图如彩色附图 48 所示。

技能点拨

皮影戏海报（彩色附图 48）的制作，除了素材的位置摆放，大小调整，用到了任务中学到的形状蒙版，海报上“皮影戏”三个字，是皮影图片和文字组成的形状蒙版。左下角的皮影图片和花瓶也使用了形状蒙版。形状蒙版中，图片和形状使用灵活，两者都可以调整大小和位置。

任务实施

（1）打开 Photoshop 2020 软件，打开“背景素材. jpg”，按 Ctrl+J 组合键复制出一个图层。

（2）打开“皮影戏文字素材. png”和“皮影素材 1. png”，并将文字和皮影拖曳进背景素材的“背景复制”图层，并将皮影素材复制一层。按 Ctrl+T 组合键，单击右键执行【水平翻转】并适当改变大小放置到“皮”字上方，效果如图 5.5.2 所示。

（3）在图层面板中，按住 Alt 键，鼠标指向文字图层和皮影素材图层之间，当光标变成 时，单击鼠标。同样的方法鼠标指向另一皮影素材图层与下方图层之间，按住 Alt 键，单击鼠标，皮影素材和文字就形成图层蒙版效果，如图 5.5.3 所示。（注：制作成形状蒙版后的图层是相对自由的，每个图层均可改变位置，调整大小。）

图 5.5.2　图层摆放效果

图 5.5.3　形状图层效果

(4)打开“皮影素材 2. png”“窗棂花瓶. png”“皮影素材 3. png”,将三个素材依次拖曳进背景中,并摆放到合适位置,效果如图 5.5.4 所示。

(5)在图层面板中,按住 Alt 键,鼠标指向“皮影素材 3”和“窗棂花瓶”图层之间时,当光标变成时,单击鼠标,制作出皮影人物与花瓶的形状蒙版效果如图 5.5.5 所示,保存文档即可实现最终效果。

图 5.5.4　素材的摆放效果

图 5.5.5　花瓶形状蒙版

任务六　图层蒙版使用技巧

图层蒙版可以理解为在当前图层上遮盖着一层玻璃,这种玻璃有透明、不透明和半透明三种,透明玻璃显示图层内容,不透明玻璃隐藏图层内容,半透明玻璃显示图像的半透明效果。

案例一:相册内页的合成

案例素材最终合成效果图见彩色附图 49。

知识链接

1. 图层蒙版功能

选中一个图层,使用图层面板下方的【添加图层蒙版】命令,为图层添加蒙版(如图 5.6.1 左图),图层蒙版中可以使用黑白灰渐变来控制本层图片信息的显示内容。如果有下面图层(如图 5.6.1 中图)时,能轻松地实现两图层的融合(如图 5.6.1 右图)所示。

图 5.6.1 图层蒙版融合效果

特点:蒙版中的黑色代表蒙上图片信息,白色代表露出图片信息,灰色代表半透明。这种蒙版能实现两个图层图片的自然融合。

2. 图层蒙版的使用

选中要操作的图像图层,在图层面板下方,选择【添加蒙版】按钮,即可建立图层蒙版。此时图层信息右边多了一个方框,右边的方框就是图层蒙版。蒙版中的白色代表蒙版没有遮盖住左侧图像。蒙版中涂抹上黑色,被蒙版中黑色部分涂抹过的部分图像就会被掩藏,而蒙版中的灰色就代表图像呈现半透明状态。

任务实施

(1)打开 Photoshop 2020 软件,打开“背景素材. jpg”,按 Ctrl+J 组合键复制出一个图层,同时打开“素材 1. jpg”“素材 2. jpg”“素材 3. jpg”。

(2)将“素材 1. jpg”拖曳到左侧并调整成合适大小,如图 5. 6. 2 所示。

(3)选择“素材 1”图层,点击图层面板下方的【添加图层蒙版】按钮,图层信息会变成

,“素材 1”图层即建立了图层蒙版。

(4)选中蒙版,在“素材 1”图像上使用黑白灰的径向渐变

,不断调整显示内容区域和大小,确保人物主体没有遮挡。即可得到如图 5. 6. 3 所示的融合效果。(注:蒙版中黑色——遮盖图层信息;蒙版中的白色——未遮盖,显示图层信息。为图层蒙版添加渐变后,可以使用硬度为 0% 的白色画笔在需要的位置涂抹,保证人物主体完整呈现。)

图 5.6.2 拖曳合适位置

图 5.6.3 建立图层蒙版

(5)使用【矩形工具】,绘制一个与方框内部大小一致的矩形,调整素材 2 的大小和位置,放在矩形形状上方图层,按住 Alt 键,当鼠标变作形状蒙版标志时,单击鼠标,即可完成形状蒙版的制作。(注:这时可对形状蒙版中的形状、图片大小和位置进行调节。)

(6)素材 3 的形状蒙版设计重复上述操作完成作品,保存图像即可完成。效果如彩色附图 49 所示。

案例二:浪漫草原行海报

技能点拨

浪漫草原行海报(如彩色附图 50)是蓝天、山脉、草原图像组成的海报,在白色背景下,蓝天图层利用蒙版实现与背景的融合。山脉和草原图层也是用了蒙版实现两张素材的完美融合,中间用不同明度的绿色绘制圆形和线条,文字在位置和字体上做了一些设计,显得生动有趣。

任务实施

(1)打开 Photoshop 2020 软件,新建 10 cm×15 cm 竖版、分辨率为 300 像素/英寸、RGB 颜色模式的新文档。打开"天空素材. jpg""山脉素材. jpg""河流素材. jpg"。

(2)依次将"天空素材. jpg""山脉素材. jpg""河流素材. jpg"拖曳进入新文档中,并调整大小并摆放在合适的位置,效果如图 5.6.4 所示。

图 5.6.4 素材摆放效果

（3）选中天空素材所在的图层，点击图层面板下方的“添加图层蒙版”按钮，在图层面板中添加从下往上黑色向白色的渐变，实现白色背景向天空的渐变，效果如图 5.6.5 所示。

图 5.6.5　天空图层添加蒙版

（4）选中山脉素材所在的图层，在图层中利用磁性套索工具选中山脉上方的天空景物，按 Delete 键删除天空。点击图层面板下方的“添加图层蒙版”按钮，使用硬度为 40% 的黑色柔角画笔在图像山脉下方涂抹，遮盖图层的同时露出下方图层。效果如图 5.6.6 所示。

图 5.6.6　山脉图层蒙版效果

（5）选中河流素材所在的图层，点击图层面板下方的“添加图层蒙版”按钮，使用硬度为 40% 的黑色柔角画笔在河流上方位置涂抹，遮盖图层中不必要的天空部分。效果如图 5.6.7 所示。

图 5.6.7　河流图层蒙版效果

(6)新建图层,选中【视图】菜单下的【标尺】和【显示】|【网格】,创建位于空白区域中心位置的标尺。效果如图 5.6.8 所示。隐藏网格。

图 5.6.8　建立标尺

(7)选择椭圆工具,属性设置为无填充,20 像素深绿色描边(绿色参数 RGB 为 R85,G185,B1),在标尺交叉处按下鼠标左键,按 Shift+Alt+Ctrl 组合键,拖曳鼠标左键绘制正圆形。

(8)新建图层,选择椭圆形状工具,改变属性设置为无填充,3 像素,浅绿色描边(浅绿色参数 RGB 为 R153,G211,B74),在标尺交叉处按下鼠标左键,按 Shift+Alt+Ctrl 组合键,拖曳鼠标左键绘制较小的正圆形。效果如图 5.6.9 所示。

(9)使用字体工具,分别在不同图层写浅绿色"浪""漫"(等线字体)、深绿色"草""原"(姚体字体)。在新图层中使用线条工具绘制深绿色粗细分别为 4 和浅绿色粗细为 2 的线条装饰,深绿或浅绿有填充或无填充的圆形做装饰。选中外侧两个圆形所在图层,将其栅格化为普通图层后,用橡皮工具擦除线条下的圆形,效果如图 5.6.10 所示。保存图像即可完成最终效果。

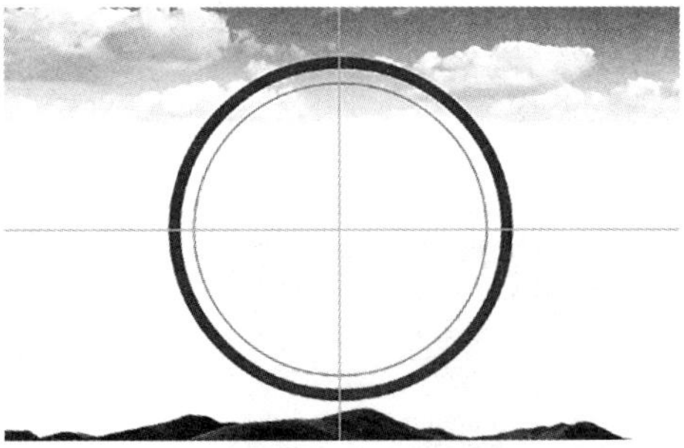

图 5.6.9　形状工具绘制圆形

图 5.6.10　添加文字、线条装饰效果

任务七　通道抠图

案例一:通道抠出杂乱头发

原图及抠图最终效果见彩色附图 51。

知识链接

1. 通道

通道是指存储图像颜色和选区等不同类型信息的灰度图像,即用来制作和编辑选区的灰度图像。

2. 通道抠图的原理

通道抠图是抠图中经常用到的方法,使用通道抠图,主要利用图像的色相差别或者明度差别,配合不同的方法给我们的图像建立选区。在通道里,它是由黑、白、灰三种亮度来显示的,白色代表有,黑色代表无,不同的灰度就代表透明的不同程度。通道抠图可以抠取出复杂毛发、透明婚纱、玻璃杯等。

技能点拨

案例素材的发丝边缘细密杂乱,以前抠图方法能完美地抠取发丝,通道在面对细碎毛发时表现非常优秀。如果我们想将杂乱毛发抠下来,就要利用通道。附图 51 中的素材照片左图比较特殊,发丝飞扬的头发非常飘逸,这用【磁性套索工具】或是“抽出”滤镜都无法完美完成,可以用通道来完成类似复杂的抠图。

任务实施

(1)打开 Photoshop 2020 软件,打开“抠发素材. jpg”素材,按 Ctrl+J 组合键复制出一个图层。

(2)进入复制图层的通道面板,观察红、绿、蓝三个通道三张图片的明度对比度,如图 5.7.1 所示。找出抠取头发和头发背景反差最大的通道,此例中红色通道杂乱发丝和背景差别最大。

图 5.7.1 红、绿、蓝三通道的明度

(3)选中“红”通道,并复制一个“红 拷贝”通道,如图 5.7.2 所示。

(4)选中“红 拷贝”通道,使用【图像】菜单下的【调整】|【色阶】命令,在打开的“色阶”对话框中,调整发丝和背景的明度对比,参数如图 5.7.3 所示,使图像中头发与背景的对比更强烈,效果如图 5.7.4 所示。(注:只关注发丝的调整效果即可。)

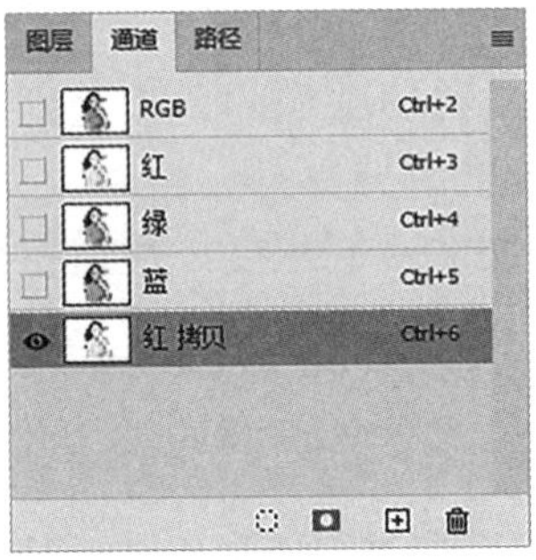

图 5.7.2 红色通道复制图层

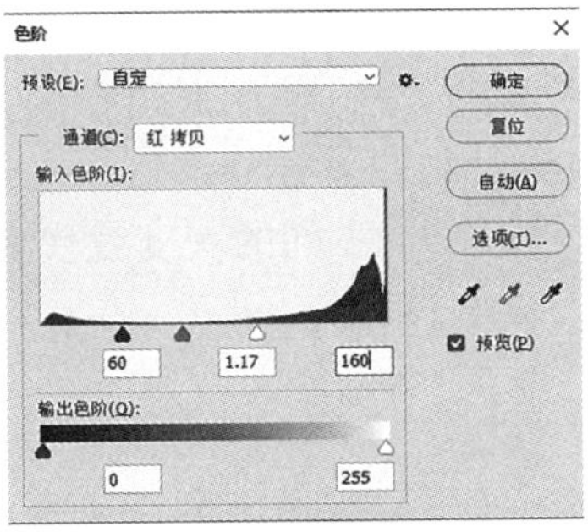

图 5.7.3 色阶参数设置

图 5.7.4 调整色阶效果

(5)使用【图像】菜单下的【调整】|【反相】命令,效果如图 5.7.5 所示。

(6)利用白色画笔涂抹杂乱发丝的不透明区域,使用黑色画笔涂抹整个身体不透明区域,效果如图 5.7.6 所示。按 Ctrl 键同时单击“红 拷贝”通道,将其白色区域载入选区,然后回到图层面板中的背景拷贝图层中,效果如图 5.7.7 所示。(注:利用白色画笔涂抹发丝的不透明区域,是为了保证发丝全部区域被选中。)

图 5.7.5 反相效果

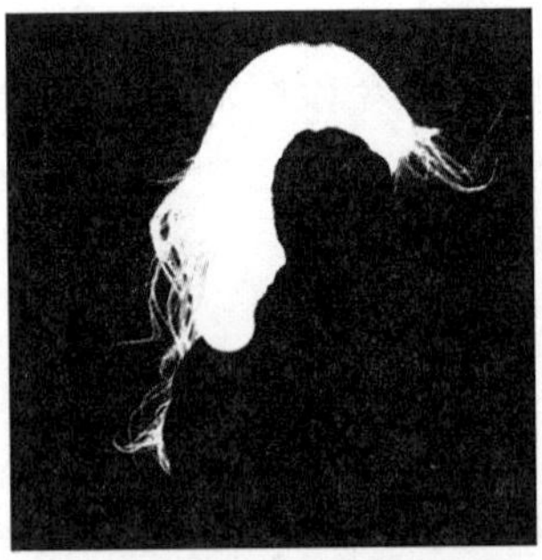

图 5.7.6 白色黑色画笔涂抹效果

(7)按 Ctrl+C 组合键,再按 Ctrl+V 组合键,将美女的飘逸长发抠取出来,效果如图 5.7.8 所示。注:此例中(2)~(5)步骤主要作用是抠取杂乱发丝,在保证抠取出不透明外,可适当多选取一些以免漏掉抠取细节,影响最终效果。

图 5.7.7　背景拷贝图层载入选区

图 5.7.8　抠取出发丝

(8)隐藏杂乱发丝和背景图层。选中"背景 拷贝"图层,为图层添加图层蒙版,在发丝区域用黑色画笔涂抹,抠取出美女面部和身体的细节,效果如图 5.7.9 所示。(注:这里抠取美女除杂乱毛发外其他区域,有多种方法,【磁性套索工具】【魔棒配合套索工具】【快速蒙版工具】【钢笔工具】等均可实现。)

(9)将杂乱发丝图层和身体图层合并,得到如图 5.7.10 所示。将合并后的图层拖曳至准备好的新背景素材中,保存图像即完成最终效果。

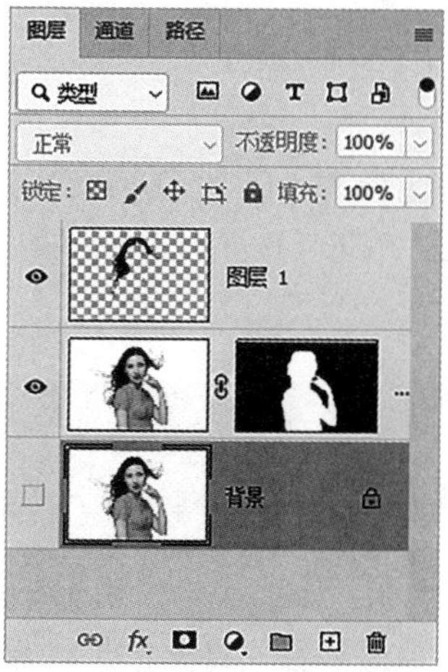

图 5.7.9　蒙版抠取美女身体

图 5.7.10　合并图层

案例二：通道抠出半透明婚纱

原图及抠图最终效果见彩色附图 52。

技能点拨

在美工的工作中，婚纱照片的抠取和合成是常见任务。婚纱照片的特殊之处是婚纱的半透明状态，用以前学过的方法无法实现抠图，但是通道可以很完美地完成这个任务。在通道中，灰度就代表不同程度的透明。

任务实施

（1）打开 Photoshop 2020 软件，打开“婚纱素材. jpg”素材，按 Ctrl+J 组合键复制出一个图层。

（2）打开复制出的“背景 拷贝”图层，进入通道面板，观察红、绿、蓝三个通道的明度对比度，如图 5.7.11 所示，选择要抠取的婚纱与背景反差最大的红色通道，并复制一个“红 拷贝”通道。

图 5.7.11　红、绿、蓝色通道对比效果

（3）选中“红 拷贝”通道，使用【图像】菜单下的【调整】|【色阶】命令，在打开的“色阶”对话框中，调整婚纱和背景的明度对比，参数如图 5.7.12 所示，使图像中婚纱与背景的对比更强烈，效果如图 5.7.13 所示。

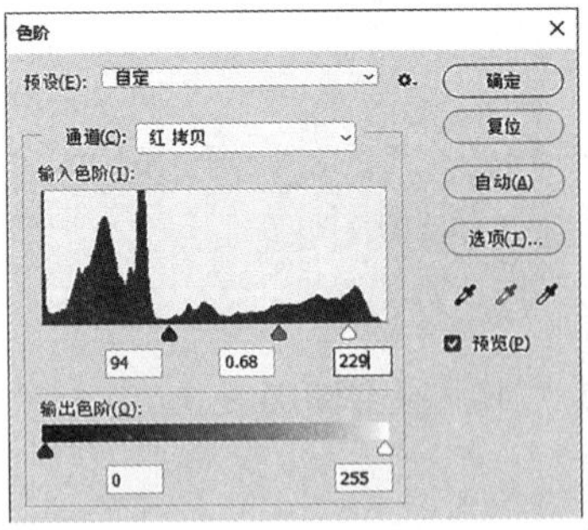

图 5.7.12　色阶参数

图 5.7.13　调整色阶后效果

（4）按 Ctrl 键同时单击“红 拷贝”通道，将其白色区域载入选区，使用【套索工具】的

【减选区工具】将婚纱以外的区域去除，如图 5.7.14 所示。

(5)回到图层面板中的“背景 拷贝”图层中，按 Ctrl+C 组合键和 Ctrl+V 组合键，将婚纱从图层中复制出一个新的图层，如图 5.7.15 所示。

图 5.7.14　将婚纱载入选区

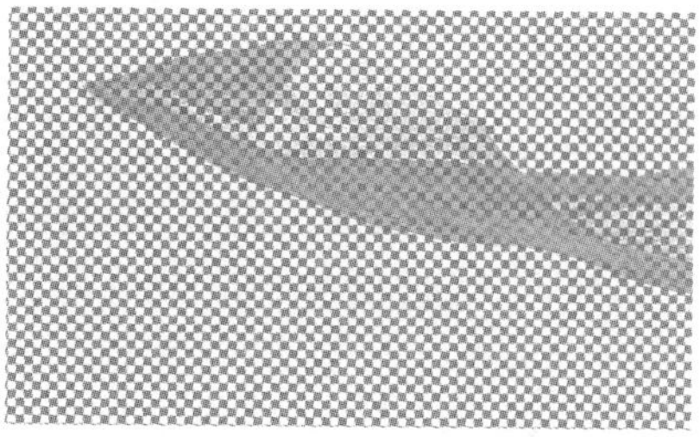

图 5.7.15　婚纱抠取效果

(6)回到“背景 拷贝”图层，用【磁性套索工具】把人物的主体选出来(头纱除外)，如图 5.7.16 所示。按 Ctrl+C 组合键和 Ctrl+V 组合键，将人物从背景中复制出一个图层，如图 5.7.17 所示。

图 5.7.16　套取人物

图 5.7.17　复制出人物图层

(7)将婚纱和人物图层合并，并拖曳进准备好的背景素材中，保存图像即完成效果，如彩色附图 52。(注：要想得到透明婚纱的完美抠图，必须有耐心，反复尝试参数，直到得到满意结果。如果觉得婚纱透明度太低，可以将婚纱再次复制叠加在一起。)

项目六　图像创意设计

在 Photoshop 中,图层和滤镜是最重要和常用的两个功能,本项目我们就来系统地学习图层和滤镜的技能点拨。通过本章内容的学习可以熟练地应用图层知识,掌握滤镜的各项功能和特点,通过反复地实践练习,制作出丰富多变的图像效果。

项目导读

图像创意设计需要掌握图层的编辑方法和技巧,掌握图层样式的添加方法和技巧,掌握各滤镜组中滤镜的综合应用技巧,掌握画笔预设和使用。

任务一　图层的操作

案例:制作旋转线条

旋转线条制作效果见彩色附图 53。

知识链接

1. 图层的概念

在 Photoshop 中,我们可以把图层理解为透明的纸,不同内容分别放在不同的图层,所有图层叠在一起组成一幅完整的图像。在绘图过程中,独立的图层方便我们对图像的不同部分进行修改和处理,并且不影响其他图层的内容。

2. 图层的类型

在 Photoshop 中,一共有五种图层类型,分别为背景图层、普通图层、调整图层和填充图层、形状图层、文字图层。

(1)背景图层:新建的图像一般都有一个背景图层,它不能设置合成模式,不能调整透明度,不能移动其中的内容,不能设置图层样式和图层蒙版等。

(2)普通图层:普通图层可以执行所有的操作,是 Photoshop 中最常用的图层。

(3)调整图层和填充图层:调整图层和填充图层都是单独新建的图层,用来调整图像的整体色调,使用单色、渐变色或图案填充图层且不影响原图像。

(4)形状图层:利用形状工具绘制形状时自动生成的图层,只可以存放形状。

(5)文字图层:使用文字工具输入文字时自动生成的图层,只可以存放文本。

3."图层"面板

图层的显示和编辑都在"图层"面板中呈现,执行【窗口】|【图层】命令,或点击 F7 键,系统将打开"图层"面板,如图 6.1.1 所示。

4. 图层的操作

(1)选择图层。选择图层有以下几种方法:

1)使用鼠标。单击"图层"控制面板中的一个图层,可以选择这个图层。

2)使用鼠标右键。点击 V 键,选择【移动工具】,用鼠标右键单击图像,弹出一组供选择的图层选项菜单,选择所需要的图层。将光标靠近需要的图像进行以上操作,可以选择这个图像所在的图层。

(2)新建图层。有以下几种新建图层的方法:

1)单击"图层"面板右上角的图标,在弹出的下拉列表中选择"新建图层"命令,系统将打开"新建图层"对话框。

图 6.1.1　"图层"面板

2)单击"图层"控制面板中的"创建新图层"按钮,会自动新建一个图层。按 Alt 键,单击"图层"控制面板中的"创建新图层"按钮,系统将打开"新建图层"对话框。

3)单击图层菜单,执行【图层】|【新建】|【图层】命令,或者按 Shift+Ctrl+N 组合键也将打开"新建图层"对话框。

(3)复制图层。有以下几种复制图层的方法:

1)单击"图层"面板右上角的图标,在弹出的下拉列表中选择"复制图层"命令,系统将打开"复制图层"对话框。

2)用鼠标拖曳"图层"控制面板中需要复制的图层到"创建新图层"按钮上,可以将选中的图层复制为图层副本。

3)单击图层菜单,执行【图层】|【复制图层】命令,将打开"复制图层"对话框。

(4)合并图层。有以下几种合并图层的方法:

1)"向下合并"命令用于向下合并一个图层。单击"图层"控制面板右上角的图标,在弹出的下拉菜单中选择"向下合并"命令,或按 Ctrl+E 组合键。

2)"向下合并"命令用于合并所有可见图层。单击"图层"控制面板右上角的图标,在弹出的下拉菜单中选择"合并可见图层"命令,或点击按 Shift+Ctrl+E 组合键。

3)"拼合图像"命令用于合并所有图层。单击"图层"控制面板右上角的图标,在弹出的下拉菜单中选择"拼合图像"命令,或在菜单中选择【图层】|【拼合图像】命令。

(5)显示和隐藏图层。在"图层"面板中单击图层左侧的按钮,图标消失,该图层就被隐藏,再次单击,图层即可恢复显示。

(6)删除图层。有以下几种删除图层的方法：

1)选中需要删除的图层，单击“图层”面板下面的“删除图层按钮”。

2)选中需要删除的图层，执行【图层】|【删除】|【图层】命令。

3)选中需要删除的图层，单击“图层”面板右上角的图标，在弹出的下拉列表中选择“删除图层”命令。

技能点拨

本案例使用矩形工具绘制线条，通过变形、放大、缩小等操作丰富画面中的线条，使用渐变工具填充色彩、丰富画面，从而产生炫酷效果，效果如彩色附图 53 所示。

任务实施

(1)打开 Photoshop 2020 软件，按 Ctrl+N 组合键，新建文件，命名为“旋转线条”，宽度为 600 像素，高度为 800 像素，分辨率为 72 像素/英寸，色彩模式为 RGB，背景颜色为白色，单击“创建”按钮。

(2)前景色调整为黑色，新建图层 1，填充前景色。

(3)使用矩形工具，按 Shift 键，在画布上画出正方形，执行【编辑】|【描边】命令，描边宽度为 1 像素，颜色为白色，参数设置如图 6.1.2 所示，按 Ctrl+D 组合键，取消选择，效果如图 6.1.3 所示。

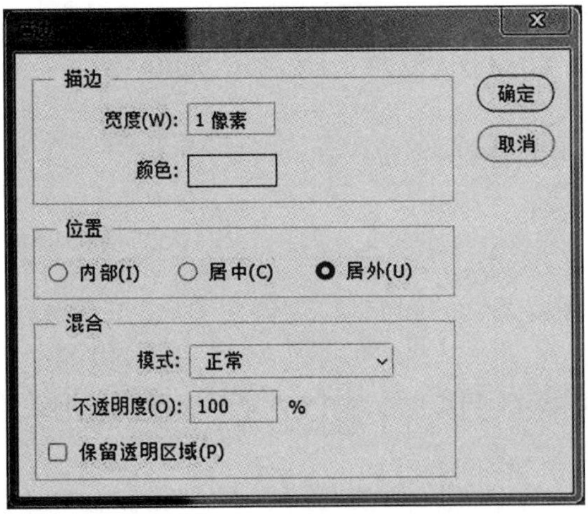

图 6.1.2 “描边”对话框

图 6.1.3 描边效果

(4)按 Ctrl+J 组合键，复制图层，生成新图层“图层 1 拷贝”，按 Ctrl+T 组合键缩小并旋转，按 Enter 键确定，效果如图 6.1.4 所示。

(5)重复按 Ctrl+Shift+Alt+T 组合键，进行多次变换，如图 6.1.5 所示。

图 6.1.4　对图形进行变换操作

图 6.1.5　执行多次变换效果

(6)选中所有的线条图层,点击鼠标右键选择"转换为智能对象",将图层重命名为"线条 1",如图 6.1.6 所示。

(7)复制"线条 1"生成新图层,重命名为"线条 2",按 Ctrl+T 组合键旋转,按 Enter 键确定,如图 6.1.7 所示。

图 6.1.6　转换"智能对象"

图 6.1.7　对"线条 2"图层进行变换操作

(8)同时选中"线条 1"和"线条 2",按 Ctrl+T 组合键放大线条,按 Enter 键确定,如图 6.1.8 所示。

(9)新建图层,重命名为"渐变",选择渐变工具,打开渐变编辑器,颜色参数设置为紫色(e515ed)和蓝色(180fbc),参数设置如图 6.1.9 所示,图层模式调整为"颜色"。效果如彩色附图 53 所示。

图 6.1.8 变换效果

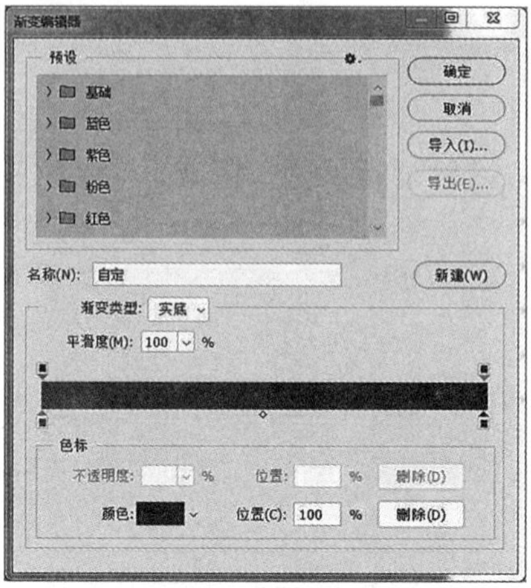

图 6.1.9 “渐变编辑器”对话框参数设置

任务二 图层的应用

案例：制作冰激凌海报

冰激凌海报制作效果见彩色附图 54。

技能点拨

运用图层的复制、选择、移动、合并等基本操作，配合提供的素材，制作冰激凌海报。

任务实施

(1)打开 Photoshop 2020 软件，按 Ctrl+N 组合键，新建文件，命名为“冰激凌海报”，宽度为 600 像素，高度为 800 像素，分辨率为 72 像素/英寸，色彩模式为 RGB，背景颜色为白色，单击“创建”按钮。

(2)按 Ctrl+O 组合键打开素材文件“背景线条. jpg”，双击图层面板中的背景图层，解锁背景图层。

(3)使用【移动工具】将背景素材移动到“冰激凌海报”画布上，自动生成图层 1，按 Ctrl+T 组合键对图片进行调整，效果如图 6.2.1 所示。

图 6.2.1 调整素材大小

(4)新建图层 3，前景色设置为绿色(#88ae33)，使用“矩形选框工具”在画布中画出一个矩形，执行【编辑】|【描边】命令，描边宽度设置 3 像素，参数设置如图 6.2.2 所示，效果如图 6.2.3 所示。

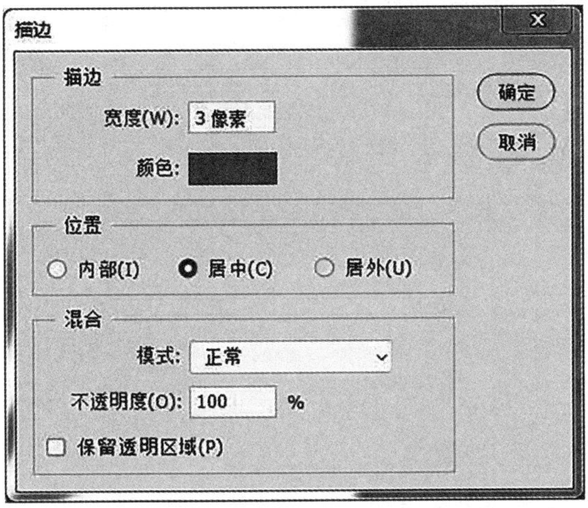

图 6.2.2　“描边”对话框参数设置

图 6.2.3　执行描边效果

(5)新建图层 3,按 Shift+Alt 组合键,使用【椭圆选框工具】在画布中画出一个正圆形,填充前景色,效果如图 6.2.4 所示。

(6)复制图层 3,生成新图层“图层 3 拷贝”,使用【移动工具】把圆形移动到合适位置,如图 6.2.5 所示。

图 6.2.4　绘制正圆

图 6.2.5　拷贝图层效果

(7)新建图层,按 Shift+Alt 组合键,使用【椭圆选框工具】在画布中画出一个正圆,执行【编辑】|【描边】命令,描边宽度设置 3 像素,按 Alt 键,拖动鼠标左键,复制 2 个同样的正圆,效果如图 6.2.6 所示。

(8)选中三个圆所在的图层,按 Ctrl+E 组合键,合并图层,生成新的图层,重命名为“爱夏天”。

(9)复制图层“爱夏天”,生成新的图层,重命名为“爱抹茶”(如图 6.2.7),使用鼠标拖动圆形到画布的右侧,效果如图 6.2.8 所示。

(10)选中“图层 2”,使用橡皮擦工具擦除圆形中多余的线条,如图 6.2.9 所示。

图 6.2.6 描边三个正圆

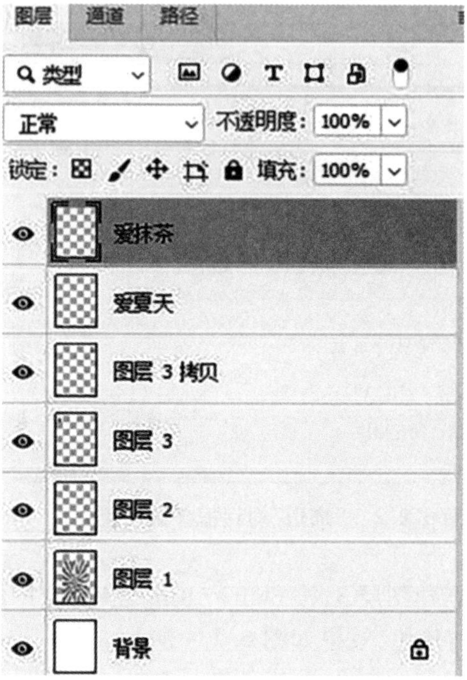

图 6.2.7 新建图层重命名“爱抹茶”

图 6.2.8 复制图层

图 6.2.9 擦除多余线条

(11)文字工具,分别在 6 个圆形中输入文字“爱夏天爱抹茶”,如图 6.2.10 所示。

(12)前景色调整为白色,新建图层 4,使用自定义形状工具,在形状列表中选择“花卉 44”,绘制两朵小花,分别放在两个绿色的圆形中,如图 6.2.11 所示。

图 6.2.10 输入文字

图 6.2.11 添加自定义图形

(13)打开素材文件“抹茶冰激凌.psd”,使用移动工具将文件中的冰激凌移动到“冰激凌海报”文件中,自动生成新图层“冰激凌”,按 Ctrl+T 组合键调整图像大小,如图 6.2.12 所示。

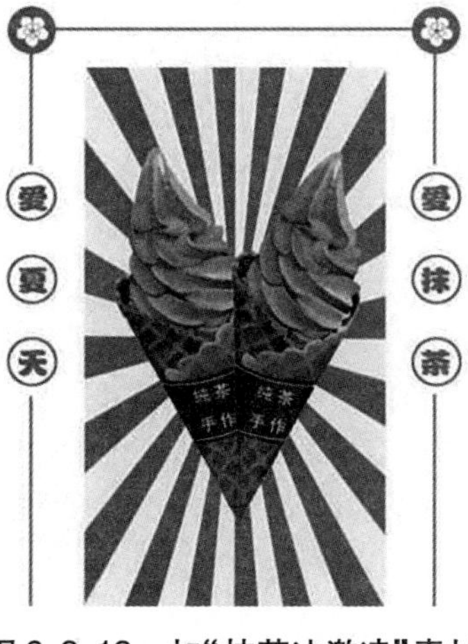

图 6.2.12 加“抹茶冰激凌”素材

(14)按 Ctrl 键,鼠标左键在图层面板中单击冰激凌图层的“图层缩览图”,选中图像,执行【编辑】|【描边】命令,描边宽度设置 10 像素,效果如彩色附图 54 所示。

任务三 “滤镜库”“模糊滤镜”的应用

案例一：大雪纷飞

素材原图及最终效果图见彩色附图 55。

知识链接

1. 滤镜库

滤镜库将许多常用滤镜组合放在一个面板中，以折叠菜单的方式呈现，并为每一个滤镜提供了预览效果，操作起来直观方便，省时省力。

执行【滤镜】|【滤镜库】命令，直接打开“滤镜库”对话框，如图 6.3.1 所示。在该对话框左侧是图像预览区域，中间是滤镜列表，单击需要的滤镜组，可以看到相应的滤镜和效果，右侧可以设置滤镜参数，右下角可以显示出当前应用在图像上的所有滤镜，滤镜库中的滤镜可以叠加使用。

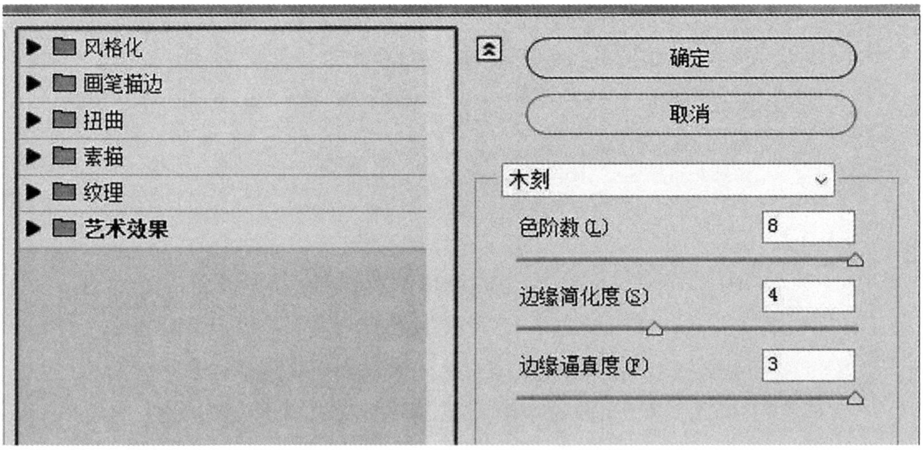

图 6.3.1 “滤镜库”对话框

(1)“风格化”滤镜组。“风格化”滤镜组只有一个照亮边缘滤镜，如图 6.3.2 所示。

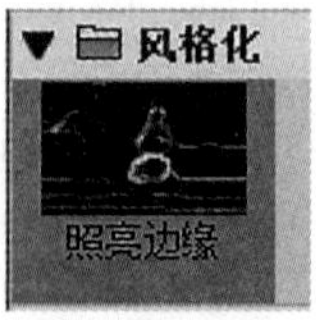

图 6.3.2 照亮边缘效果

(2)“画笔描边”滤镜组。“画笔描边”滤镜组包含 8 个滤镜，如图 6.3.3 所示。这组滤镜对 CMYK 和 Lab 颜色模式的图像不起任何作用，应用效果如图 6.3.4 所示。

1)成角的线条滤镜：执行成角的线条勾画图像。其中参数方向平衡可以调节向左下角和右下角勾画的强度，线条长度用来控制成角线条的长度。

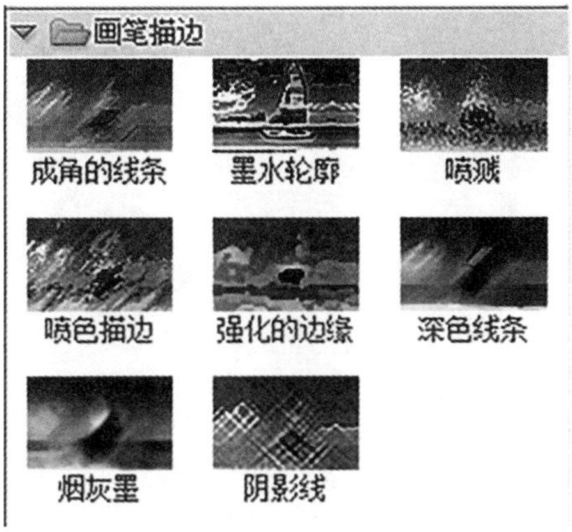

图 6.3.3　“画笔描边”滤镜组

图 6.3.4　应用“画笔描边”滤镜效果

2)墨水轮廓滤镜:可以产生使用墨水笔勾画图像轮廓线的效果,使图像具有比较明显的轮廓。

3)喷溅滤镜:创建一种类似透过浴室玻璃观看图像的效果。其中参数喷色半径为形成喷溅色块的半径,平滑度表示为喷溅色块之间过渡的平滑度。

4)喷色描边滤镜:执行所选图像的主色,并用成角的、喷溅的颜色线条来描绘图像,与喷溅滤镜的效果很相似。

5)强化的边缘滤镜:将图像的色彩边界进行强化处理,设置较高的边缘亮度值,将增大边界的亮度;设置较低的边缘亮度值,将降低边界的亮度。

6)深色线条滤镜:用黑色线条描绘图像的暗区,用白色线条描绘图像的亮区。

7)烟灰墨滤镜:类似应用深色线条滤镜之后又模糊的效果。

8)阴影线:类似用铅笔阴影线的笔触对所选的图像进行勾画的效果,与成角的线条滤镜的效果相似。

(3)“扭曲”滤镜组。“扭曲”滤镜组包含 3 个滤镜,如图 6.3.5 所示,滤镜应用效果如图 6.3.6 所示。

图 6.3.5 “扭曲”滤镜组

图 6.3.6 应用“扭曲”滤镜效果

(4)“素描”滤镜组。“素描”滤镜组包含 14 个滤镜,如图 6.3.7 所示。这组滤镜只对 RGB 和灰度模式的图像起作用。

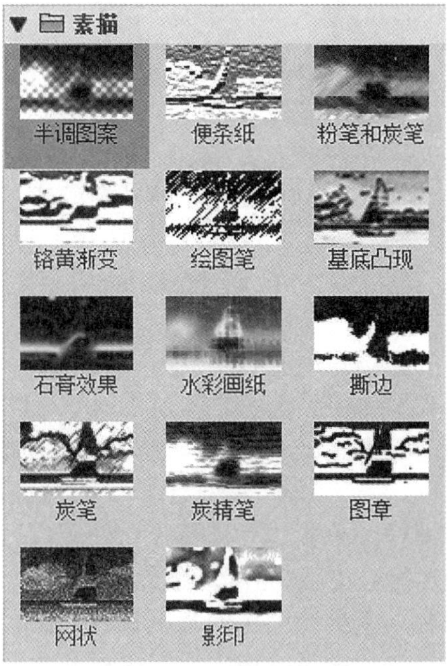

图 6.3.7 “素描”滤镜组

1)“半调图案”滤镜:模拟半调网屏的效果,且保持连续的色调范围。调节参数中,“大小”可以调节图案的尺寸,“对比度”可以调节图像的对比度。图案类型共包括圆圈、网点和直线三种。

2)“便条纸”滤镜:模拟纸浮雕的效果。类似于颗粒滤镜和浮雕滤镜先后作用于图像所产生的效果。

3)“粉笔和炭笔”滤镜:创建类似炭笔素描的效果。粉笔绘制图像背景,炭笔线条勾画暗区。粉笔绘制区应用背景色,炭笔绘制区应用前景色。

4)“铬黄渐变”滤镜:将图像处理成银质的铬黄表面效果。亮部为高反射点,暗部为低反射点。

5)“绘图笔”滤镜:执行线状油墨来勾画原图像的细节。油墨应用前景色,纸张应用背景色。

6)“基底凸现”滤镜:变换图像使之呈浮雕和突出光照共同作用下的效果。图像的暗区执行前景色替换,浅色部分执行背景色替换。

7)“水彩画纸”滤镜:产生类似在纤维纸上的涂抹效果,并使颜色相互混合。

8)“撕边”滤镜:使图像呈现撕破的纸片状,并用前景色和背景色对图像着色。

9)“塑料效果”滤镜:模拟塑料浮雕效果,并用前景色和背景色对图像着色。暗区凸起,亮区凹陷。

10)“炭笔”滤镜:产生色调分离的、涂抹的素描效果。边缘执行粗线条绘制,中间色调用对角描边进行勾画。炭笔应用前景色,纸张应用背景色。

11)“炭精笔”滤镜:可以用来模拟炭精笔的纹理效果。在暗区执行前景色,在亮区执行背景色。调节参数:前景色阶可以调节前景色的作用强度,背景色阶可以调节背景色的作用强度。

12)“图章”滤镜:简化图像,使之呈现图章盖印的效果,此滤镜用于黑白图像时效果最佳。

13)“网状”滤镜:使图像的暗调区域结块,高光区域好像被轻微颗粒化。

14)“影印”滤镜:模拟影印图像效果。暗区趋向于边缘的描绘,而中间色调为纯白色或纯黑色。

(5)“纹理”滤镜组。“纹理”滤镜组包含 6 个滤镜,如图 6.3.8 所示,滤镜应用效果如图 6.3.9 所示。

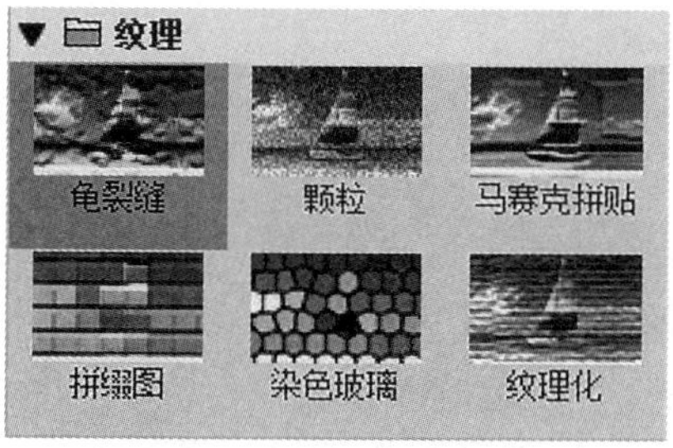

图 6.3.8　“纹理”滤镜组

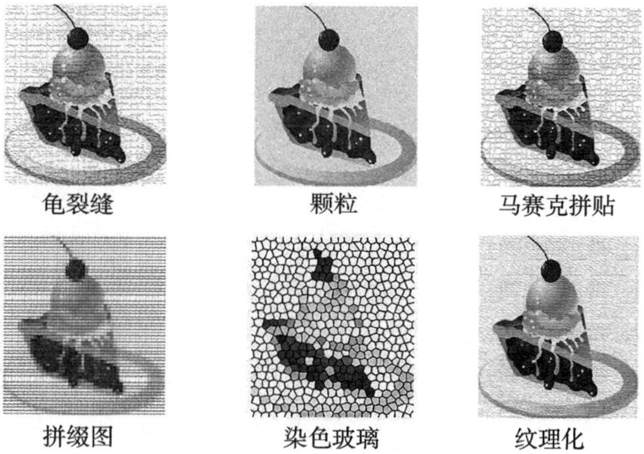

图 6.3.9　应用“纹理”滤镜组效果

1)“龟裂缝”滤镜:根据图像的等高线生成精细的纹理,应用此纹理使图像产生浮雕的效果。

2)“颗粒”滤镜:模拟不同的颗粒(常规、软化、喷洒、结块、强反差、扩大、点刻、水平、垂直和斑点)纹理添加到图像的效果。

3)“马赛克拼贴”滤镜:使图像看起来由方形的拼贴块组成,而且图像呈现出浮雕效果。

4)“拼缀图”滤镜:将图像分解为由若干方形块拼成的效果,方形块的颜色由该区域的主色决定。

5)“染色玻璃”滤镜:将图像重新绘制成彩块玻璃效果,边框由前景色填充。

6)“纹理化”滤镜:对图像直接应用自己选择的纹理。

(6)“艺术效果”滤镜组。“艺术效果”滤镜组包含 15 个滤镜,如图 6.3.10 所示。这组滤镜只对 RGB 颜色模式和多通道模式的图像起作用。

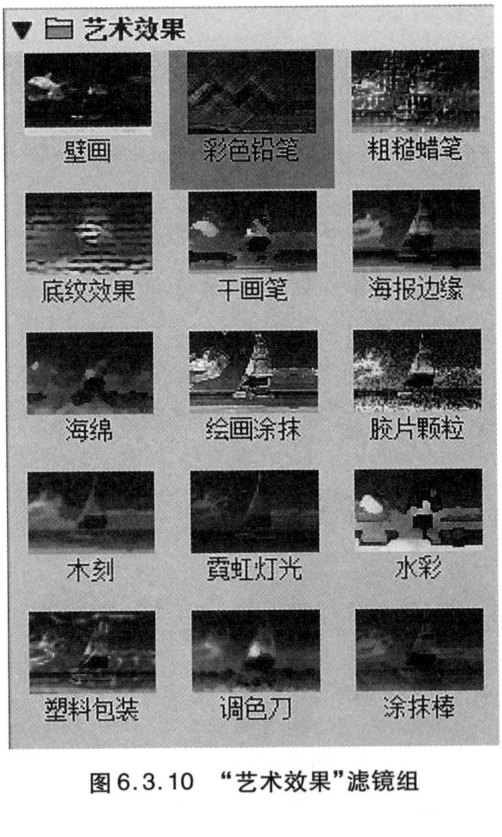

图 6.3.10 “艺术效果”滤镜组

1)“壁画”滤镜:执行小块的颜料来粗糙地绘制图像。

2)“彩色铅笔”滤镜:执行彩色铅笔在纯色背景上绘制图像。

3)“粗糙蜡笔”滤镜:模拟用彩色蜡笔在带纹理的图像上的描边效果。

4)“底纹效果”滤镜:模拟选择的纹理与图像相互融合在一起的效果。

5)“干画笔”滤镜:执行干画笔绘制图像,形成介于油画和水彩画之间的效果。

6)“海报边缘”滤镜:执行黑色线条绘制图像的边缘。

7)“海绵”滤镜:使图像看起来像是用海绵绘制的一样。

8)“绘画涂抹”滤镜:执行不同类型的效果涂抹图像。

9)“胶片颗粒”滤镜:模拟图像的胶片颗粒效果。

10)“木刻”滤镜:将图像描绘成如同用彩色纸片拼贴的效果。

11)“霓虹灯光”滤镜:模拟霓虹灯光照射图像的效果,图像背景用前景色填充。

12)“水彩”滤镜:模拟水彩风格的图像。

13)“塑料包装”滤镜:将图像的细节部分涂上一层发光的塑料。

14)“调色刀”滤镜:降低图像的细节并淡化图像,使图像呈现出绘制在湿润的画布上的效果。

15)“涂抹棒”滤镜:用对角线描边涂抹图像的暗区以柔化图像。

2. 模糊滤镜

模糊滤镜主要是使选区或图像柔和,淡化图像中不同色彩的边界,以达到遮掩图像的缺陷或创造出特殊效果的作用。“模糊”滤镜组包含 11 个滤镜,如图 6. 3. 11 所示。滤镜应用效果如图 6. 3. 12 所示。

(1)“表面模糊”滤镜:可以在保留图像边缘的同时模糊图像,可以用来创建特殊效果并消除杂色。如果只应用一次效果不明显,可以重复应用多次。

(2)“动感模糊”滤镜:可以使图像产生动态模糊的效果,它模仿曝光过程中运动或未拿稳相机的效果。

(3)“方框模糊”滤镜:以一定大小的矩形为单位,对矩形内包含的像素点进行整体模糊运算并生成相关预览。

(4)“高斯模糊”滤镜:可以向图像中添加低频细节,使图像产生一种朦胧的模糊效果,是常用的一种模糊滤镜。

(5)“进一步模糊”滤镜:产生的模糊效果为“模糊”滤镜效果的 3 ~4 倍。

(6)“径向模糊”滤镜:用于模拟缩放或旋转相机时所产生的模糊效果,产生的是一种柔化效果。

(7)“镜头模糊”滤镜:向图像中添加模糊以产生更窄的景深效果,以便使图像中的一些对象在焦点内,而使另一些区域变模糊。

(8)“模糊”滤镜:产生轻微的模糊效果。

(9)“平均”滤镜:可以查找图像的平滑颜色,然后以该颜色值填充图像,创建平滑的外观。

(10)“特殊模糊”滤镜:可以产生多种模糊效果,使图像的层次感减弱,其中参数半径表示滤镜要模糊的距离。

(11)“形状模糊”滤镜:可以使用指定的形状创建特殊的模糊效果。

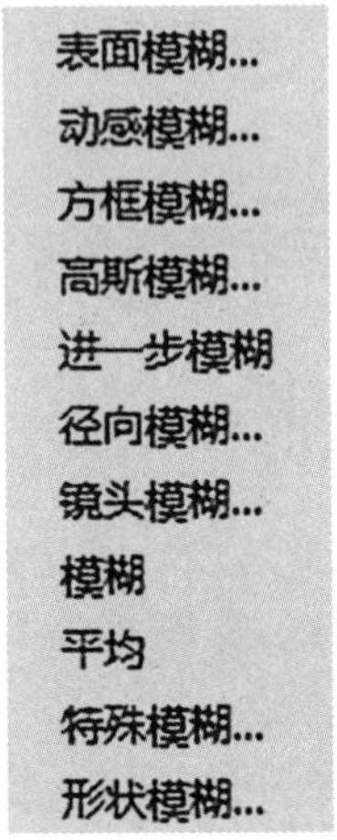

图 6.3.11 “模糊”滤镜组菜单

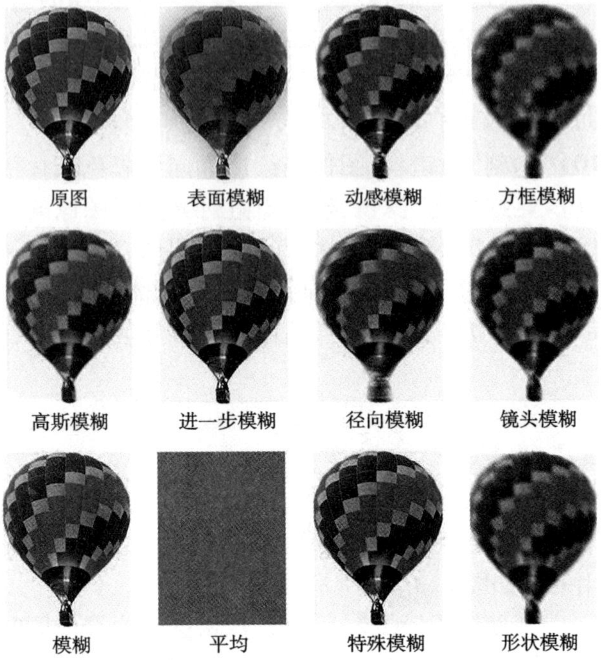

图 6.3.12 应用“模糊”滤镜效果

3. 模糊画廊滤镜

模糊画廊滤镜组包含 5 个滤镜，如图 6.3.13 所示。

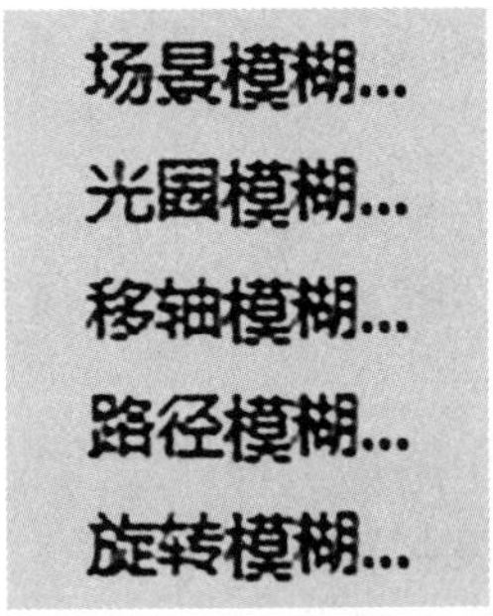

图 6.3.13 “模糊画廊”滤镜菜单

滤镜应用效果如图 6.3.14 所示。

(1)“场景模糊”滤镜：用于制造“大光圈聚集”的效果，此滤镜便于实现对场景的局部虚化。

(2)“光圈模糊”滤镜：和“场景模糊”滤镜相似，限定的范围更加严格，在一个椭圆形区域内可以对调整区域线周围以及向外的部位进行模糊化，锚点周围的区域会保持清晰。

图 6.3.14　应用"模糊画廊"滤镜组效果

(3)"移轴模糊"滤镜:产生让图片的前景保持清晰、图片的背景模糊的效果。

(4)"路径模糊"滤镜:可以沿着路径创建运动模糊效果。

(5)"旋转模糊"滤镜:通常用来创建圆形或椭圆形的模糊效果。

技能点拨

用一张"冬日"图片来展示冬季难免有些单调,本案例通过在图像上综合使用"像素化"滤镜、"扭曲"滤镜、"模糊"滤镜,从而制作出漫天飞雪的效果(如彩色附图 55),效果图中整个画面冬季的气息扑面而来。

任务实施

(1)打开 Photoshop 2020 软件,按 Ctrl+O 组合键,打开素材文件"冬日.jpg"。

(2)使用【移动工具】,在图层面板中拖动背景图层到"创建新图层",点击按钮,复制产生新的"背景副本"图层,如图 6.3.15 所示。

(3)选中"背景副本"图层,执行【滤镜】|【像素化】|【点状化】命令,弹出"点状化"对话框,其中"单元格大小"选项设置为 9,如图 6.3.16 所示,效果如图 6.3.17 所示。

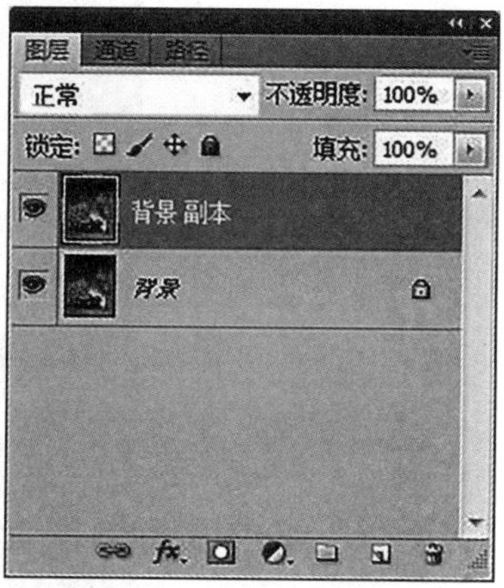

图 6.3.15　"背景副本"图层

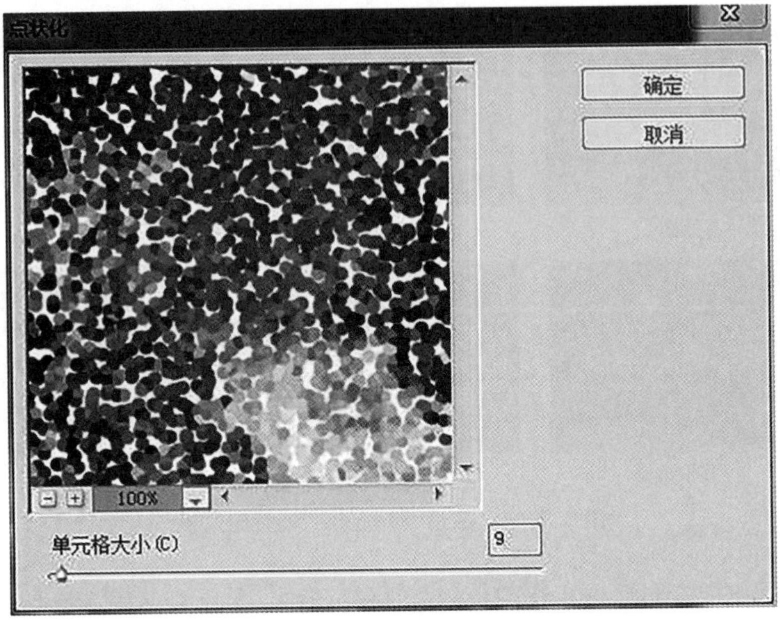

图 6.3.16 “点状化”滤镜对话框

图 6.3.17 应用“点状化”滤镜效果

(4)执行【图像】|【调整】|【阈值】命令,在弹出的“阈值”对话框中将“阈值色阶”选项调整为 160,如图 6.3.18 所示,效果如图 6.3.19 所示。

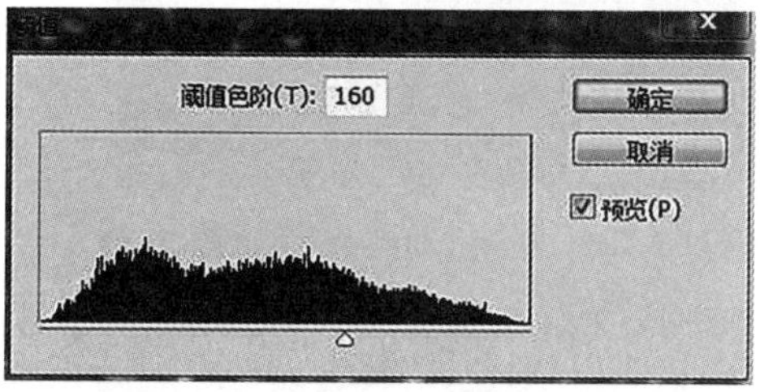

图 6.3.18　调整“阈值”对话框

图 6.3.19　应用“阈值”命令效果

(5)执行【滤镜】|【扭曲】|【波纹】命令,在弹出的“波纹”对话框中,将“数量”选项设置为 150,如图 6.3.20 所示,效果如图 6.3.21 所示。

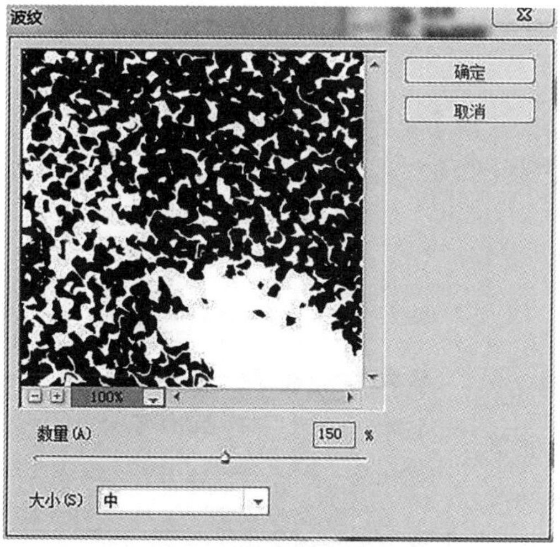

图 6.3.20　“波纹”滤镜对话框

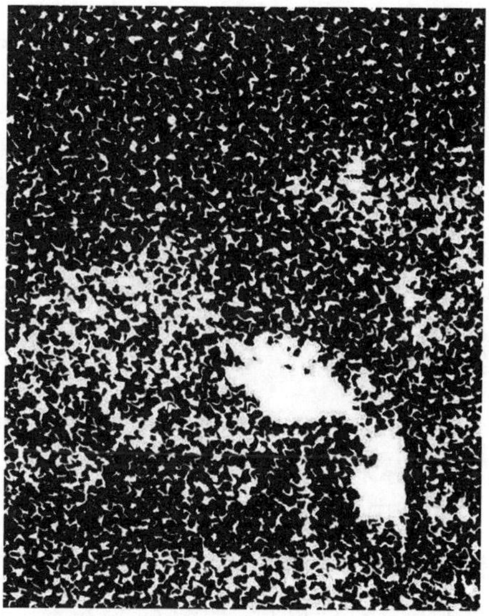

图 6.3.21　应用“波纹”滤镜效果

(6)执行【滤镜】|【模糊】|【动感模糊】命令,打开“动感模糊”对话框,将“角度”选项设置为 50,如图 6.3.22 所示,效果如图 6.3.23 所示。

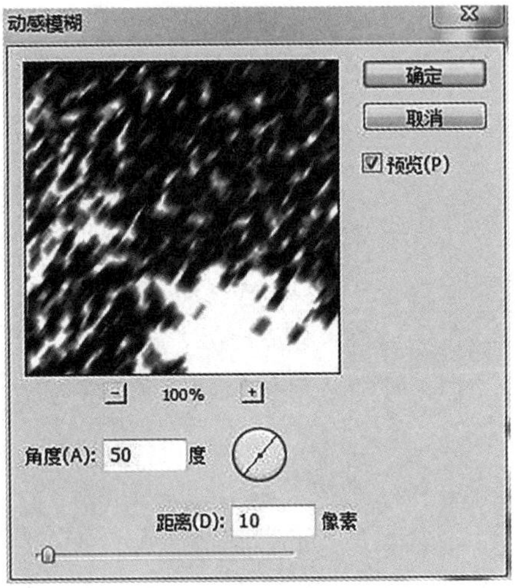

图 6.3.22 “动感模糊”对话框

图 6.3.23 应用“动感模糊滤镜”效果

(7)将“图层”面板中的“设置图层混合模式”设置为滤色,“大雪纷飞”案例完成,最终效果如彩色附图 55 所示。

案例二:制作拼贴画

素材原图及最终效果图见彩色附图 56。

技能点拨

本案例通过在素材图片上使用【矩形选框工具】配合“马赛克拼贴”滤镜、“描边”命令,从而制作出拼贴效果的海底世界(如彩色附图 56),使图片更有层次感,仿佛图片中的小鱼真的在大海中自由自在地畅游。

任务实施

(1)打开 Photoshop 2020 软件,按 Ctrl+O 组合键,打开素材文件“海底.jpg”。

(2)使用移动工具,在“图层”面板中拖动“背景图层”到“创建新图层”按钮,复制产生新的“背景 拷贝”图层,如图 6.3.24 所示。

(3)执行【滤镜】|【滤镜库】命令,在弹出的对话框中选择“纹理”滤镜组下的“马赛克拼贴”滤镜,在右侧进行参数设置,设置完毕后单击“确定”按钮,如图 6.3.25 所示。

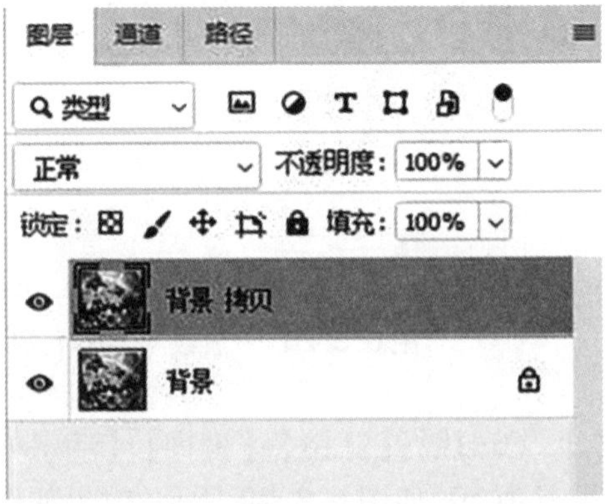

图 6.3.24 复制“背景”图层生成新图层

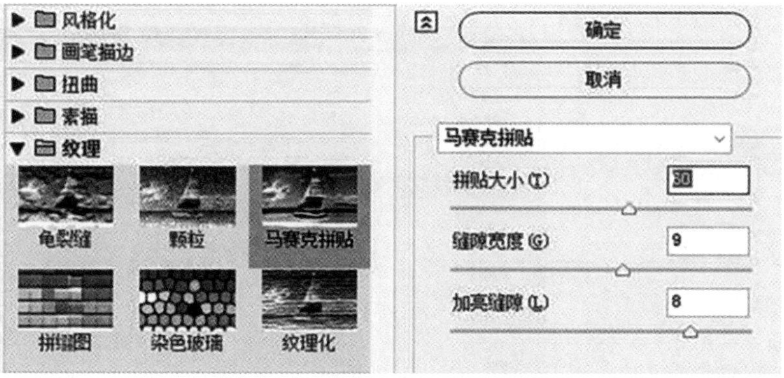

图 6.3.25　“马赛克拼贴”滤镜参数设置

(4)使用【矩形选框工具】,在图像中选择一块带小鱼的区域,生成选区,如图 6.3.26 所示。

(5)按 Ctrl+Shift+J 组合键,将选区中的图像复制到新图层中,重命名为“小鱼 1”,如图 6.3.27 所示。

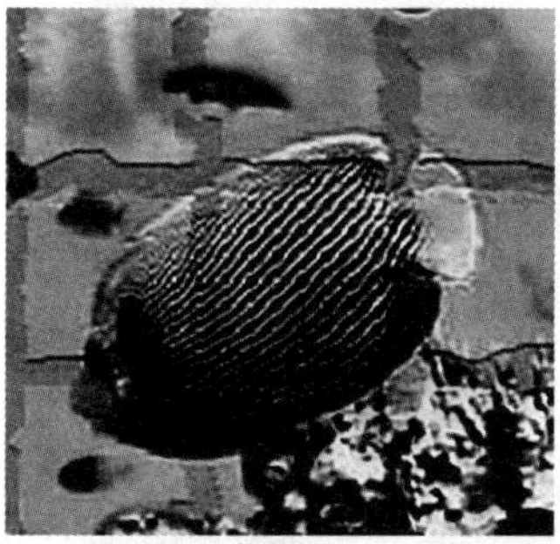

图 6.3.26　图像中选取一块选区

图 6.3.27　新建图层“小鱼 1”

(6)选择“背景”图层,单击“图层”控制面板下的“创建新图层”按钮,生成新的图层,并将此图层填充为白色,如图 6.3.28 所示。

(7)单击选中“小鱼 1”图层,使用【移动工具】将小鱼 1 拖曳到图像上合适的位置释放,单击“图层”控制面板下方的“添加图层样式” fx 按钮,在弹出的下拉菜单中选择“描边”命令,在弹出的“图层样式”对话框中,将描边颜色设置为白色,并设置各项参数,如图 6.3.29 所示。

(8)可以重复步骤(4)~(7),再做出一块拼贴区域,效果如图 6.3.30 所示。

图 6.3.28　添加新图层“图层 1”

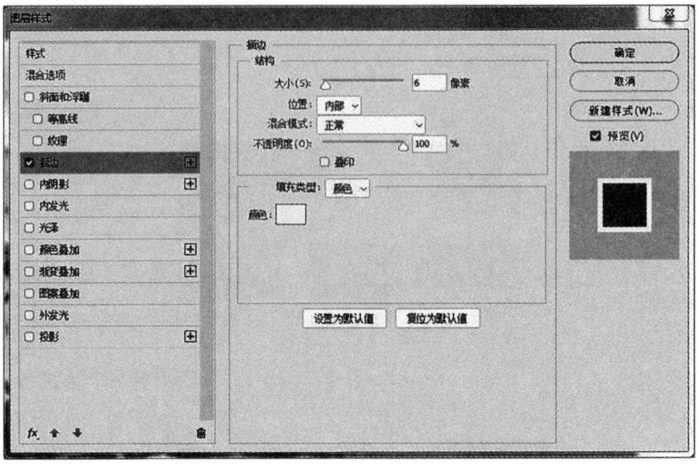

图 6.3.29　“图层样式”对话框修改参数

图 6.3.30　第二块拼贴效果

(9)选择【横排文字工具】,输入文字“海底世界”,在属性栏中设置合适的字体字号和颜色。

(10)单击“图层”控制面板下方的“添加图层样式” fx 按钮,在弹出的下拉菜单中选择“阴影”命令,在弹出的“图层样式”对话框中设置各项参数,如图 6.3.31 所示。

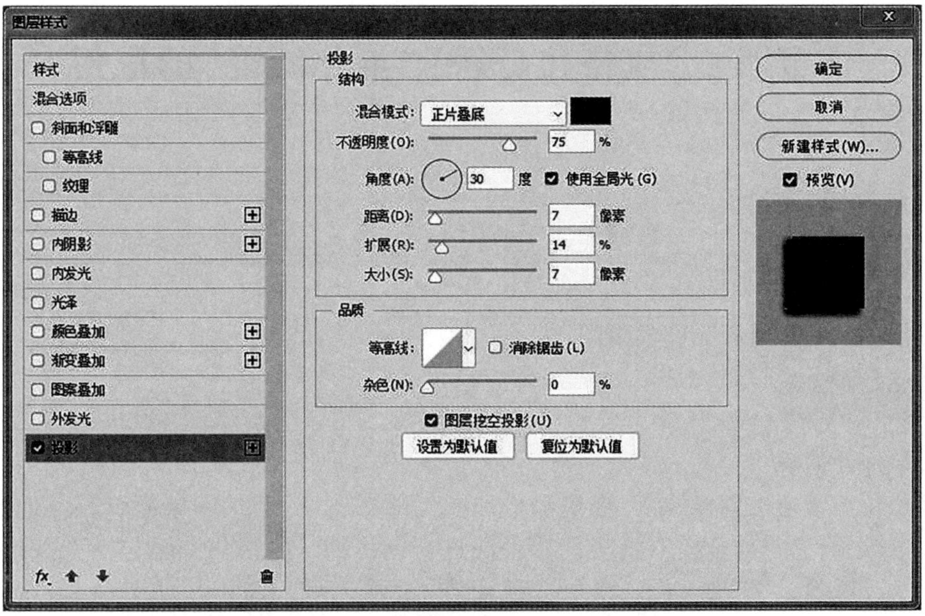

图 6.3.31　添加“阴影”效果设置参数

(11)单击“图层”控制面板下方的“添加图层样式”fx按钮,在弹出的下拉菜单中选择“描边”命令,在弹出的“图层样式”对话框中设置各项参数,如图 6.3.32 所示。最终效果如彩色附图 56 所示。

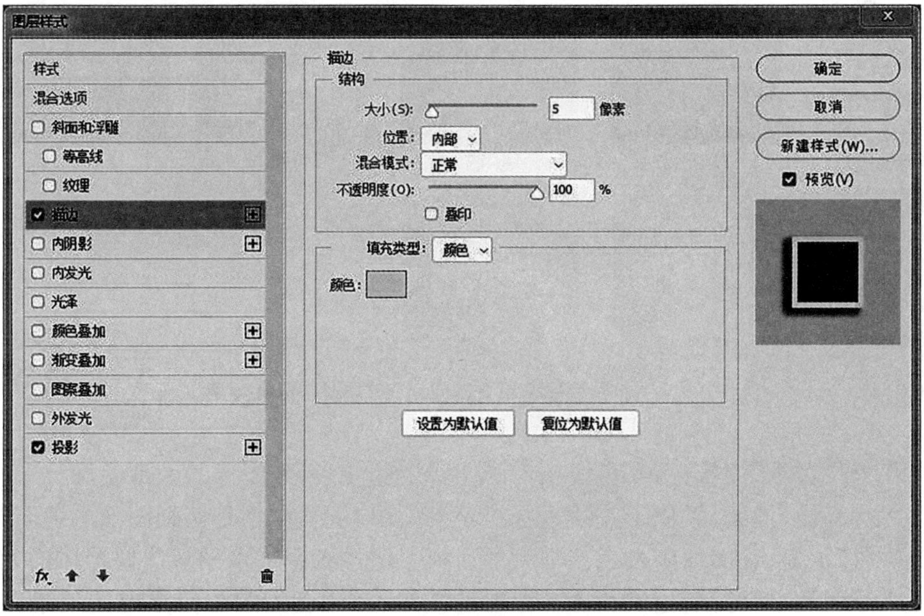

图 6.3.32　添加“描边”效果设置参数

任务四 “风格化滤镜”“液化滤镜”的应用

案例一：制作水果招贴

水果招贴制作效果见彩色附图 57。

知识链接

1. 风格化滤镜

风格化滤镜通过置换像素，查找和增加图像的对比度，产生印象派以及其他风格画派作品的效果，它是完全模拟真实艺术手法进行创作的。风格化滤镜包括查找边缘、等高线、风、浮雕效果、扩散、拼贴、曝光过度、凸出、油画 9 种滤镜效果，如图 6.4.1 所示。

应用不同的滤镜制作出的效果如图 6.4.2 所示。

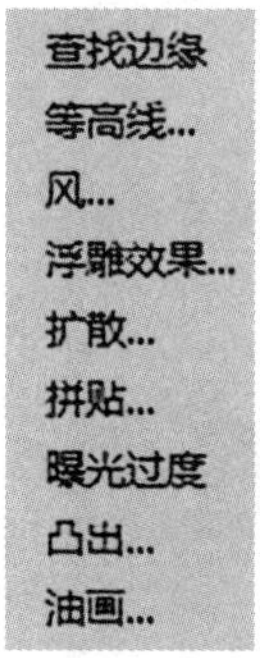

图 6.4.1

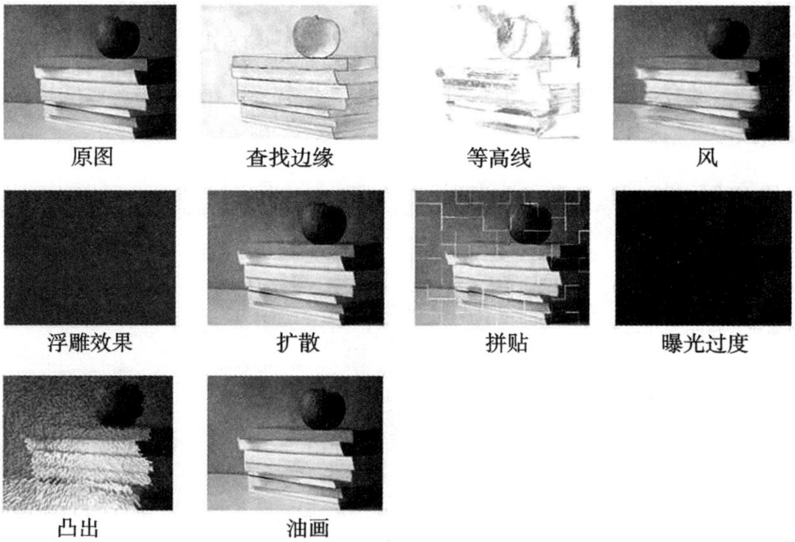

图 6.4.2 应用“风格化”滤镜效果

(1)“查找边缘”滤镜：用深色线条勾画图像的边缘，得到图像的大致轮廓。

(2)“等高线”滤镜：类似于查找边缘滤镜的效果，主要作用是勾画图像的色阶范围。

(3)“风”滤镜：在图像中颜色差别大的边界上增加细小的水平短线模拟风的效果。

(4)“浮雕效果”滤镜：生成凸出和浮雕的效果，对比度大的图像浮雕的效果更明显。其中参数角度为光源照射的方向，高度为凸出的高度。

(5)“扩散”滤镜：搅动图像的像素，产生类似透过磨砂玻璃观看图像的效果。

(6)“拼贴”滤镜:将图像点击指定的值分裂为若干个正方形的拼贴图块,并点击设置的位移百分比的值进行随机偏移。其中参数“拼贴数”为设置行或列中分裂出的最小拼贴块数。

(7)“曝光过度”滤镜:使图像产生原图像的反相进行混合后的效果,此滤镜不能应用在 Lab 模式下。

(8)“凸出”滤镜:将图像分割为指定的三维立方块或棱锥体,此滤镜不能应用在 Lab 模式下。

(9)“油画”滤镜:使图像的边缘产生发光效果,此滤镜不能应用在 Lab、CMYK 和灰度模式下。

2. 视频滤镜

“视频”滤镜属于 Photoshop 的外部接口程序。它是一组控制视频工具的滤镜,用来从摄像机输入图像或将图像输出到录像带上。

技能点拨

平平无奇的水果切面通过设计师的巧思妙计变成了炸裂水果招贴,如彩色附图 57,这是怎么做到的呢? 本案例使用“魔棒工具”配合“风格化”滤镜完成。

任务实施

(1)打开 Photoshop 2020 软件,按 Ctrl+N 组合键,新建文件,命名为“水果招贴”,宽度为 600 像素,高度为 800 像素,分辨率为 72 像素/英寸,色彩模式为 RGB,背景颜色为白色,单击“创建”按钮。

(2)按 Ctrl+O 组合键,打开素材文件“橙子. jpg”,双击图层面板中的“背景图层”,解锁背景图层。

(3)执行【滤镜】|【风格化】|【凸出】命令,参数设置如图 6.4.3 所示,单击“确定”按钮,效果如图 6.4.4 所示。

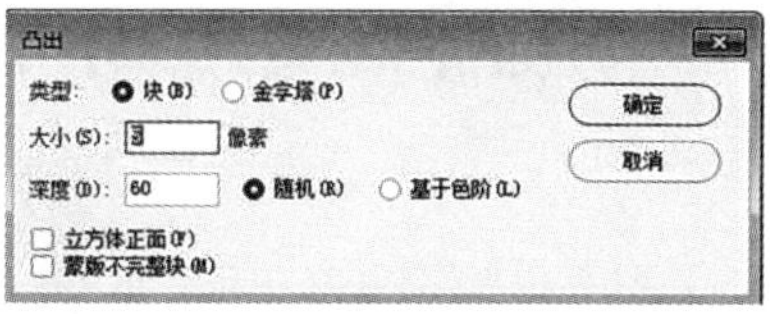

图 6.4.3　“凸出”滤镜对话框

(4)选择【魔棒工具】,容差值设置为 15,选中图中白色和灰色部分,执行【选择】|【选取相似】命令,按 Delete 键删除。此时图片中的白色和灰色区域已经删除干净,如图 6.4.5 所示。

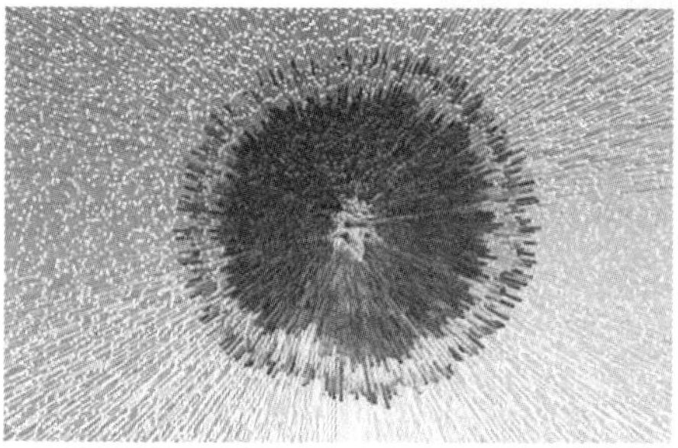

图 6.4.4　应用“凸出”滤镜效果

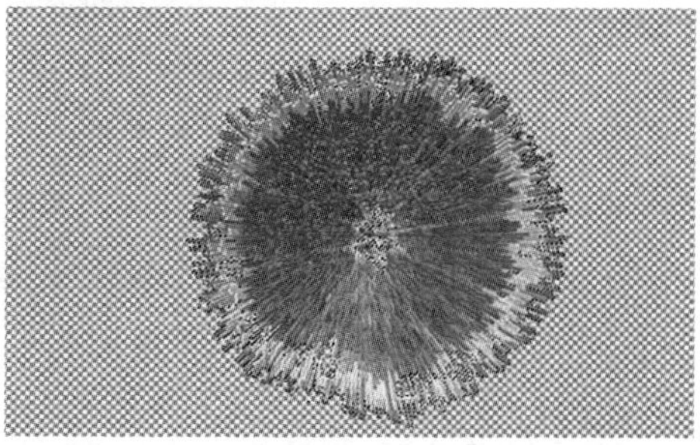

图 6.4.5　使用“魔棒”工具清除多余部分

(5)执行【选择】|【反选】命令,选中橙子主体,按 Ctrl+C 组合键进行复制。

(6)回到文档“水果招贴”中,按 Ctrl+V 组合键粘贴,按 Ctrl+T 组合键调整大小并放置在合适的位置。

(7)复制“图层 1”生成新图层“图层 1 拷贝”,如图 6.4.6 所示,调整图像大小并放置在图片右上角,如图 6.4.7 所示。

图 6.4.6 复制图层

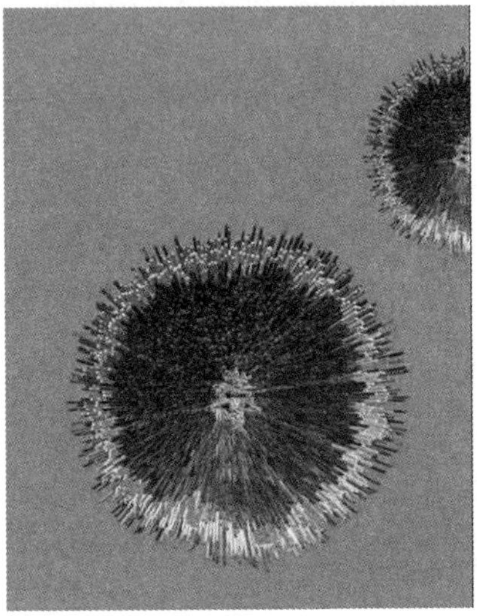

6.4.7 放置在图片右上角

(8)使用【横排文字工具】,添加文字“橙心橙意”,填充黄色(#ffb400),如图 6.4.8 所示。

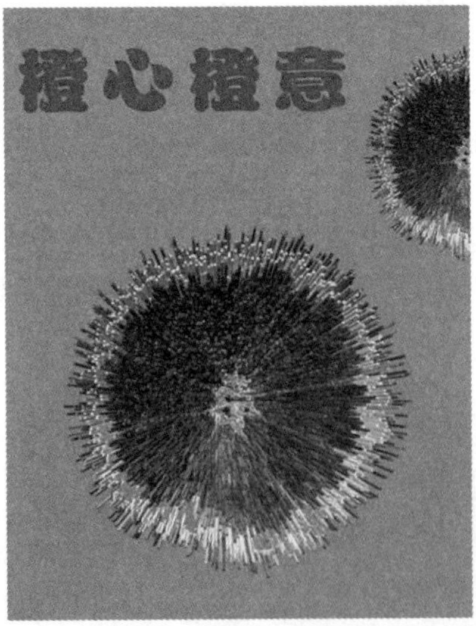

图 6.4.8 添加文字

(9)使用【横排文字工具】,添加“ORANGE”,设置不透明度为 30%,移动该图层到“图层 1”下方,如彩色附图 57 所示。

案例二：油画乘风破浪

油画乘风破浪制作效果见彩色附图58。

知识链接

液化滤镜可以制作出各种类似液化的图像变形效果。打开需要处理的文档并选中目标图层，执行【滤镜】|【液化】命令，弹出“液化”对话框。

“液化”滤镜工具箱如图6.4.9所示，从上到下分别为【向前变形工具】、【重建工具】、【平滑工具】、【顺时针旋转扭曲工具】、【褶皱工具】、【膨胀工具】、【左推工具】、【冻结蒙版工具】、【解冻蒙版工具】、【脸部工具】、【抓手工具】和【缩放工具】。

“液化”滤镜对话框属性设置如图6.4.10所示。

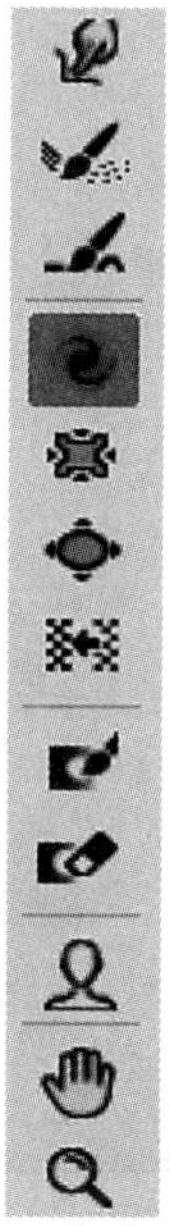

图6.4.9 “液化”滤镜工具箱

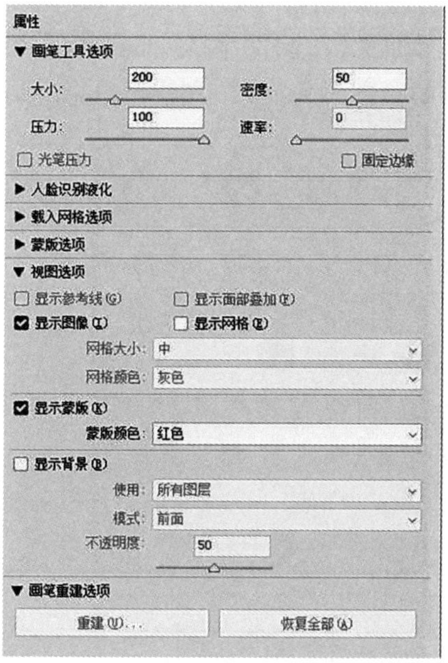

图6.4.10 “液化”滤镜对话框属性设置

画笔工具选项组：“大小”选项用于设定所选工具的笔触大小；“密度”选项用于设定画笔的浓密度；“压力”选项用于设定画笔的压力，压力越小，变形的过程越慢；“速率”选项用于设定画笔的绘制速度；“光笔压力”选项用于设定压感笔的压力。

蒙版选项组：用于选择通道蒙版的形式。选择“无”按钮，可以不制作蒙版；选择“全部蒙住”按钮，可以为全部的区域制作蒙版；选择“全部反相”按钮，可以解冻蒙版区域并冻结剩余的区域。

视图选项组：勾选“显示图像”复选框可以显示图像；勾选“显示网格”复选框可以显示网格；“网格大小”选项用于设置网格的大小；“网格颜色”选项用于设置网格的颜色。勾选“显示蒙版”复选框，可以显示蒙版；“蒙版颜色”选项用于设置蒙版的颜色。勾选“显示背景”复选框，在“使用”选项的下拉列表中可以选择图层；在“模式”选项的下拉列表中可以选择不同的模式；在“不透明度”选项中可以设置不透明度。

画笔重建选项组：“重建”按钮用于对变形的图像进行重置；“恢复全部”按钮用于将图像恢复到打开时的状态。

技能点拨

大海中飘荡着一艘小船，寓意着乘风破浪，勇往直前（如彩色附图 58）。本案例使用“画笔”工具，配合“液化”滤镜、“油画”滤镜完成。

任务实施

（1）打开 Photoshop 2020 软件，按 Ctrl+N 组合键，新建文档，命名为“乘风破浪”，宽度为 1 600 像素，高度为 2 000 像素，分辨率为 72 像素/英寸，色彩模式为 RGB，背景颜色为白色，单击“创建”按钮。

（2）新建图层 1，选择【画笔工具】，设置笔尖大小为 400 像素，硬度为 100%，如图 6.4.11 所示。前景色设置为#4984c1，在画布右侧画出波浪效果，如图 6.4.12 所示。

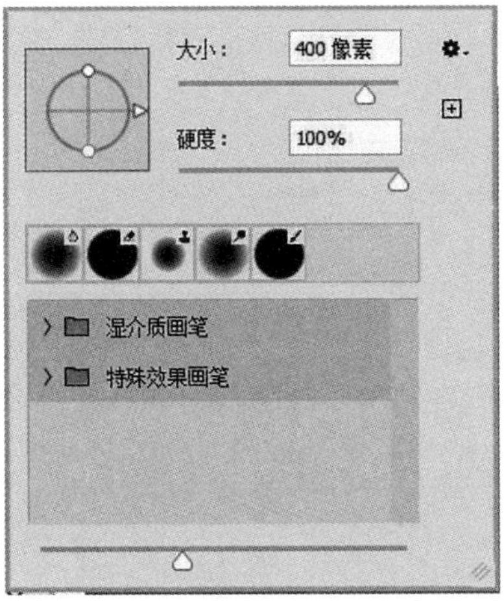

图 6.4.11 “画笔工具”对话框

图 6.4.12 “画笔工具”画出波浪

（3）新建图层 2，前景色设置为#37a4dc，在画布中画出波浪效果，调整图层 2 在图层 1 的下面，如图 6.4.13 所示，效果如图 6.4.14 所示。

图 6.4.13　画出第二层波浪

图 6.4.14　调整图层顺序

(4)新建图层 3,前景色设置为#629fe7,在画布中画出波浪效果,调整图层 3 在图层 2 的下面,如图 6.4.15 所示,效果如图 6.4.16 所示。

图 6.4.15　画出第三层波浪

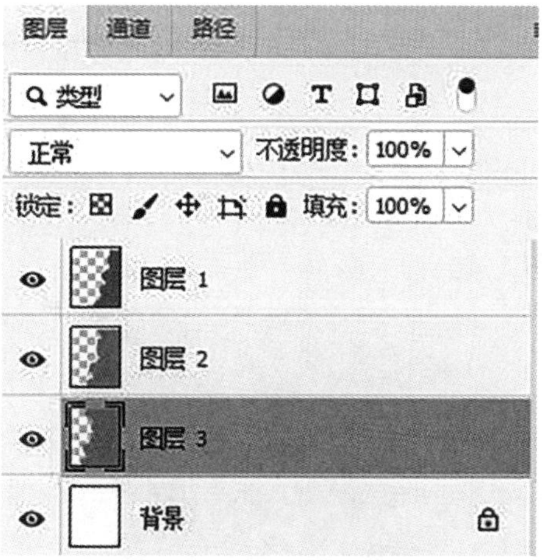

图 6.4.16　再次调整图层顺序

(5)新建图层 4,前景色设置为#b9cfee,在画布中画出波浪效果,调整图层 4 在图层 3 的下面,如图 6.4.17 所示,效果如图 6.4.18 所示。

图 6.4.17　画出第四层波浪

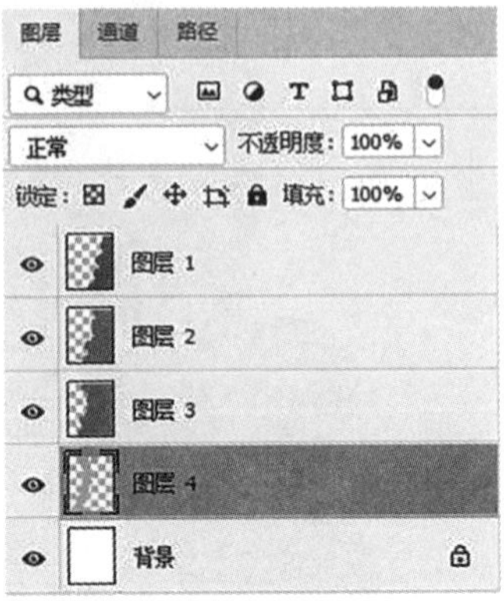

图 6.4.18　第三次调整图层顺序

(6)分别选中图层 1 到图层 4,执行【滤镜】|【液化】命令,在“液化”对话框中选中向前变形工具,画笔大小调整为 200,在画布中涂抹,效果如图 6.4.19 所示。

(7)选中所有图层,单击右键,合并图层。

(8)执行【滤镜】|【风格化】|【油画】命令,打开【油画】对话框,参数设置如图 6.4.20 所示。

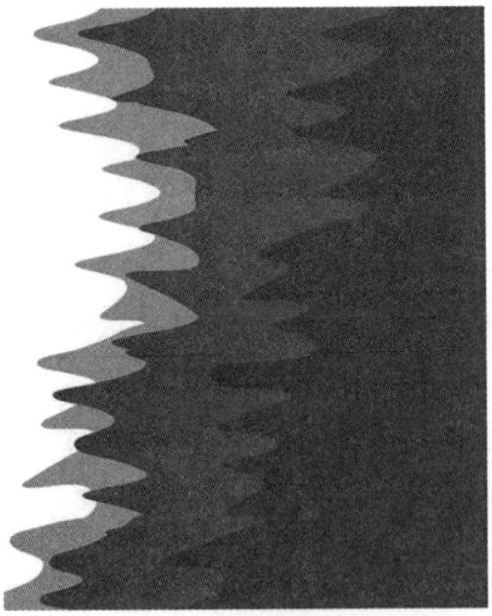

图 6.4.19　海浪效果完成

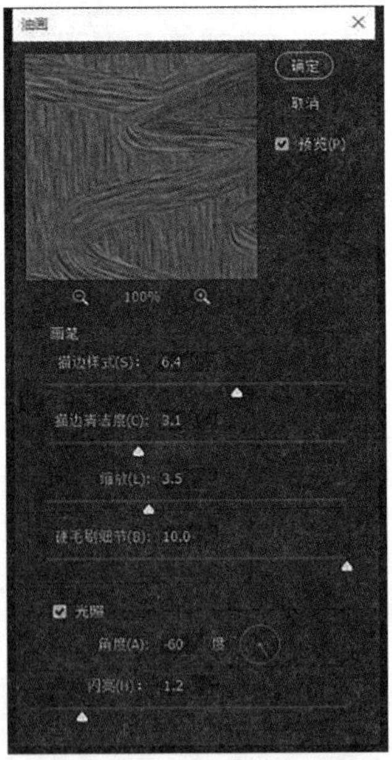

图 6.4.20　“油画”滤镜参数设置

(9)按 Ctrl+O 组合键,打开素材图片“小船,jpg”,使用移动工具移动到画布中,按 Ctrl+T 组合键调整大小和位置。

(10)使用文字工具,输入素材文字,最终如彩色附图 58 所示。

任务五 “像素化滤镜”“渲染滤镜”的应用

案例一：瓷器开片效果

瓷器开片制作效果见彩色附图59。

知识链接

“像素化”滤镜组主要用于将图像的像素进行分离操作而形成的效果。像素化滤镜组包括彩块化、彩色半调、点状化、晶格化、马赛克、碎片、铜版雕刻7种滤镜效果，如图6.5.1所示。

应用不同的滤镜制作出的效果如图6.5.2所示。

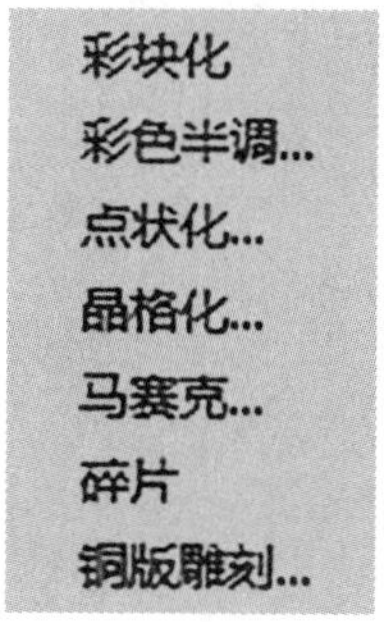

图6.5.1 “像素化”滤镜子菜单

图6.5.2 应用“像素化”滤镜效果

(1)“彩块化”滤镜：执行纯色或相近颜色的像素结块来重新绘制图像，类似手绘的效果。

(2)“彩色半调”滤镜：模拟在图像的每个通道上执行半调网屏的效果，将一个通道分解为若干个矩形，然后用圆形替换掉矩形，圆形的大小与矩形成正比。

(3)“点状化”滤镜：将图像分解为随机分布的网点，模拟点状绘画的效果。执行背景色填充网点之间的空白区域。

(4)“晶格化”滤镜：执行多边形纯色结块重新绘制图像。

(5)“马赛克”滤镜：将像素结为方形块。

(6)“碎片”滤镜:将图像创建四个相互偏移的副本,产生类似重影的效果。

(7)“铜版雕刻”滤镜:执行黑白或颜色完全饱和的网点图案重新绘制图像。

技能点拨

瓷器的美不言而喻,瓷器“开片”你见过吗?瓷器上密密麻麻的裂纹好像把瓷器衬托活了一样,有了生命力。本案例使用“魔棒”工具,配合“像素化”滤镜、“风格化”滤镜一起为瓷器做出“开片”效果,如彩色附图 59 所示。

任务实施

(1)打开 Photoshop 2020 软件,按 Ctrl+O 组合键,打开素材文件“瓷器. jpg”,双击图层面板中的背景图层,将背景图层转化为图层 0,如图 6.5.3 所示。

(2)选择“魔棒”工具,容差设置为 15,将瓷瓶以外的背景区域全部选中,然后执行【选择】|【反选】命令,使选区选中瓷瓶本身,如图 6.5.4 所示。

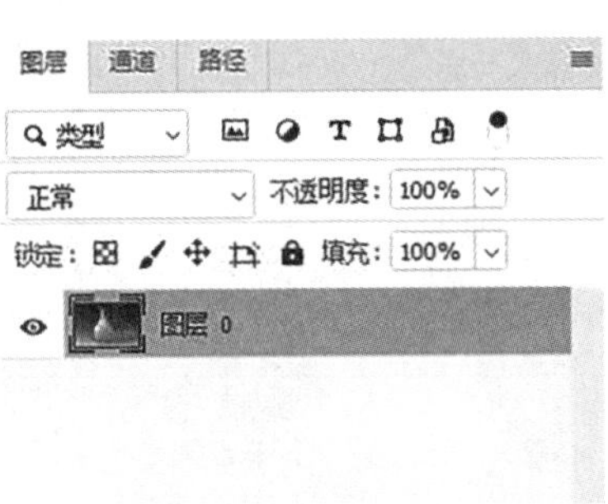

图 6.5.3 “图层”对话框

图 6.5.4 选中瓶体

(3)按 Ctrl+C 组合键复制选区,新建图层 1,按 Ctrl+V 组合键粘贴选区到图层 1,如图 6.5.5 所示。

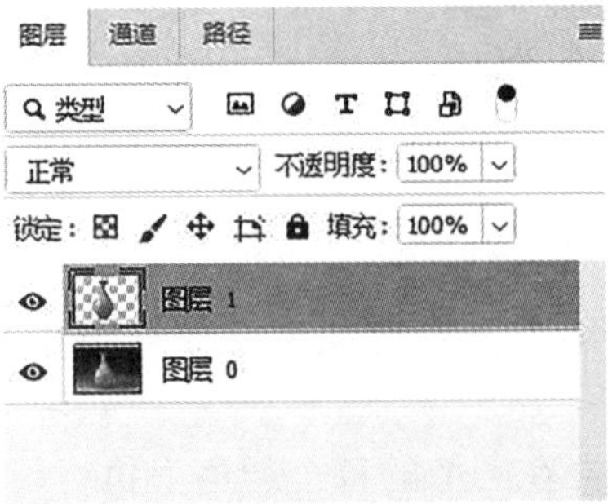

图 6.5.5 复制选中的瓶体到新图层

(4)执行【滤镜】|【像素化】|【晶格化】命令,单元格大小设置为 20 个像素,如图 6.5.6 所示,效果如图 6.5.7 所示。

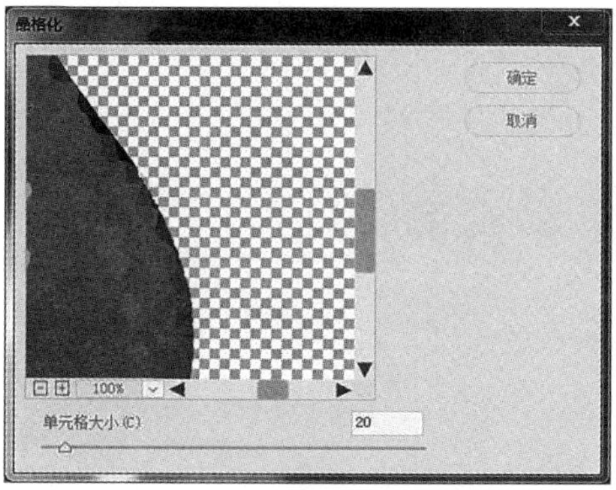

图 6.5.6　“晶格化”滤镜对话框

图 6.5.7　应用“晶格化”滤镜效果

(5)执行【滤镜】|【风格化】|【查找边缘】命令,将图像中的纹理转换为不规则的线条,如图 6.5.8 所示。

图 6.5.8　应用“查找边缘”滤镜效果

(6)执行【图像】|【调整】|【色阶】命令,打开“色阶”对话框,设置“输入色阶”的参数为 0,0.1,255,参数设置如图 6.5.9 所示,加深图像中黑色线条的颜色,如图 6.5.10 所示。

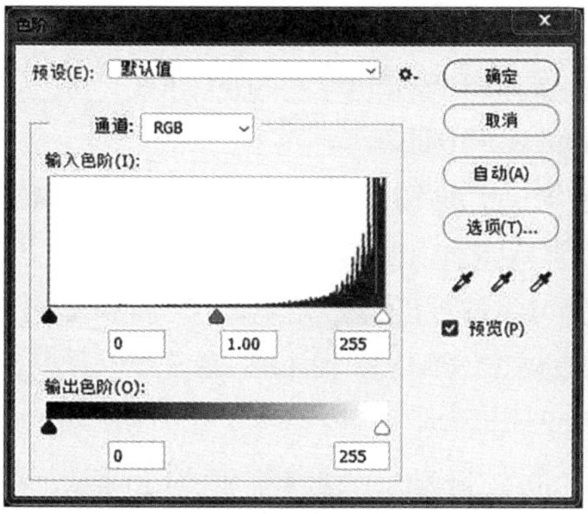

图 6.5.9　为图像调整“色阶”

图 6.5.10　调整“色阶”效果

(7)将裂纹图层的混合模式更改为正片叠底,并将图层的不透明度更改为10%左右,瓷瓶开片效果就完成了,如彩色附图59所示。

案例二:制作薄雾效果

素材原图及薄雾效果图见彩色附图60。

知识链接

“渲染”滤镜组主要用于模拟光线的照明效果即在图像中添加光源效果,也可以制作多种纹理效果。渲染滤镜包括火焰、图片框、树、分层云彩、光照效果、镜头光晕、纤维、云彩8种滤镜效果,如图6.5.11所示。

应用不同的滤镜制作出的效果如图6.5.12所示。

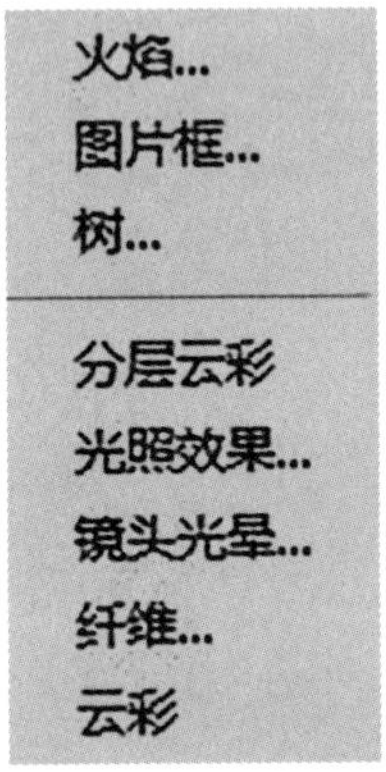

图6.5.11 “渲染”滤镜菜单

图6.5.12 应用“渲染”滤镜效果

(1)“分层云彩”滤镜:执行随机生成的介于前景色和背景色之间的值来生成云彩图案,产生类似负片的效果,此滤镜不能应用于Lab模式的图像。

(2)“光照效果”滤镜:使图像呈现光照的效果,此滤镜不能应用于灰度、CMYK和Lab模式的图像。调节参数中的三种灯光类型分别是点光、平行光和全光源。

(3)“镜头光晕”滤镜:模拟亮光照射到相机镜头所产生的光晕效果。通过点击图像缩览图来改变光晕中心的位置,此滤镜不能应用于灰度、CMYK和Lab模式的图像。

(4)“纤维”滤镜:用选择的灰度纤维填充选区。

(5)“云彩”滤镜:执行介于前景色和背景色之间的随机值生成柔和的云彩效果。按Alt键执行云彩滤镜,将会生成色彩相对分明的云彩效果。

技能点拨

美丽的江南水乡充满了秀美与灵气,清晨的水乡是什么样子呢？本案例使用渲染滤镜制作出清晨薄雾笼罩下的江南水乡,效果如彩色附图 60 所示。

任务实施

（1）打开 Photoshop 2020 软件,按 Ctrl+O 组合键,打开文件“江南. jpg”,执行【图像】|【调整】|【亮度/对比度】命令,打开“亮度/对比度”对话框,调整“亮度”参数,降低图片的亮度,参数设置如图 6.5.13 所示,单击“确定”按钮,效果如图 6.5.14 所示。

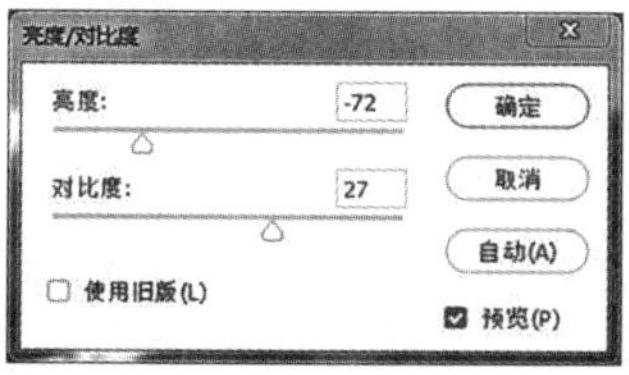

图 6.5.13　降低图像的亮度

图 6.5.14　图像降低亮度的效果

（2）新建图层 1,执行【滤镜】|【渲染】|【云彩】命令。

（3）重复执行“云彩”滤镜三次,效果如图 6.5.15 所示。

（4）在“图层”面板中修改“图层混合模式”为“滤色”,降低图层的不透明度,如图 6.5.16 所示,效果如彩色附图 60 所示。

图 6.5.15　重复执行“云彩”滤镜效果

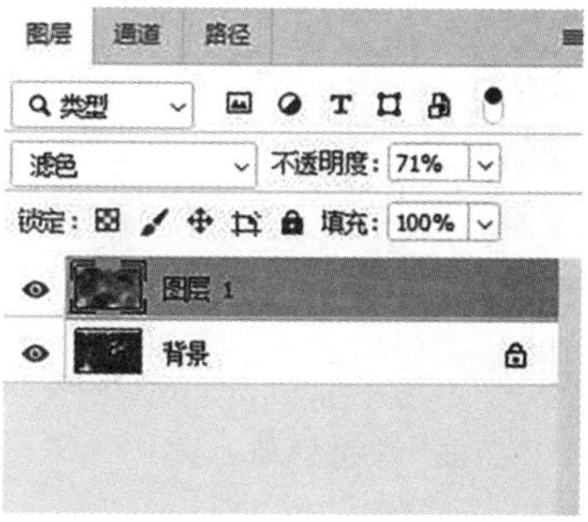

图 6.5.16　修改“图层混合模式”为“滤色”

任务六 “扭曲滤镜”“杂色滤镜”的应用

案例一：烟花

烟花制作效果见彩色附图61。

知识链接

1. 扭曲滤镜

使用“扭曲”滤镜可以生成一组从波纹到扭曲图像的变形效果。扭曲滤镜包括波浪、波纹、极坐标、挤压、切变、球面化、水波、旋转扭曲、置换9种滤镜效果，“扭曲”滤镜菜单如图6.6.1所示。

应用不同的滤镜制作出的效果如图6.6.2所示。

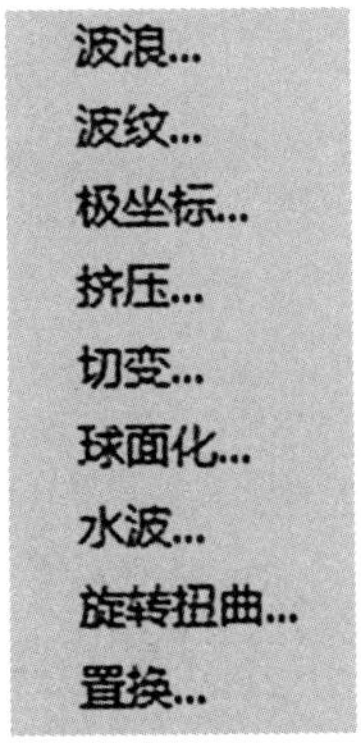

图6.6.1 “扭曲”滤镜菜单

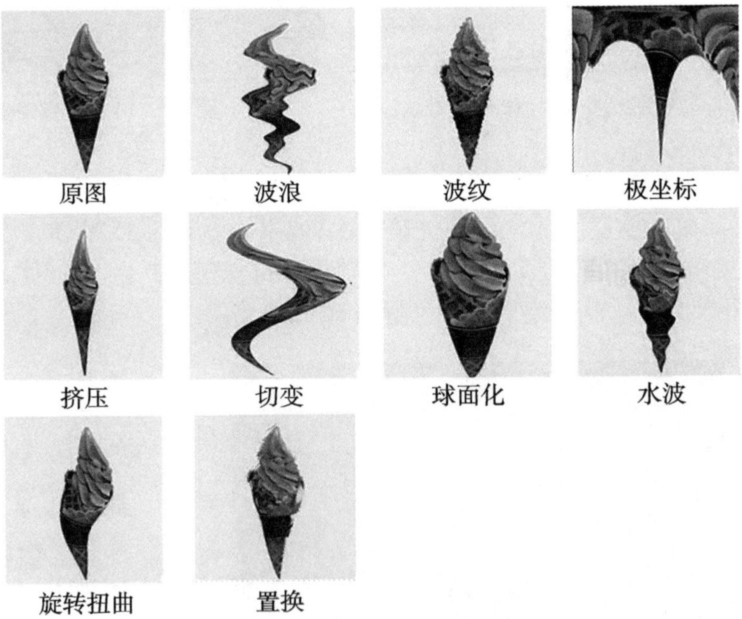

图6.6.2 应用“扭曲”滤镜效果

(1)“波浪”滤镜：使图像产生波浪扭曲效果。调节参数生成器控制产生波的数量，范围是1～999，波长最大值与最小值决定相邻波峰之间的距离，两值相互制约，最大值必须大于或等于最小值。

(2)“波纹”滤镜：使图像产生类似水波纹的效果。调节参数数量控制波纹的变形幅度，范围是-999% ~999%。大小有大、中和小三种波纹可供选择。

（3）“极坐标”滤镜：可将图像的坐标从平面坐标转换为极坐标，或从极坐标转换为平面坐标。

（4）“挤压”滤镜：使图像的中心产生凸起或凹下的效果。调节参数数量：控制挤压的强度，正值为向内挤压，负值为向外挤压，范围是-100% ~100%。

（5）“切变”滤镜：可以控制指定的点来弯曲图像。

（6）“球面化”滤镜：可以使选区中心的图像产生凸出或凹陷的球体效果，类似“挤压”滤镜的效果。

（7）“水波”滤镜：使图像产生同心圆形状的波纹效果。调节参数数量是指波纹的波幅。起伏：控制波纹的密度。围绕中心：将图像的像素绕中心旋转。

（8）“旋转扭曲”滤镜：使图像产生旋转扭曲的效果。角度：调节旋转的角度。

（9）“置换”滤镜：可以产生弯曲、碎裂的图像效果。

2. 杂色滤镜

“杂色”滤镜主要用于向选区中添加或去除杂点。包括减少杂色、蒙尘与划痕、去斑、添加杂色、中间值5种滤镜效果，“杂色”滤镜菜单如图6.6.3所示。

应用不同的滤镜制作出的效果如图6.6.4所示。

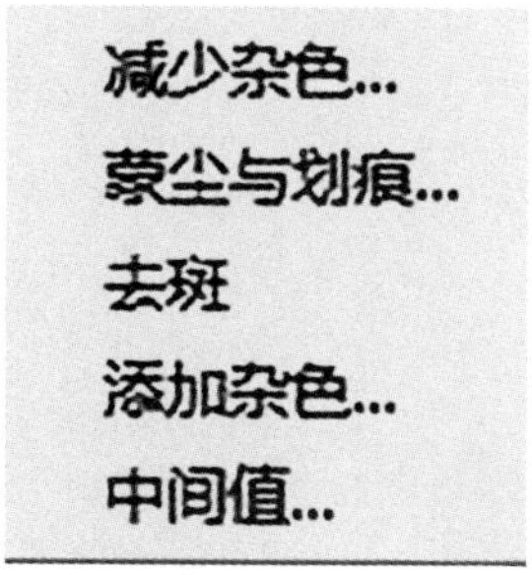

图6.6.3　“杂色”滤镜菜单

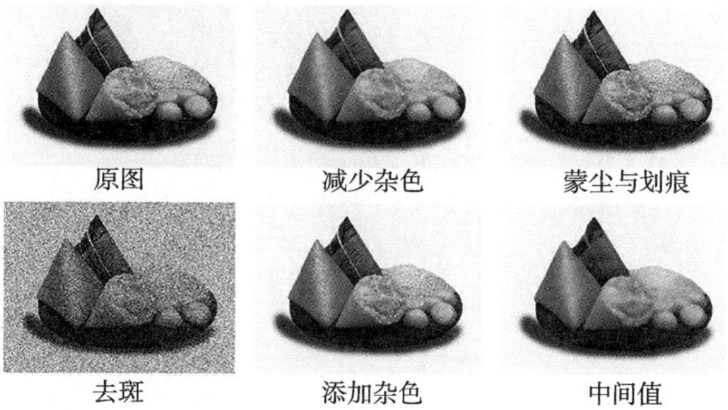

图6.6.4　应用“杂色”滤镜效果

（1）“减少杂色”滤镜：调整的是色差杂色的强度，可以快速清除图片中的杂色，还原图片的真实色彩。

（2）“蒙尘与划痕”滤镜：可以捕捉图像或选区中相异的像素，并将其融入周围的图像中去。

（3）“去斑”滤镜：检测图像边缘颜色变化较大的区域，通过模糊除边缘以外的其他部分，以起到消除杂色的作用，但不损失图像的细节。

（4）“添加杂色”滤镜：将添入的杂色与图像相混合。调节参数单色是指添加的杂色将只影响图像的色调，而不会改变图像的颜色。

（5）“中间值”滤镜：通过混合像素的亮度来减少杂色。

技能点拨

烟花易逝，而美好长存。本案例综合使用“杂色”滤镜、“风格化”滤镜和“扭曲”滤镜制作出烟花效果，再配以古诗文，使人如临其境，内心充满对美好生活的憧憬和向往。

任务实施

（1）打开 Photoshop 2020 软件，按 Ctrl+N 组合键，新建文档，命名为“烟花”，宽度为600 像素，高度为 600 像素，分辨率为 72 像素/英寸，色彩模式为 RGB，背景颜色为白色，单击“创建”按钮。

（2）新建图层 1，前景色设置为黑色（#000000）并填充。

（3）执行【滤镜】|【杂色】|【添加杂色】命令，设置数量为 35%，分布为高斯分布，勾选单色，如图 6.6.5 所示。

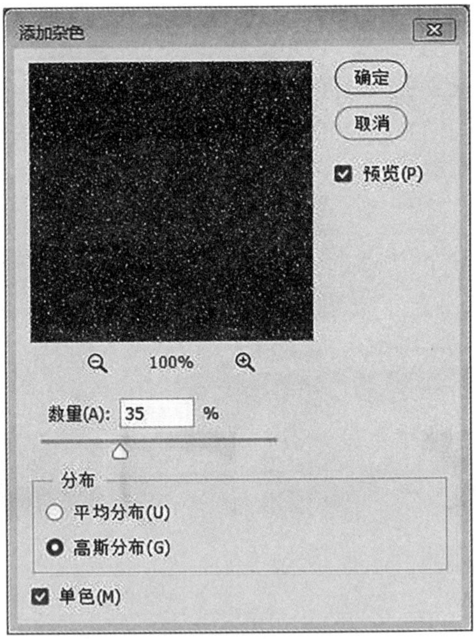

图 6.6.5 “添加杂色”滤镜

（4）执行【图像】|【调整】|【阈值】命令，阈值色阶调整为最大值 255，单击“确定”按钮，如图 6.6.6 所示，效果如图 6.6.7 所示。

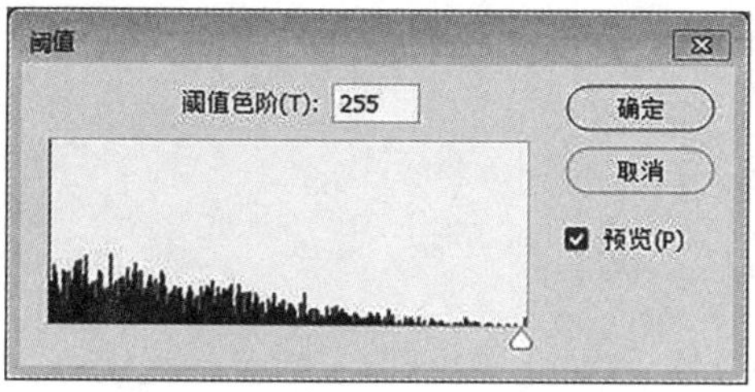

图 6.6.6　为图像调整“阈值”

图 6.6.7　调整“阈值”效果

(5)执行【滤镜】|【风格化】|【风】命令,“方法”选择“风”,“方向”选择“从左”,如图 6.6.8 所示。

(6)重复步骤(5),操作“风”滤镜 4 次,按 Ctrl+Alt+F 组合键,效果如图 6.6.9 所示。

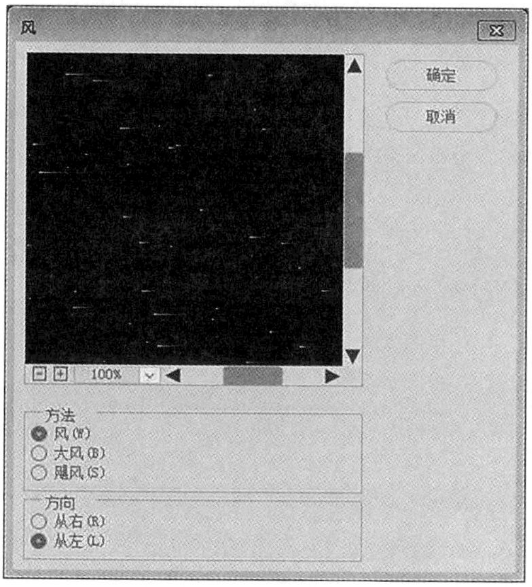

图 6.6.8　对图像执行“风”滤镜

图 6.6.9　对图像重复使用“风”滤镜

(7)执行【图像】|【图像旋转】|【逆时针 90°】命令,效果如图 6.6.10 所示。

(8)执行【滤镜】|【扭曲】|【极坐标】命令,选择“平面坐标到极坐标”,效果如图 6.6.11 所示。

图 6.6.10 旋转图像

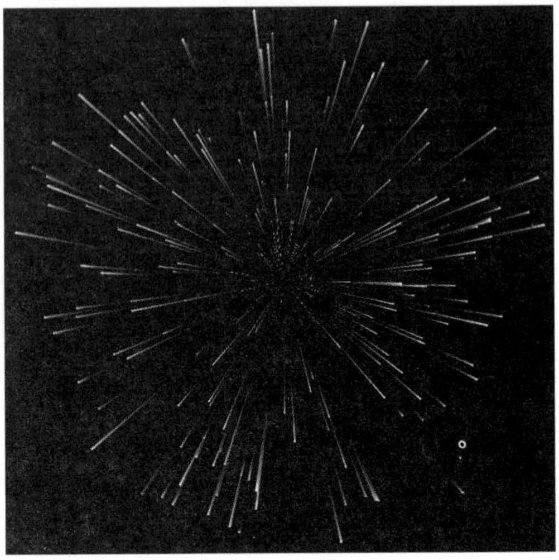

图 6.6.11 执行“极坐标”滤镜效果

(9)复制图层 1,生成新图层“图层 1 拷贝”,按 Ctrl+T 组合键,将图像向右旋转 90°,按 Enter 键确定。使用【魔棒工具】,选中图像中黑色部分,按 Delete 键删除,效果如图 6.6.12 所示。

(10)新建图层 2,使用渐变工具设置渐变色,分别为蓝(#1919f1)、红(#f11993)、黄(#eef119)、紫(#801174),选择径向渐变,从画布中心向右下拉出渐变,如图 6.6.13 所示。

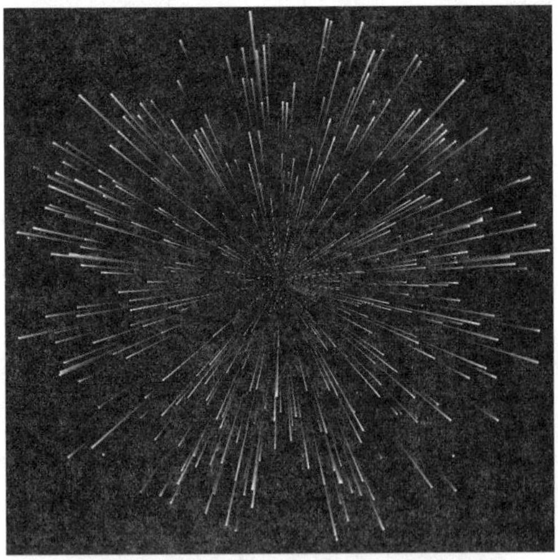

图 6.6.12 复制图层,增加烟花数量

图 6.6.13 添加渐变效果

(11)修改图层 2 的图层混合模式为叠加,如图 6.6.14 所示,烟花效果完成效果如图 6.6.15 所示。

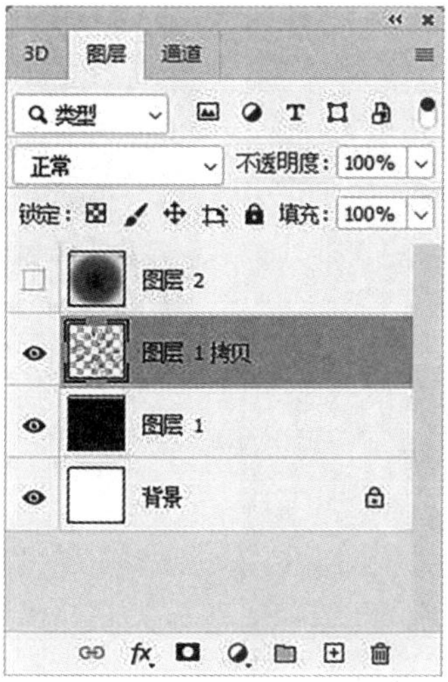

图 6.6.14　修改图层混合模式

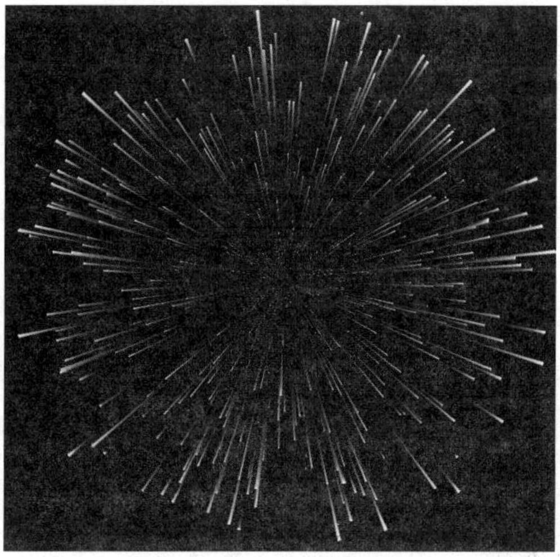

图 6.6.15　烟花效果完成

（12）按 Ctrl+N 组合键，新建文件，命名为“烟花海报”，宽度为 800 像素，高度为 1 200 像素，分辨率为 72 像素/英寸，色彩模式为 RGB，背景颜色为黑色，单击“创建”按钮。

（13）复制“烟花”文件中的图层 1 和图层 2 到“烟花海报”文件中，按 Ctrl+T 组合键调整大小和位置。

（14）打开素材文件，为海报添加文字，效果如彩色附图 61 所示。

案例二：制作图片漫画效果

图片漫画效果见彩色附图 62。

知识链接

“锐化”滤镜通过增加相邻像素对比度来使模糊图像变清晰。“锐化”滤镜包括 USM 锐化、防抖、进一步锐化、锐化、锐化边缘、智能锐化 6 种滤镜效果，锐化滤镜菜单如图 6.6.16 所示。应用“锐化”滤镜组制作出的效果如图 6.6.17 所示。

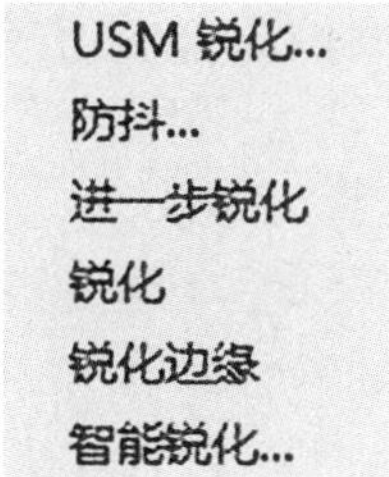

图 6.6.16　“锐化滤镜”菜单

图 6.6.17 应用“锐化”滤镜组效果

(1)“USM 锐化”滤镜:用来锐化图像中的边缘,可以快速调整图像边缘细节的对比度,并在边缘的两侧生成一条亮线和一条暗线,使画面整体更加清晰。

(2)“防抖”滤镜:此滤镜可以自动减少由相机震动产生的图像模糊,必要时,还可以调整高级设置,以进一步锐化图像。

(3)“进一步锐化”滤镜:可以产生强烈的锐化效果,用于提高对比度和清晰度。“进一步锐化”滤镜比“锐化”滤镜拥有更强的锐化效果。应用“进一步锐化”滤镜可以获得执行多次“锐化”滤镜的效果。

(4)“锐化”滤镜:可以通过增加相邻像素点之间的对比,使图像更清晰,提高对比度,使画面更加鲜明。此滤镜锐化程度较为轻微。

(5)“锐化边缘”滤镜:此滤镜只锐化图像的边缘,同时保留总体的平滑度。

(6)“智能锐化”滤镜:可以通过设置锐化算法或控制阴影和高光中的锐化量设置图像的锐化程度。

技能点拨

漫画效果图片都是一笔一笔画出来的吗?那可不一定,如何把一张普通图片变成漫画效果图片(如彩色附图 62)呢?本案例综合使用“锐化”滤镜、“风格化”滤镜完成。

任务实施

(1)打开 Photoshop 2020 软件,按 Ctrl+O 组合键,打开文件“海边. jpg”,复制“背景”图层,生成新图层命名为“漫画”,如图 6.6.18 所示。

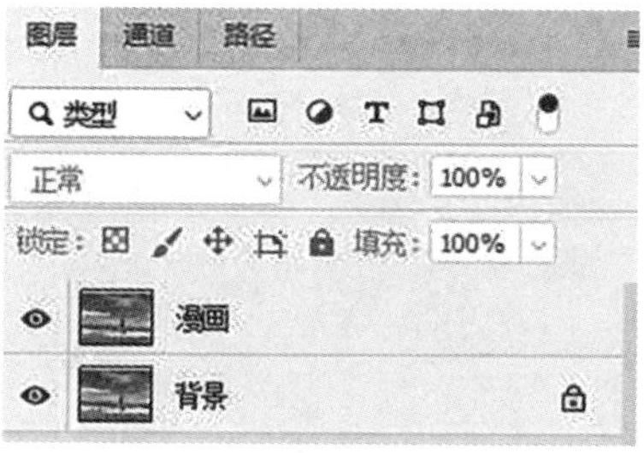

图 6.6.18　新图层重命名为“漫画”

(2)选中“漫画”图层,执行【滤镜】|【锐化】|【智能锐化】命令,参数设置如图 6.6.19 所示,单击“确定”按钮,效果如图 6.6.20 所示。

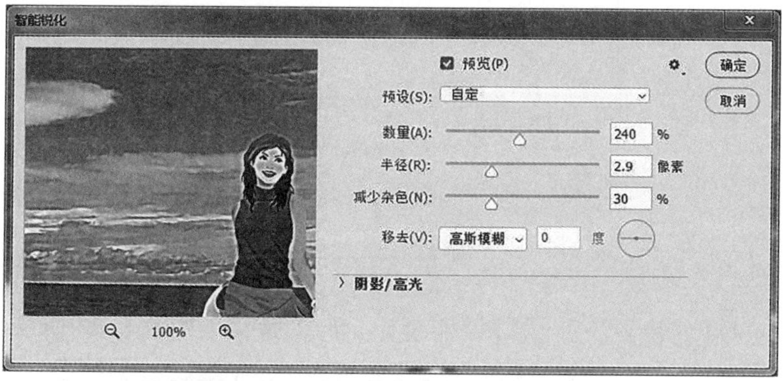

图 6.6.19　“智能锐化”滤镜参数设置

图 6.6.20　应用“智能锐化”滤镜效果

(3)执行【滤镜】|【风格化】|【扩散】命令,模式选择“各向异性”,单击“确定”按钮,如图 6.6.21 所示。

图 6.6.21 “扩散”滤镜选择“各向异性”

(4)再次执行【滤镜】|【锐化】|【智能锐化】命令,效果如图 6.6.22 所示。

图 6.6.22 再次应用“智能锐化”滤镜效果

（5）执行【滤镜】|【滤镜库】|【艺术效果】|【木刻】滤镜，参数设置如图6.6.23所示。

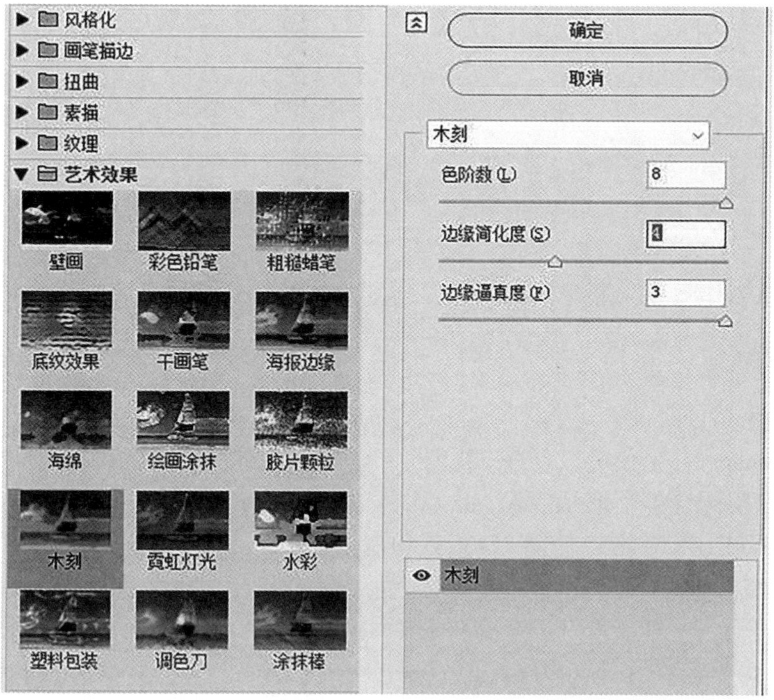

图6.6.23　“木刻”滤镜参数设置

（6）执行【图像】|【调整】|【色相/饱和度】命令，打开“色相/饱和度”对话框，调整“饱和度”参数，参数设置如图6.6.24所示，单击“确定”按钮，效果如图6.6.25所示。

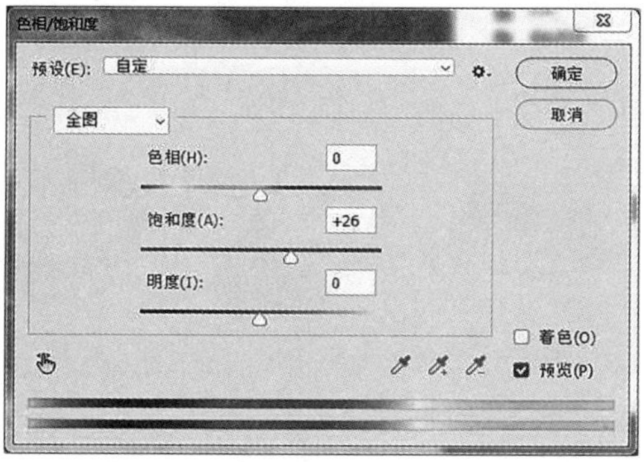

图6.6.24　“色相/饱和度”对话框参数设置

图6.6.25　应用“色相/饱和度”命令效果

任务七 3D 模型

案例一：制作立体酒瓶

立体酒瓶制作效果见彩色附图 63。

知识链接

1.3D 模型

在 Photoshop 中，不仅可以创建 2D 图片，也可以创建 3D 模型。在 Photoshop CS6 中可以将平面图层围绕各种形状预设，如立方体、球面、金字塔、圆环等创建 3D 模型。只有将图层变为 3D 图层，才可以使用 3D 工具和命令。

2.3D 模型的创建

在 Photoshop 中，首先打开一个文件，执行【3D】|【从图层新建网格】|【网格预设】命令，弹出如图 6.7.1 所示的子菜单。

选择需要的命令可以创建不同的 3D 模型，如图 6.7.2 所示。

锥形
立体环绕
立方体
圆柱体
圆环
帽子
金字塔
环形
汽水
球体
酒瓶

图 6.7.1 “3D”命令子菜单

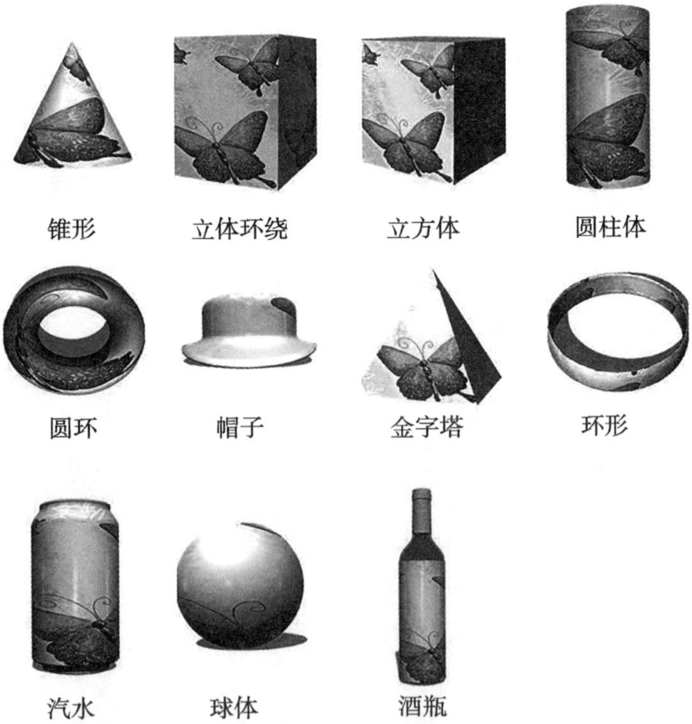

图 6.7.2 应用“3D”命令效果

技能点拨

本案例使用“3D”命令制作瓶身上的图案，使瓶子呈现出立体效果，可以放到任意不同的场景中，如彩色附图 63 所示。

任务实施

(1)打开 Photoshop 2020 软件，按 Ctrl+O 组合键，打开素材文件“蝴蝶.jpg”。

(2)执行【3D】|【从图层新建网格】|【网格预设】|【酒瓶】命令，如图 6.7.3 所示。

(3)按 Ctrl+T 组合键，在弹出的对话框中点击“转换”按钮，将 3D 图层转换为智能对象图层，如图 6.7.4 所示，可以对图像进行缩放处理。

图 6.7.3 执行【酒瓶】命令

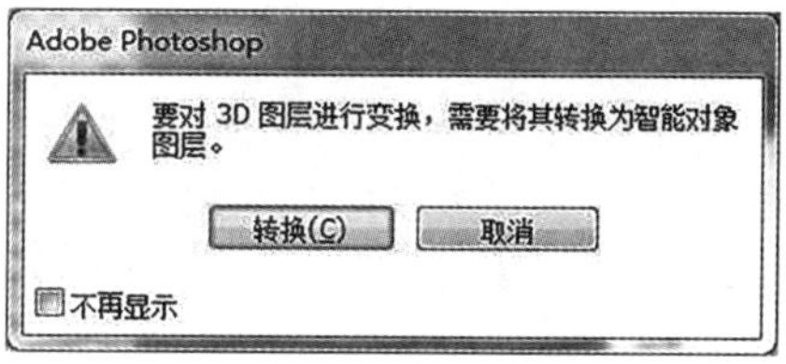

图 6.7.4 将 3D 图层转换为智能对象图层

(4)选择“图层”面板，新建“图层 1”，执行【编辑】|【填充】命令，选择一种图案进行填充，最终效果如彩色附图 63 所示。

案例二：制作 3D 海报

技能点拨

如何把一张平面图片做出 3D 立体效果？如彩色附图 64 所示，本案例使用 Photoshop 自带的 3D 功能完成。

任务实施

(1)打开 Photoshop 2020 软件，按 Ctrl+O 组合键，打开素材文件“火焰.jpg”，在图层面板上双击“背景”图层，使其转换为普通图层“图层 0”，如图 6.7.5 所示。

(2)选中“图层 0”图层，点击鼠标右键，选择“转换为智能对象”命令，再次点击鼠标右键,执行“栅格化图层”命令,效果如图 6.7.6 所示。

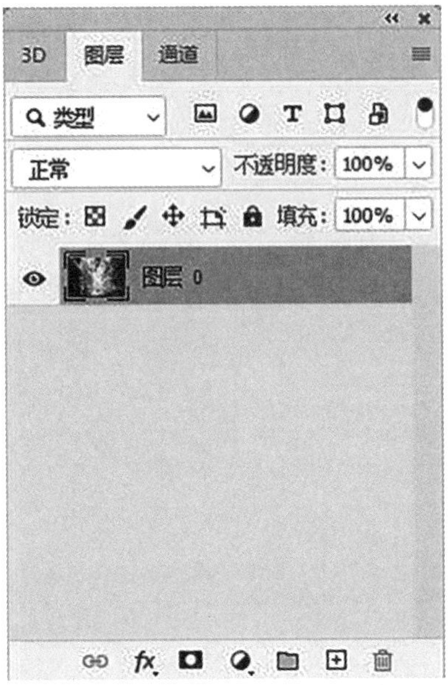

图6.7.5 “背景”图层转换为普通图层

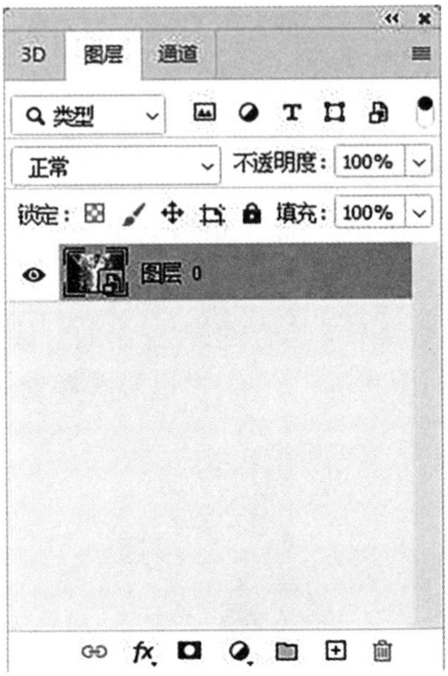

图6.7.6 转换为“智能图像”并栅格化图层

(3)执行【3D】|【从图层新建网格】|【深度映射】|【平面】命令,效果如图 6.7.7 所示。

(4)打开右上角“属性”面板,如图 6.7.8 所示,“预设”参数选择“未照亮的纹理”,效果如图 6.7.9 所示。

图6.7.7 执行3D菜单下【平面】命令效果

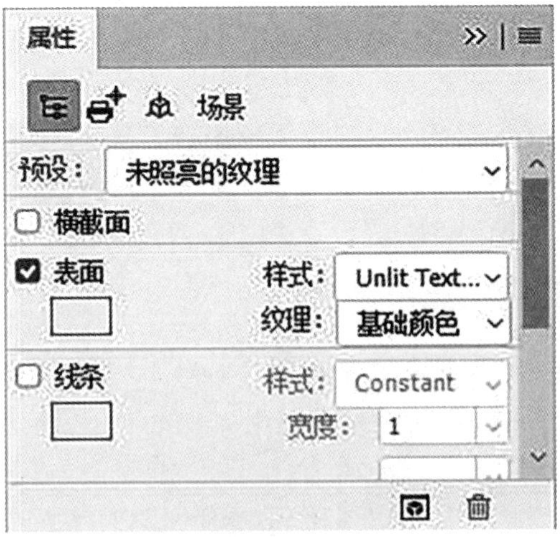

图6.7.8 打开“属性”面板,“预设”参数选择“未照亮的纹理”

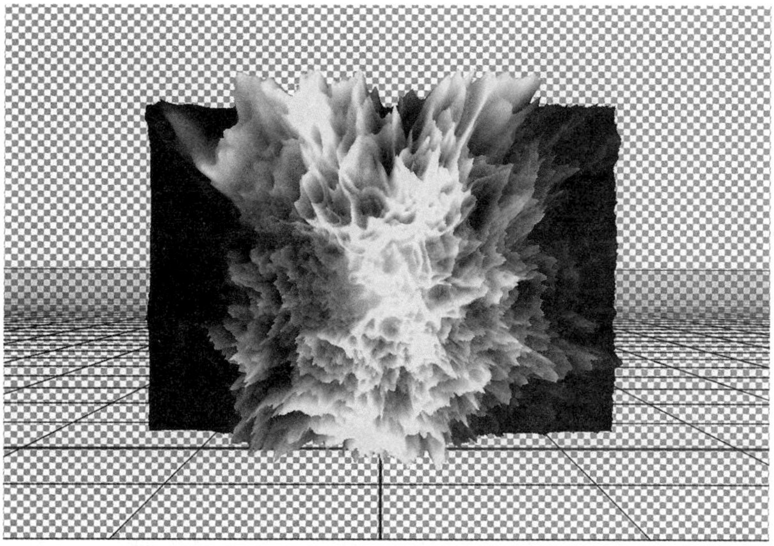

图 6.7.9　“预设”参数选择“未照亮的纹理”效果

（5）鼠标在图像上任意移动，调整图像到合适的角度和位置，效果如图 6.7.10 所示。

（6）鼠标右键单击“图层”面板中的“图层 0”，选择“栅格化 3D”，按 Ctrl+T 组合键，将图像放大铺满整个画布，效果如图 6.7.11 所示。

图 6.7.10　调整图像角度和位置

图 6.7.11　图像铺满画布

（7）执行【图像】|【图像旋转】|【逆时针 90°】命令，效果如彩色附图 64 所示。

任务八　画笔的应用

Photoshop 2020 中画笔的功能很强大，使用【画笔工具】，结合【画笔】可面板，可以创作出各式各样的纹理、图案或者图像。

案例一：风景画绘制

风景画绘制最终效果见彩色附图 65 所示。

知识链接

1. 画笔工具

【画笔工具】是绘图常用的工具之一，利用【画笔工具】可以绘制边缘柔和的线条，画笔的大小、边缘柔和幅度都可以灵活调节。如图 6.8.1 所示为【画笔工具】属性栏。

图 6.8.1 【画笔工具】属性栏

利用【画笔工具】的属性栏可以设置画笔的形状、大小、不透明度，以及绘画模式等。

画笔预设选取器如图 6.8.2 所示，可以设置画笔大小和硬度。

模式：设置绘图的像素和图像之间的混合方式。单击“模式”右侧的绘画模式，在弹出的下拉列表中选择所需的混合模式，如图 6.8.3 所示。

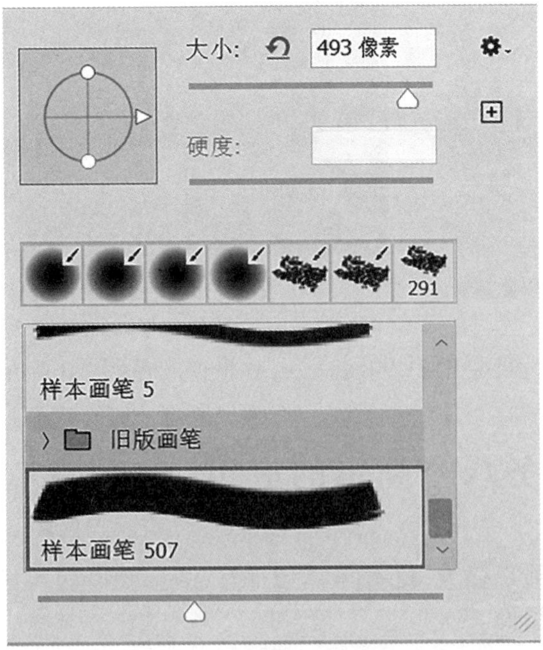

图 6.8.2 画笔预设选取器

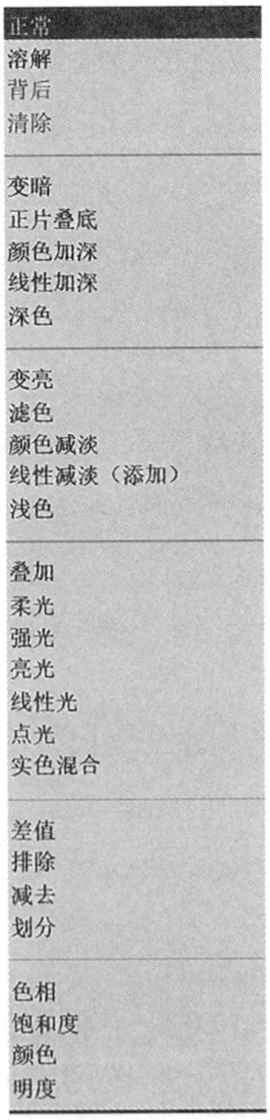

图 6.8.3 模式

不透明度：设置画笔绘制的不透明度。数值范围在0% ~100%之间，数值越大，不透明度就越高。将透明度设置为100%绘制蝴蝶，效果如图6.8.4所示，将透明度设置为50%，效果如图6.8.5所示。

图6.8.4　透明度100%效果

图6.8.5　透明度50%效果

流量：设置笔触颜色的流出量，即画笔颜色的深浅。数值范围在0% ~100%之间。值为100%时，绘制的颜色最浓；值小于100%时，绘制的颜色变浅，值越小，颜色越淡。如图6.8.6所示为100%时的效果，图6.8.7所示为50%时的效果。

图6.8.6　流量设为100%效果

图6.8.7　流量设为50%效果

喷枪：设置画笔油彩的流出量。单击画笔工具属性栏中的喷枪按钮，启用喷枪工具。喷枪会在绘制的过程中表现其特点，即画笔在画面停留的时间越长，喷枪的范围就越大。

2. 画笔面板

画笔工具面板如图6.8.8所示。

(1)画笔预设：可以选择画笔的形状，设置画笔的主直径，预览画笔的描边效果。

(2)画笔笔尖形状：由许多单独的画笔笔迹组成。可以设置画笔笔尖的直径、硬度、间距、角度和圆度等。

大小：调整画笔笔触的大小，可以通过拖动下方的滑块修改，也可以在文本框中输入数值来修改。数值越大，笔触越粗。

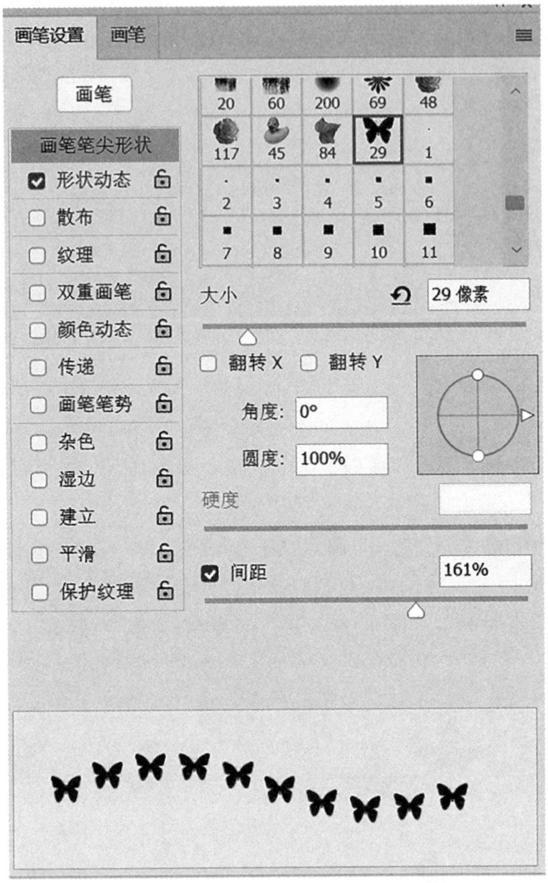

图 6.8.8　画笔工具面板

翻转 X、翻转 Y：控制画笔笔尖的水平、垂直翻转。选择"翻转 X"选项，将画笔笔尖水平翻转；选择"翻转 Y"选项，将画笔笔尖垂直翻转，如图 6.8.9 所示为画笔原始笔尖、水平翻转、垂直翻转、水平和垂直都翻转的效果。

图 6.8.9　翻转效果

角度:设置笔尖的绘画角度,可以在文本框中输入数值,也可以在右侧的坐标上拖曳鼠标进行更为直观的调整。如图 6.8.10 所示为不同角度的画笔。

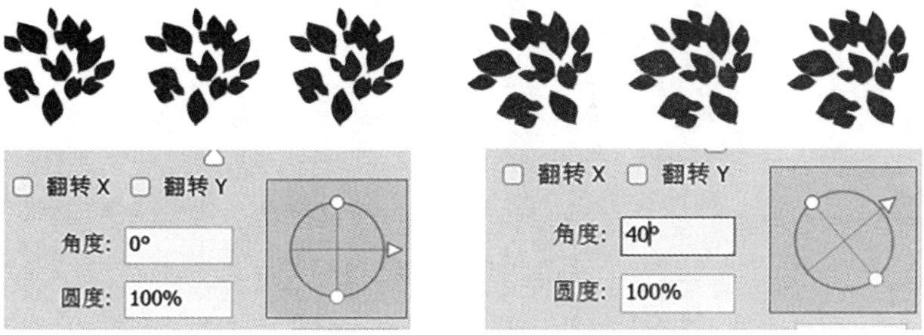

图 6.8.10　不同角度的画笔

圆度:设置笔尖的圆形程度。可以在文本框中输入数值,也可以在右侧的坐标上拖曳鼠标修改笔尖的圆度。当值为 100% 时,笔尖为圆形;值小于 100% 时,笔尖为椭圆形,如图 6.8.11 所示。

硬度:设置画笔笔触边缘的柔和程度。在文本框中输入数值,也可以通过拖动滑块修改笔触硬度。值越大,边缘越硬,如图 6.8.12 所示。

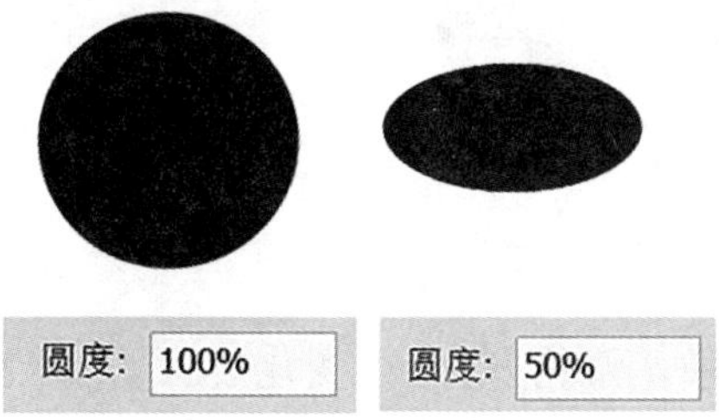

图 6.8.11　圆度不同效果

图 6.8.12　硬度不同效果

间距:设置画笔笔触间的间距大小。值越小,所绘制的形状间距越小。选择的画笔不同,其间距的默认值也不同,如图 6.8.13 所示。

图 6.8.13　不同间距效果

(3)形状动态:决定了画笔笔迹的变化。如图 6.8.14 所示,可以通过改变参数来改变画笔的大小、角度及圆度的变化。要注意“大小抖动”下方“控制”中的“渐隐”选项,渐隐的意思是逐渐地消隐,指的是从大到小、从多到少、从有到无的变化过程。可以绘制头发、树枝、眼睫毛等从粗到细的线条。

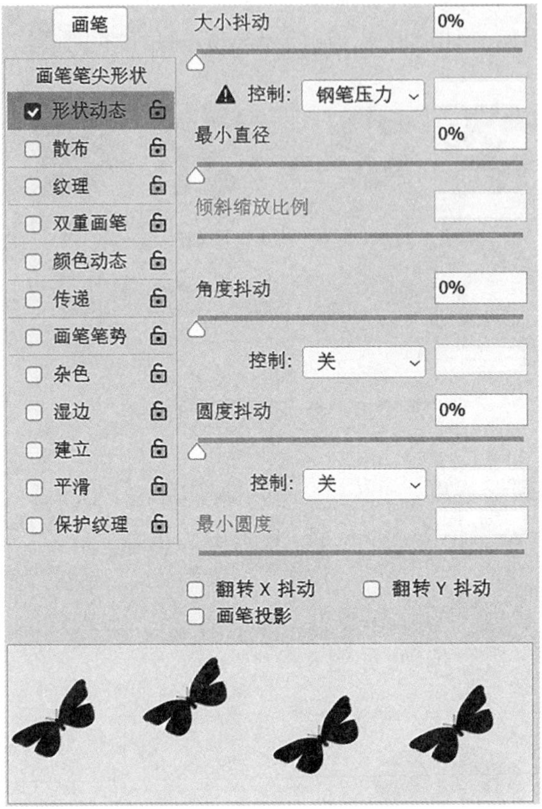

图 6.8.14 形状动态参数

大小抖动:设置画笔笔触绘制的大小变化效果。值越大,大小变化越大。在“控制”下拉列表中可以选择抖动的改变方式,选择“关”表示不控制画笔笔迹的大小变化;选择“渐隐”可按照指定数量的步长,在初始直径和最小直径之间渐隐画笔笔迹的大小,使笔迹产生逐渐淡出的效果;如果计算机配置有数位板,则可以选择“钢笔压力”“钢笔斜度”“光笔轮”和“旋转”选项,根据钢笔的压力、斜度、钢笔拇指轮位置或钢笔的旋转来改变初始直径和最小直径之间的画笔笔迹大小。

最小直径:设置画笔笔触的最小显示直径。该值越高,笔尖直径的变化越小。

倾斜缩放比例:在“控制”选项中选择了“钢笔斜度”命令后,利用此选项,可设置画笔笔触的倾斜缩放比例大小。

角度抖动:设置画笔笔触的角度变化程度。值越大,角度变化越大。如果要指定画笔角度的改变方式,可在“控制”下拉列表中选择一个选项。

圆度抖动:设置画笔笔触的圆角变化程度。值越大,形状越扁平。可在“控制”下拉列表中选择一种角度的变化方式。

最小圆度:设置画笔笔触的最小圆度值。当使用“圆度抖动”时,该选项才能使用。值越大,圆度抖动的变化程度越大。

“翻转 X 抖动”和“翻转 Y 抖动”与前面讲的“翻转 X”“翻转 Y”用法相似,不同的是前者在翻转时不是全部翻转，而是随机地翻转。

（4）散布：画笔散布选项设置可确定在绘制过程中画笔笔迹的数目和位置，设置画笔笔迹在绘制过程中的分布方式，如图 6.8.15 所示。如果选中“两轴”复选框，画笔笔迹将以中间为基准，向两侧分散。如图 6.8.16 所示。

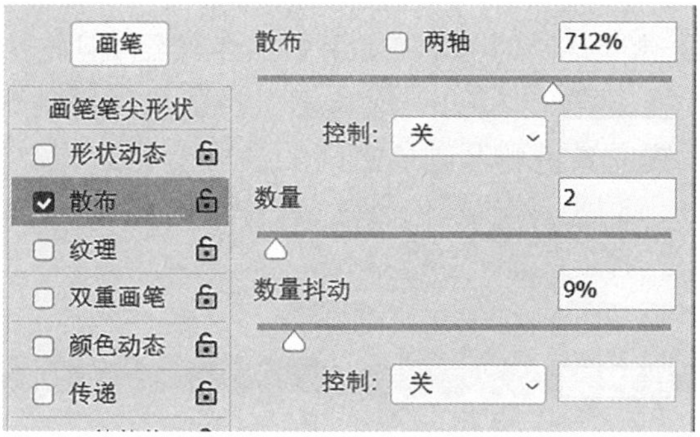

图 6.8.15　散布选项设置

图 6.8.16　散布前后对比

数量：设置在每个间距间隔应用的画笔笔迹散布数量。如果在不增加间距值或散布值的情况下增加数量，绘画性能可能会降低，如图 6.8.17 所示。

图 6.8.17　数量变化效果对比

（5）纹理：可以利用图案使描边看起来像是在带纹理的画布上绘制的一样，调整前景色可以改变纹理的颜色。

（6）反相：可基于图案中的色调反转纹理中的亮点和暗点。

（7）双重画笔：可以使用两个笔尖创建画笔笔迹。如果要使用双重画笔，首先应在“画笔笔尖形状”选项设置主要笔尖的选项，然后再从“双重画笔”部分中选择另一个画笔笔尖。

模式：设置两种画笔在组合时使用的混合模式。

翻转：启用随机画笔翻转功能，产生笔触的随机翻转效果。

大小：设置双笔尖的大小。当画笔的笔尖形状是通过采集图像中的像素样本创建的时候,单击“使用取样大小”按钮,可以使用画笔笔尖的原始直径。

间距:设置双重画笔笔迹之间的距离。输入数字或拖动滑块可改变间距的大小。

散布:设置双笔尖笔迹的分布方式。选择“两轴”,画笔笔迹按水平方向分布;取消选择时,画笔笔迹按垂直方向分布。

数量:设置每个间距间隔应用的画笔笔迹的数量。

(8)颜色动态:笔刷进行绘制时,默认使用前景色绘图,但此选项的作用是将颜色在前景色和背景色之间变换,再配合“色相/饱和度”设置,可以得到五彩缤纷的颜色。

前景/背景抖动:设置前景色和背景色之间的油彩变化方式。值越小,变化后的颜色越接近前景色,如图 6.8.18 所示(前景色为紫色,背景为黄色)。如果要设置控制画笔笔迹的颜色变化方式,可在“控制”选项中选择。

图 6.8.18 前景/背景抖动变化

色相抖动:设置颜色色彩变化的百分比。该值越小,颜色越接近前景色。较高的值增大色相间的差异。

亮度抖动:设置颜色的亮度变化程度。值越小,亮度越接近前景色;值越高,颜色的亮度值越大。

纯度:设置颜色的纯度。该值为 40% 时,笔迹的颜色为黑白色;该值越高,颜色饱和度越高。

(9)其他动态:用来确定油彩在描边路线中的改变方式。

(10)杂色:可以为个别的画笔增加额外的随机性。当应用于柔画笔笔迹(包含灰度值的画笔笔尖)时,此选项最有效。

(11)湿边:可以沿画笔描边的边缘增大油彩量,并创建水彩效果。

(12)平滑:在画笔描边中生成更平滑的曲线。

(13)保护纹理:将相同图案和缩放比例应用于具有纹理的所有画笔预设。

技能点拨

实例风景画的绘制,首先新建文件,在背景图层上填充渐变色制作天空背景,然后建立若干图层,分图层绘制云朵、树叶、树干、山和小草。其中山的绘制,为了有远近的层次,颜色要有深浅的变化。

实施步骤

(1)打开 Photoshop 2020 软件,按 Ctrl+N 组合键,新建一个大小为 1 024 像素×768 像素,分辨率为 72 像素/英寸,色彩模式为 RGB 的文档。

(2)把前景色设置为# b9e6f9 的浅蓝色,把背景色设置为# 5ea6f7 的蓝色,选择【渐变工具】,设置线性渐变,在背景层上从上向下拖曳。

(3)新建一个图层,把前景色设置为白色,选择画笔工具,选择形状为“柔边圆”,设置到合适大小,在图层上画出云朵的效果,如图 6.8.19 所示。

(4)新建一个图层,利用【套索工具】画出山的轮廓,前景色设置为#162825,选择软画笔,硬度改为 90%,在选区内涂抹,效果如图 6.8.20 所示。

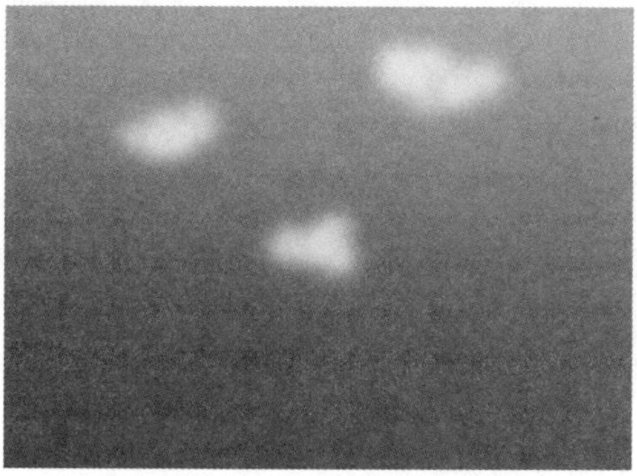

图 6.8.19　绘制的白云效果

图 6.8.20　前景山的绘制

(5)把前景色设置为比前景山略浅的颜色,新建图层,放置前景山图层下方,利用【套索工具】勾勒山的形状,选择【画笔工具】进行涂抹。利用【橡皮擦工具】,笔刷选择软画笔,透明度降低进行擦拭,效果如图 6.8.21 所示。

(6)利用上面相同的方法绘制出多层山的效果,如图 6.8.22 所示。

图 6.8.21　橡皮擦擦拭后效果

图 6.8.22　多层山效果

(7)在前景山图层与后景山图层之间新建图层,选择【画笔工具】,选择粉笔笔刷,设置画笔属性不透明度为 30%,绘制烟雾效果,降低图层透明度。

(8)新建一个图层,把前景色设置为#944e02,选择【画笔工具】,选择形状为“硬边圆”,设置到合适大小,在图层右侧画出树干的效果,如图 6.8.23 所示。

(9)选择加深工具,在树干的边缘上涂抹,画出立体的效果。

(10)新建一个图层,把前景色设置为#fae009 黄色,背景色设置为#f2401d 橙色,选择【画笔工具】,选择形状为“散布枫叶”,设置到合适大小,打开“画笔”面板,调整【颜色动态】,把前景/背景抖动的参数值设置为 50%,在图层上画出树冠的效果。再随手点一些飘落下来的树叶,如图 6.8.24 所示。

图 6.8.23 树干的最初效果

图 6.8.24 树叶的效果

(11)新建一个图层,把前景色设置为#23f623 绿色,背景色设置为#097420 绿色,选择画笔工具,选择形状为“草”,设置到合适大小,打开“画笔”面板,调整“颜色动态”,把前景/背景抖动的参数值设置为 50%,色相抖动设置为 0,在图层上画出草地的效果,如图 6.8.25 所示。

图 6.8.25 草地的效果

(12)调换小草图层和树叶图层位置,得到飘落的树叶落在草地上的效果,最终的效果如彩色附图 65 所示。

案例二：梦幻泡泡

梦幻泡泡制作最终效果见彩色附图 66 所示。

知识链接

【自定义画笔】：Photoshop 2020 提供了许多画笔形状，但并不能满足所有需求，我们可以根据自己的需求和喜好来设置画笔的形状、大小、颜色等属性，从而得到符合个人风格的绘画效果的画笔。自定义画笔可以增强用户的创意和个性，使得绘画作品更加独特和精彩。常见的自定义画笔包括各种特效笔刷、纹理笔刷、水彩笔刷等。

自定义画笔主要是创建特定的选区，在定义画笔时，只能保存颜色的明度，而跟色相无关。定义出的画笔，黑色是显示的，白色是透明的，不同的灰度表示都是半透明的。所以，在定义画笔时，最好用黑白灰的颜色，在使用画笔时再选择前景色就可以了。

下面以自定义帆船画笔为例来说明自定义画笔的方法：

(1)打开 Photoshop 2020 软件，新建文件，背景设置为透明。

(2)前景色设置为黑色，选择【自定义形状工具】，选中帆船形状，绘制形状如图 6.8.26 所示。

(3)按住 Ctrl 键，点击帆船形状图层，将图层载为选区，如图 6.8.27 所示。

图 6.8.26　绘制帆船形状

图 6.8.27　载为选区

(4)执行【编辑】|【定义画笔预设】命令，即出现图 6.8.28 对话框。输入名称，单击“确定”按钮即可。

图 6.8.28　“画笔名称”对话框

(5)选择【画笔工具】，在画笔面板中选择刚刚定义的画笔笔触——帆船，如图 6.8.29 所示。

(6)前景色设置为蓝色，新建图层进行绘制，效果如图 6.8.30 所示。

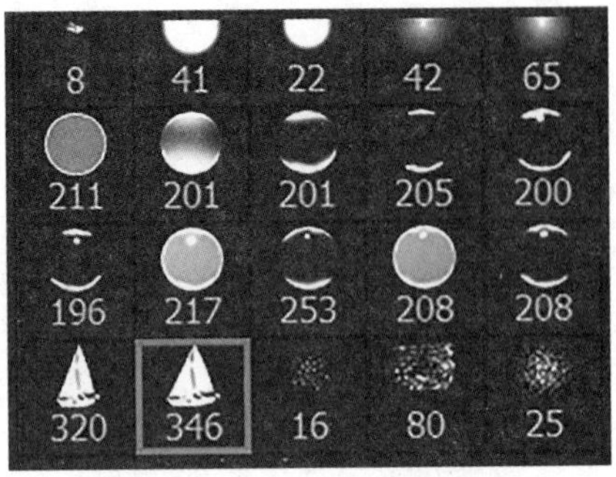

图 6.8.29 选择帆船笔触

图 6.8.30 绘画帆船效果

技能点拨

梦幻泡泡案例的制作，打开素材文件，新建图层，填充渐变色，利用蒙版让素材和渐变融合到一起，然后添加泡泡，自定义泡泡画笔，分图层绘制，设置不同的图层透明度，完成最终的效果。

实施步骤

(1)打开 Photoshop 2020 软件，按 Ctrl+O 组合键，打开“练习背景”素材。

(2)设置前景色为#182a69，背景色为#ffc0fd，选择线性渐变，从左上到右下建立渐变。

(3)为渐变图层添加图层蒙版，前景色设置为黑色，选择软化笔进行涂抹，如图 6.8.31 所示。

(4)新建一个图层，并把其他图层暂时隐藏。用椭圆选框工具在图层上绘制一个正圆选区，然后把前景色设置为黑色，用适合大小的画笔在选区边缘处涂抹，得到如图 6.8.32 的效果。

图 6.8.31 渐变与素材融合效果

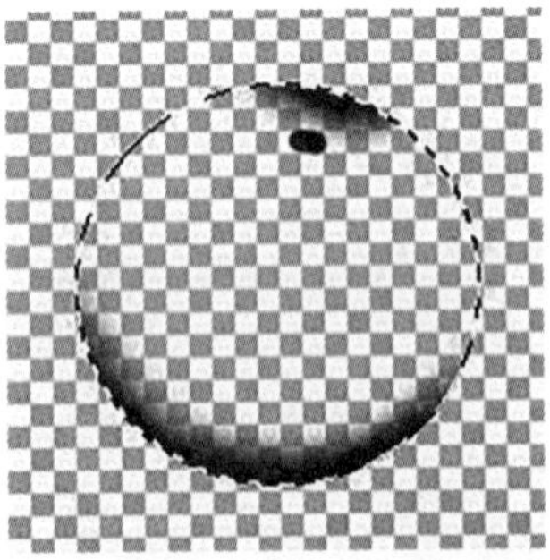

图 6.8.32 绘制的画笔形状

(5)执行【编辑】|【定义画笔预设】命令,把选区内的图像定义成一个名为"泡泡"的画笔形状。

(6)把前景色设置为白色,选择画笔工具,在形状列表中选择刚才定义的泡泡画笔,然后打开"画笔"面板。如图 6.8.33 所示。

图 6.8.33　命名定义的画笔

(7)为了让画笔在图层上画出丰富自然的泡泡效果,第一步,调整大小和间距,使泡泡处于完全离散的状态。第二步,需要调整形状动态,把大小抖动的参数修改为 60% 左右。第三步,需要调整散布,选中"两轴"复选框,把散布的参数修改为 600% 左右。第四步,需要调整传递,把不透明度抖动的参数修改为 80%。关闭画笔面板,在图层上连续涂抹,并降低图层透明度,就可以得到如图 6.8.34 所示的效果。

(8)新建图层,根据需要修改画笔参数,进行第二层泡泡绘制,最终效果如图 6.8.35 所示。

图 6.8.34　绘制泡泡效果

图 6.8.35　最终效果

(9)按 Ctrl+S 组合键存储,保存文件。

项目七　综合实训

项目导读

Photoshop 软件的功能非常强大，在商业广告、平面海报、网页设计、包装设计方面都需要用到它。它是平面设计师的得力工具，很多创意和设计理念的实现，需要使用 Photoshop 的不同功能。本项目通过综合实例的制作，提高对软件的综合应用能力。

案例一：创意合成

漂流瓶创意合成效果见彩色附图 67。

技能点拨

生活中，想拍到一张自己满意的照片很难，通常可以用软件合成。本案例中，为了更好地表达那种发现海滩上有个漂流瓶的惊喜，可以用海滩、大海、瓶子、水花、小鸟这些元素，加上明亮的光线、鲜艳的色彩，把整个图像合成接近自然的效果。

任务实施

（1）打开 Photoshop 2020 软件，新建一个文档，尺寸为 1 300 像素×800 像素，分辨率为 72 像素/英寸。

（2）将“海滩”素材拖入到新建文档中，并调整到和背景的尺寸一致，如图 7.1.1 所示。

图 7.1.1　背景图

（3）打开“玻璃瓶”素材，按 Ctrl+L 组合键调整色阶，使色彩的对比度更强烈，如图 7.1.2所示。

图 7.1.2　调整色阶

（4）用【对象选择工具】选择出瓶子主体，再按 Ctrl+J 组合键把瓶子复制到图层 1，背景层填充为一个深色，如墨绿色。再回到图层 1，按 Ctrl+Alt+2 组合键，选出瓶子中的高光部分，效果如图 7.1.3 所示，并按 Ctrl+J 组合键复制图层 2。

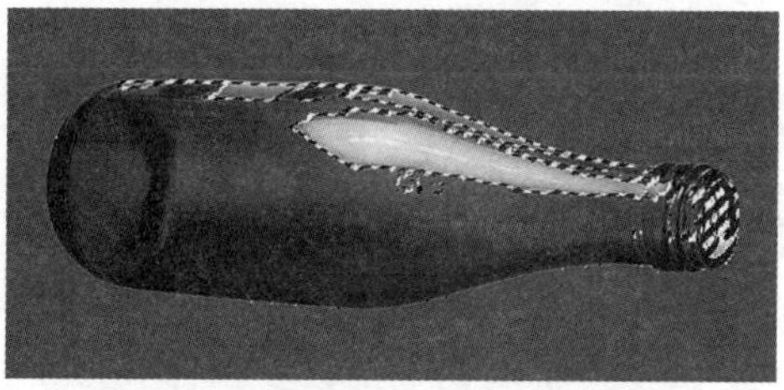

图 7.1.3　选出瓶子中的高光部分

（5）在取消选区的情况下，进入通道面板，选择“绿”通道复制 1 层。按 Ctrl+I 组合键反相，得到如图 7.1.4 所示效果。

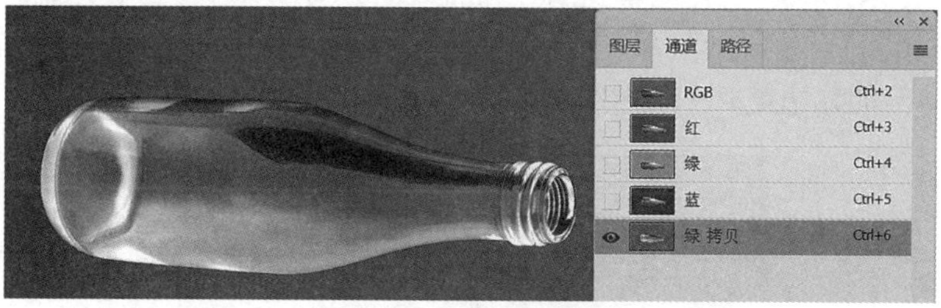

图 7.1.4　复制绿通道

（6）按 Ctrl+L 组合键调整色阶。（注：这样操作的目的是使得需要选择的区域为白色，透明部分为灰色。）

（7）载入“绿 拷贝”的选区，回到 RGB 复合通道，再回到图层面板，按 Ctrl+J 组合键把瓶子的主体复制到图层 3 中，隐藏图层 1。

(8)给图层 3 添加蒙版，选择画笔工具，透明度和流量调低，前景色为黑色，在瓶底和下半部分适当涂抹，如图 7.1.5 所示。

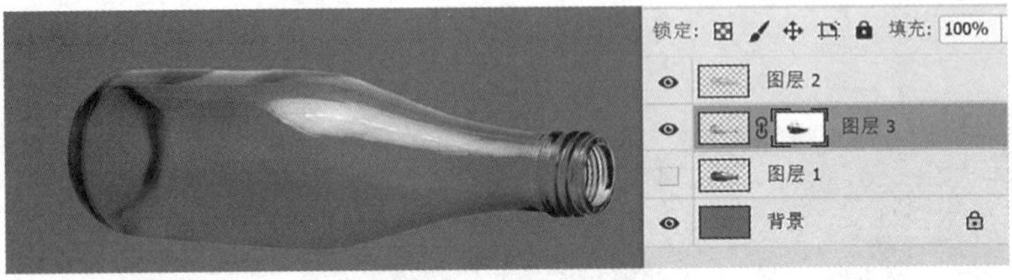

图 7.1.5　调整色阶

(9)选择“图层 1”到“图层 3”，按 Ctrl+E 组合键合并图层。

(10)把处理好的玻璃瓶拖入文件中，用 Ctrl+T 组合键调整好大小和位置，如图 7.1.6 所示。(注：如果单纯地调整角度不能表现近大远小的感觉，可以按右键，选择“透视”功能调整到最佳状态。)

(11)把“瓶子”图层的透明度降低一半，给图层添加蒙版，选择画笔工具，前景色设置为黑色，根据沙滩上纹路的起伏，把瓶子遮盖一部分，如图 7.1.7 所示。

图 7.1.6　调整瓶子的角度

图 7.1.7　瓶子埋入沙滩的效果

(12)拖入“木塞”素材，并调整到刚好和瓶口的方向和大小一致，放好位置。

(13)给“木塞”图层添加蒙版，选择画笔工具，前景色设置为灰色，根据瓶口的形状，把木塞瓶口内的部分调整成半透明的状态，如图 7.1.8 所示。

图 7.1.8　木塞效果

(14)拖入“海水”素材,并调整到刚好和瓶口的方向和大小一致,放好位置。

(15)给“海水”图层添加蒙版,根据瓶子的形状,调整出瓶子下半部分的海水的状态,如图 7.1.9 所示。

图 7.1.9　在瓶子里加入海水的效果

(16)拖入“波纹”素材,给“波纹”图层添加蒙版,根据瓶子的形状,调整出瓶子里水面的状态。

(17)新建“水花”层,用选择画笔工具,设置为“炭笔”形状,直径调小一点,前景色设置为白色,在水面的边缘涂出水花和高光效果,如图 7.1.10 所示。

图 7.1.10　瓶子内壁水花和高光

(18)给“木塞”图层添加一个“曲线”的调整图层,整体调暗。再给调整图层添加一个蒙版,只保留调整的一部分,做出瓶口中浸泡在水中的暗色和瓶口外面最端面的暗色,如图 7.1.11 所示。

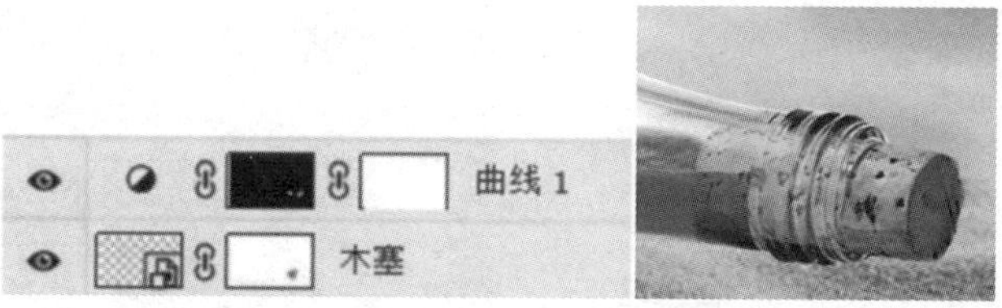

图 7.1.11　木塞的光影效果

(19)给“海水”图层添加一个“色阶”的调整图层,整体调暗,如图 7.1.12 所示。

图 7.1.12　水面下颜色调暗效果

(20)在“瓶子”图层的下方新建组,命名为“影子”。在组里新建图层 1,选择柔边画笔,前景色为黑色,图层的透明度为 40%,画出瓶子的倒影,如图 7.1.13 所示。

图 7.1.13　瓶子的倒影

(21)再在组内新建图层 2 和图层 3,用画笔画出折射的光影。

(22)拖入“小鸟”素材,并调整位置。

(23)新建图层 1,用黑色画笔画出爪子在瓶子上的投影。再新建图层 2,用黑色画笔画出爪子在瓶子上的投影。最后,按住 Shift 键选中 3 个图层,再按 Ctrl+G 组合键打组,如图 7.1.14 所示。

(24)拖入“螃蟹”素材,调整形状和位置,放在左下角。

(25)复制一个“螃蟹”图层,按 Ctrl+T 组合键垂直翻转,载入选区,填充为黑色。对图层执行【滤镜】|【模糊】|【高斯模糊】命令,并把图层的透明度降到 65%,如图 7.1.15 所示。

图 7.1.14　小鸟及倒影

图 7.1.15　螃蟹和阴影效果

(26)最后再调整一下瓶子的效果:复制“瓶子-拷贝”图层,并把图层的混合模式改为“叠加”,使瓶子明暗对比更加强烈一些。对比效果如图 7.1.16 所示。

图 7.1.16　瓶子加强效果对比

案例二：坚果广告

坚果广告最终效果图如彩色附图 68 所示。

技能点拨

商业广告的特点就是要突出卖点，吸引买家。本例中素材比较多，重点是要色彩统一，并与商品的色调和谐。广告的创意点要与商品特征有关，如松鼠、树洞、榛子等。

任务实施

（1）打开 Photoshop 2020 软件，新建一个文件，尺寸为 1 000 像素×700 像素，分辨率为 100 像素/英寸。

（2）将“树屋”素材拖入到新建文档中，并调整到和背景的尺寸一致。再将“大树”素材拖入到文档中，调整到工作区的左右和下方，如图 7.2.1 所示。

图 7.2.1　加入两个背景素材

(3)为“树屋”图层添加【色彩平衡】调整图层,参考参数如图 7.2.2 所示。(注:此步骤的目的是把图片的色调调整一致。)

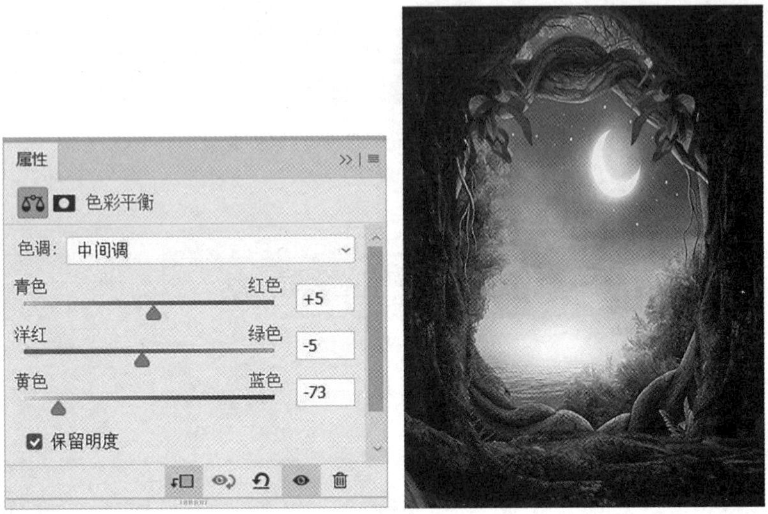

图 7.2.2 调整色调后的效果

(4)新建图层 1,用白色的柔边画笔在大树的周围涂抹,并把图层的混合模式改为“叠加”。(注:增加内层树干上的光影。)

(5)打开“松鼠”素材,进入“通道”面板,复制“蓝通道”,按 Ctrl+I 组合键反相,如图 7.2.3 所示。(注:因为在通道中,白色为选区,灰色为半透明选区,黑色是不需要的部分。)

(6)选择白色柔边画笔,把松鼠的身体涂成白色,保留边缘毛发处的细节,如图 7.2.4 所示。

图 7.2.3 通道反相

图 7.2.4 需要的选区部分涂白

(7)载入选区,回到 RGB 通道,回到图层面板,按 Ctrl+J 组合键复制出图层 1,并把图层 1 中的松鼠拖曳到文档中,调整位置和大小,如图 7.2.5 所示。

（8）为松鼠图层添加蒙版，遮盖松鼠边缘的白色，得到如图 7.2.6 效果。

图 7.2.5　松鼠抠图后

图 7.2.6　蒙版去除白边

（9）为松鼠图层添加调整图层“色彩平衡”，参数如图 7.2.7 所示。（注：要使松鼠的毛发和坚果的颜色一致。）

（10）为松鼠图层添加调整图层“曲线”，参数如图 7.2.8 所示。调整后的松鼠效果如图 7.2.9 所示。（注：这一步的操作用来表现松鼠在树洞里感觉。）

图 7.2.7　“色彩平衡”参数

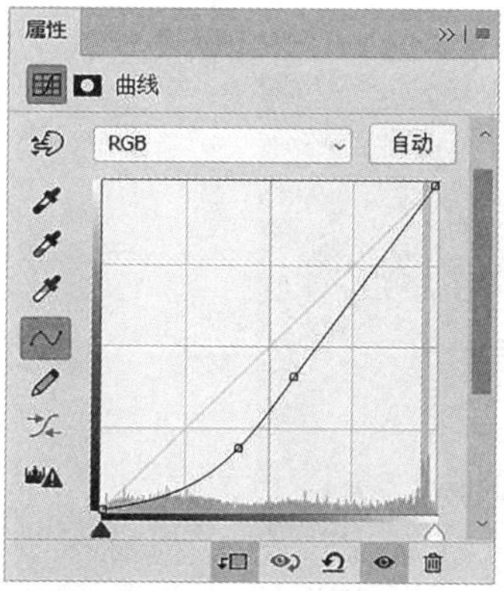

图 7.2.8　“曲线”参数

图 7.2.9　调整后的松鼠

（11）将“榛子 1”素材拖入文档，栅格化图层后，用【对象选择工具】选出主体，按 Ctrl+Shift+I 组合键反选，删除白色背景。

（12）把榛子移动到图像的左下角，执行【滤镜】菜单中【动感模糊】，得到如图 7.2.10 所示效果。（注：此操作是模拟榛子掉落的动态效果。）

（13）将“榛子 1”素材拖曳入文档，选择【对象选择工具】，然后点击属性栏中的“选择主体”按钮 选择主体 ，选出所有的榛子，按 Ctrl+Shift+I 组合键反选，删除白色背景。

（14）使用【对象选择工具】的“套索”模式，如图 7.2.11 所示，框选出每一个榛子，移动和调整大小。

图 7.2.10　模糊的坚果

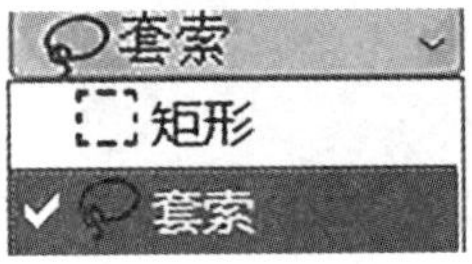

图 7.2.11　【对象选择工具】的“套索”模式

（15）为“榛子 2”添加调整图层“曲线”，得到如图 7.2.12 所示效果。

（16）新建图层 3，选择径向渐变工具，设置黑白色径向，在图像正上方的中间向下拖动鼠标，然后把图层的混合模式改为“滤色”，如图 7.2.13 所示。（注：此操作是模拟光束从上方照射进来的效果。）

图 7.2.12　调整位置后的坚果

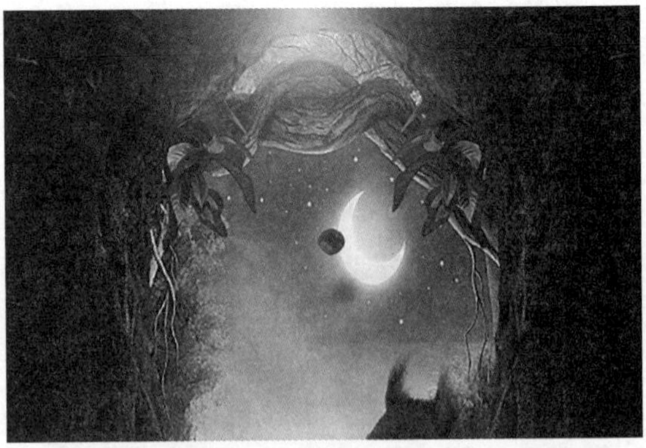

图 7.2.13　图像上方的光束

（17）选择【文字】工具，设置字体为幼圆，颜色为白色，字号为80，输入“坚果世家”。

（18）载入文字选区，执行【选择】|【修改】|【扩展】命令，将选区扩展2像素，新建图层4，填充白色。再为该图层添加图层样式“描边”，颜色选择松鼠毛发的颜色，大小为2像素，如图7.2.14所示。

（19）复制图层4，得到“图层4拷贝”，为该图层添加图层样式“图案叠加”，再把该图层移到“图层4”下方，向右下方轻移几个像素，如图7.2.15所示。

图7.2.14　两种方式描边

图7.2.15　文字投影效果

（20）最后，调整一下文字下方的坚果，得到最终的效果。

案例三：汽车创意广告

汽车创意广告设计制作效果图见彩色附图69。

技能点拨

汽车广告随处可见，但这个作品是从不一样的视角来创作的。为了表现汽车从海水里冲出来的效果，一半在海水里的素材都需要和海水的色调一致，并且光线比较暗淡；而另一半在阳光下的素材需要加上阳光照耀的效果，高光通常可以用画笔来画，但一定要加上剪贴蒙版和最适合的图层混合模式。

任务实施

（1）打开Photoshop 2020软件，新建一个文件，尺寸为1 920像素×1 080像素，分辨率为72像素/英寸。

（2）在工作区的左端导入两张背景图片，在上层的图片上添加蒙版，用黑色画笔遮挡部分图片，得到相融的效果，如图7.3.1所示。

（3）在工作区的右端导入“海底”素材，并为其添加“曲线”和“色彩平衡”的调整层，得到如图7.3.2所示效果。

图 7.3.1 两张背景图片融合效果

图 7.3.2 加入海水

（4）在工作区的中间导入“海面”素材，并为其添加蒙版，只保留海浪部分，再为其添加“色彩平衡”的调整层，使颜色和海底颜色一致，得到效果如图 7.3.3 所示。

图 7.3.3 加入海面

（5）添加图层，命名为“高光”，和海面图层建立剪贴蒙版，用白色柔边画笔在海浪处涂抹，并把图层的混合模式改为“柔光”模式，如图 7.3.4 所示。

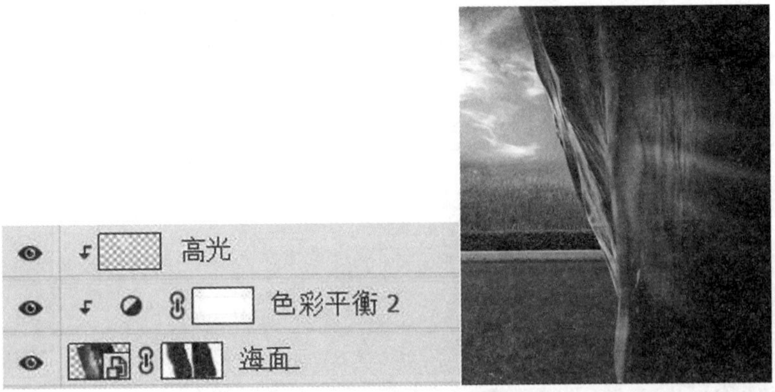

图 7.3.4 海面最高处做出高光

(6)拖曳入“汽车”素材,去掉背景色,为其添加“曲线”的调整层,整体调暗,再为曲线层添加蒙版,使效果只作用于海水内的汽车。用同样的方法再添加一个“色彩平衡”的调整层,效果如图 7.3.5 所示。

图 7.3.5　汽车在水中部分加蓝色并变暗

(7)新建图层 3,把图层的混合模式改为“柔光”模式,在车头处画出阳光的效果。再新建图层 4,把图层的混合模式改为“叠加”模式,在车头处画出高光。效果如图 7.3.6 所示。

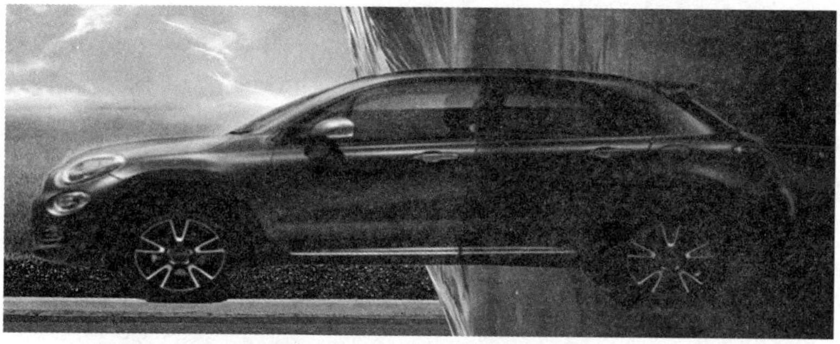

图 7.3.6　车头部分加上阳光

(8)拖曳入“水花”素材,把图层的混合模式改为“滤色”模式,并添加蒙版,只保留汽车明暗交界处左端。为其添加“色彩平衡”的调整层,使水花增加一些蓝色。再复制一组图层,向下调整位置,得到如图 7.3.7 所示的效果。

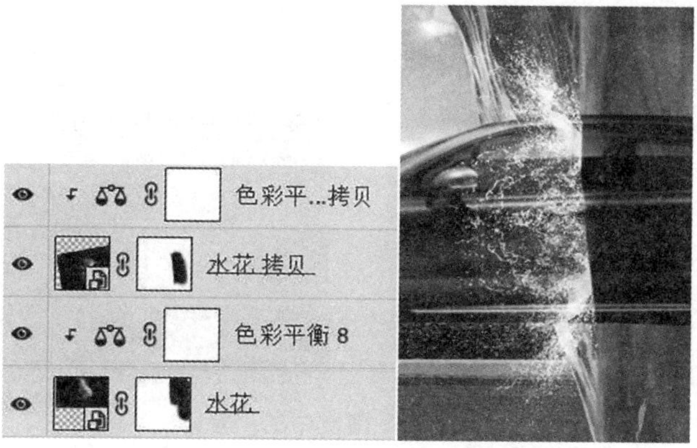

图 7.3.7　汽车冲出水面处的水花

(9)新建图层“阴影”,选择【椭圆选区工具】,羽化值设置为 20 像素,在地面上画一个椭圆选区,填充黑色。把图层的混合模式改为“正片叠底”模式,并把图层的透明度降低到 85%,得到如图 7.3.8 所示的效果。

图 7.3.8　地面上汽车的投影

(10)拖曳入“鲨鱼”素材,去掉背景色,为其添加“曲线”的调整层,整体调暗,再添加一个“色彩平衡”的调整层,使其与海水的颜色相近。

(11)新建图层,用黑色画笔在鲨鱼的位置涂抹。把图层的混合模式改为“正片叠底”模式,与下面的图层建立“剪切蒙版”,效果如图 7.3.9 所示。

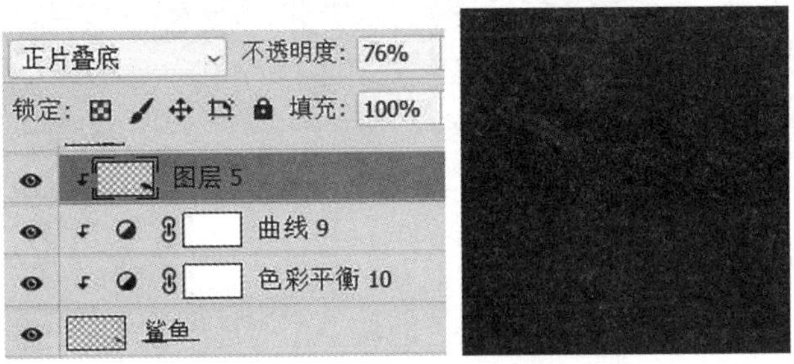

图 7.3.9　深海中的鲨鱼效果

(12)用同样的方法,在车尾处导入“鱼群”素材,得到如图 7.3.10 所示效果。

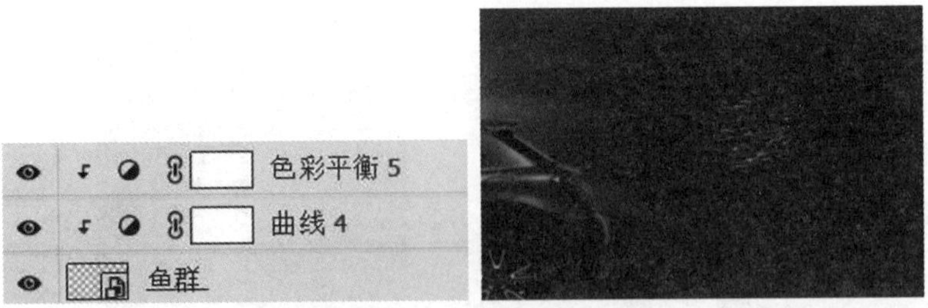

图 7.3.10　海水中的小鱼群

(13)新建一个文件夹“气泡”,把“气泡”素材拖曳入文件夹中,并复制两个图层,调整位置。再为文件夹添加一个“色彩平衡”的调整层，得到如图 7.3.11 所示的效果。

(14)最后，新建一个文件夹“文案”，在文件夹中创建文字层，在工作区的左上角输入“随心而动　驰骋无疆”和“Enjoy your holiday”，调整字号和位置。再绘制两条短线，得到如图 7.3.12 所示效果。

图 7.3.11　汽车驶过生成的气泡

图 7.3.12　文案效果

案例四：公益海报

公益海报最终效果图如彩色附图 70 所示。

技能点拨

表达保护动物的主题有很多种形式，这个案例是从消逝这个方向来表现的。碎片需要利用自定义画笔来设计，而碎片化的效果主要是利用画笔的设置面板，设置丰富的参数来实现的。

任务实施

(1)打开 Photoshop 2020 软件，新建一个文件，尺寸为 1 920 像素×1 080 像素，分辨率为 72 像素/英寸。

(2)设置前景色为蓝色 RGB(118,189,227)，背景色为黄色 RGB(222,195,65)，用线性渐变填充背景层，如图 7.4.1 所示。(注：因为主体动物是长颈鹿，所以用蓝色和土黄色来模拟非洲草原上的蓝天和荒草。)

图 7.4.1　填充背景色

(3)拖入“长颈鹿”素材，在图层上单击鼠标右键，执行【栅格化图层】，用魔棒选择白色背景删除。

(4)为“长颈鹿”图层添加蒙版，用黑色柔边画笔在边缘涂抹，遮住部分身体，如图 7.4.2 所示。

(5)为“长颈鹿”图层添加“投影”样式，如图 7.4.3 所示。

图 7.4.2　蒙版效果

图 7.4.3　添加阴影效果

(6)自定义碎片画笔。新建“图层 1”，用多边形套索工具框出一个不规则四边形选区，填充黑色。选择【编辑】菜单中的【定义画笔预设】命令，自定义一个“碎片”画笔，如图 7.4.4 所示。

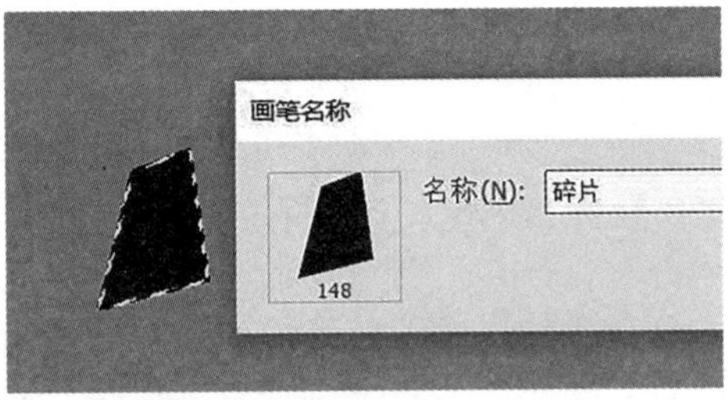

图 7.4.4　自定义“碎片”画笔

(7)新建“图层 2”。点击【画笔工具】，前景色吸取长颈鹿身上最深的颜色，选择新定义的“碎片”笔尖形状，点击“画笔设置”面板，设置画笔大小、间距、大小抖动、角度抖动、圆度抖动和散布值。在长颈鹿的边缘绘制散落的碎片。参数如图 7.4.5 所示。

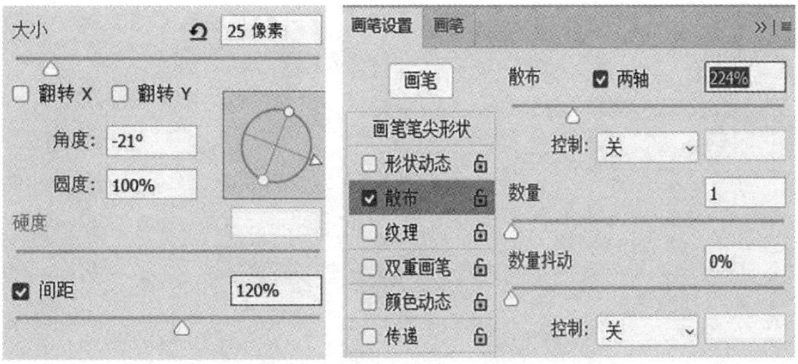

图 7.4.5　第一层碎片参数设置

(8)新建“图层 3”,适当调小画笔,吸取长颈鹿身上稍浅的颜色,在长颈鹿的边缘绘制第二层散落的碎片。

(9)新建“图层 4”,适当再调小画笔,调大间距,吸取长颈鹿身上更浅的颜色,在长颈鹿的边缘绘制第三层散落的碎片。

(10)新建“图层 5”,再次调小画笔,调大间距,吸取长颈鹿身上最浅的颜色,在长颈鹿的边缘绘制第四层散落的碎片。最终效果如图 7.4.6 所示。

图 7.4.6　碎片效果

(11)点击【文本】工具,前景色设置为 RGB(97,6,21),输入竖排文字“珍惜 · 关爱”。再复制一层,更改为白色文字。用移动工具往右下方轻移几个像素,得到描边的效果,如图 7.4.7 所示。

图 7.4.7　添加一级标题

(12)点击【文本】工具,输入竖排文字“别等动物都消逝了,才来想念它们”,如图 7.4.8 所示。

(13)新建图层,点击【直线工具】,模式选择像素,粗细设置为 5 像素,前景色设置为白色,按住 Shift 键的同时,在文字左边画一条垂直的线。再复制图层,把直线移动到文字右边,如图 7.4.9 所示。

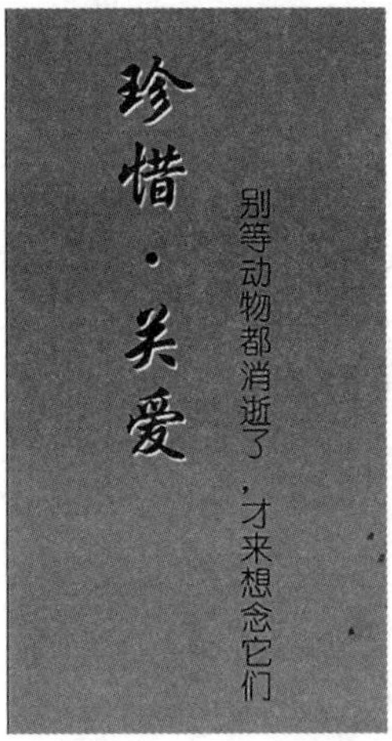

图 7.4.8　添加二级标题

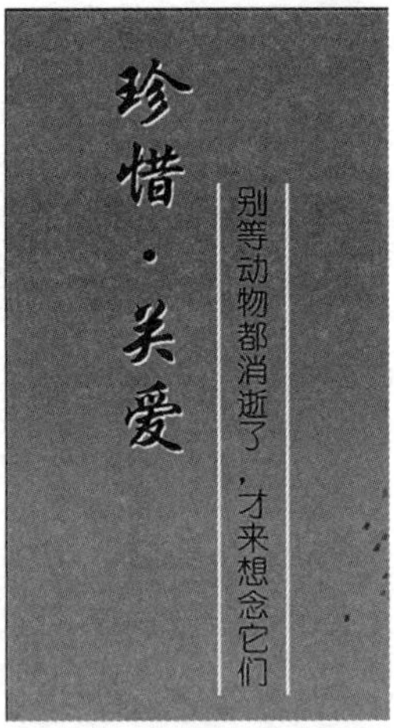

图 7.4.9　添加直线修饰

案例五:水彩装饰画

水彩装饰画最终效果图如彩色附图 71 所示。

技能点拨

如何把一张照片变成一副写意的水彩画效果？强大的滤镜功能可以帮我们实现。本例中，利用了多个滤镜相互配合，另外，为了后期方便修改滤镜的参数，最好使用智能滤镜。滤镜的效果也可以配合图层的混合模式使用，可以产生更丰富细腻的特效。

任务实施

（1）打开 Photoshop 2020 软件，打开图片素材“风景.jpg”，在图层上单击鼠标右键，点击“转换为智能对象”。

（2）打开【滤镜】菜单中的【滤镜库】，在“艺术效果”栏中找到干画笔，画笔大小参数设置为 10，画笔细节设置为 5，纹理设置为 1，点击“确定”按钮，效果如图 7.5.1 所示。（注：当图层为智能对象时，使用的滤镜就自动转换为智能滤镜了，这样可以双击滤镜修改参数。）

图 7.5.1　执行“干画笔”前后效果

（3）再次执行干画笔效果，调整参数如图 7.5.2 所示。（注：执行两次，是为了增加细节，使画面更有笔触的效果。）

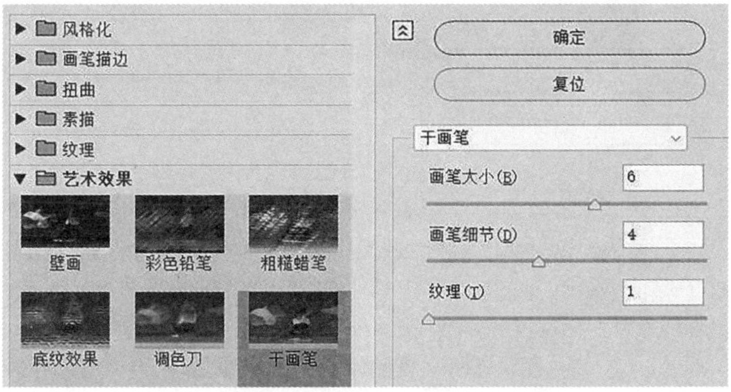

图 7.5.2　第二次干画笔的参数设置

（4）在“图层”面板中双击智能滤镜后面的图标，打开滤镜的混合选项。设置混合模式为“滤色”，不透明度为 69%，参数设置如图 7.5.3 所示。（注：这样的操作是为了中和第二次干画笔产生的强烈效果。)

图 7.5.3 滤镜的混合模式参数设置

(5)执行【滤镜】|【模糊】|【特殊模糊】命令,参数设置如图 7.5.4 所示。(注:特殊模糊可以生成水彩晕染的效果。)

图 7.5.4 模糊滤镜的参数设置

(6)打开滤镜的混合选项,设置不透明度为 70%,如图 7.5.5 所示。

图 7.5.5 滤镜的“混合选项”参数设置

(7)执行滤镜库中的“喷溅”滤镜,调整参数如图 7.5.6 所示。(注:此滤镜可以模拟水彩干燥后笔触边缘的效果。)

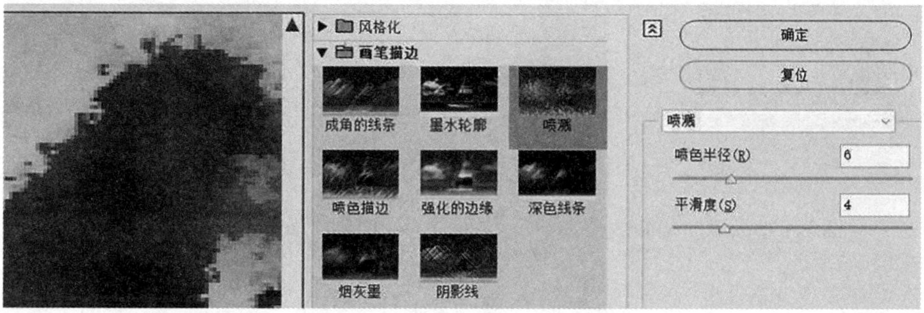

图 7.5.6 “喷溅”的参数设置

(8)执行【滤镜】|【风格化】|【查找边缘】命令,如图 7.5.7 所示。然后设置滤镜的混合模式为“正片叠底”,透明度为 72%,如图 7.5.8 所示。(注:查找边缘可以模拟水彩干燥后色彩凝结在笔触边缘的效果,但过于强烈,需要调整混合模式弱化到合适的状态。)

图7.5.7 查找边缘效果

图7.5.8 弱化后边缘的效果

(9)给风景图层添加蒙版,选择画笔工具,黑色前景色,在图层边缘涂抹,得到如图7.5.9所示效果。

(10)添加底纹图层,放在风景图层的下方。

(11)再复制底纹图层,放在风景图层的上方,并把混合模式改为“正片叠底”,如图7.5.10所示。(注:这个步骤可以使图片部分也有纹理效果。)

图7.5.9 添加蒙版效果

图7.5.10 加上底纹效果

(12)最后,新建图层,按Ctrl+A组合键全选图片,再执行【编辑】|【描边】命令,按照如图7.5.11的参数设置,给图片加一个白色边框。

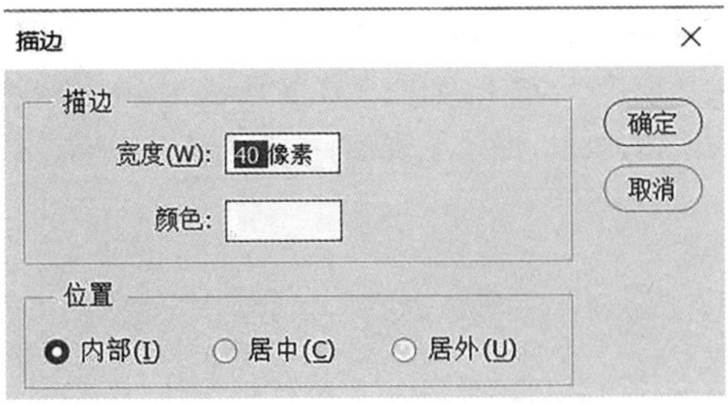

图7.5.11 描边的设置

参考文献

[1]段欣. 图形图像处理 Photoshop CC. 北京:高等教育出版社,2019.
[2]张洪波,郑铮. Photoshop CC 完全自学教程. 北京:清华大学出版社,2020.
[3]杨玉珠. Photoshop 实例教程. 郑州:郑州大学出版社,2017.
[4]杜宏志. 平面设计创意与制作. 北京:电子工业出版社,2020.